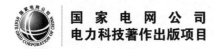

国家电网公司
电力科技著作出版项目

输电线路电晕
及电晕效应

邬 雄 张广洲 刘云鹏 编著

中国电力出版社
CHINA ELECTRIC POWER PRESS

内 容 提 要

电晕效应是高压交直流输电线路设计和运行中考虑的重要因素。本书全面介绍了输电线路导线产生电晕放电的物理原理、分析和预测不同电晕效应的方法、评估电晕性能的经验方法以及线路设计中考虑的电晕因素等。

全书共分为 10 章，第 1 章概述了高压电力输送基本理论，电力系统的发展和构成等；第 2 章介绍了空气放电理论、线路导线的表面电场强度、电晕电流计算方法、电晕效应和实验室电晕特性的试验技术等；第 3 章叙述了电晕损失与臭氧产生、计算方法等；第 4 章介绍了无线电干扰的激发函数、传播分析，线路参数的影响和计算模型等；第 5 章介绍了可听噪声传播、影响因素和预测公式；第 6 章介绍了空间电荷及其影响及计算方法；第 7 章介绍了交、直流输电线路无线电干扰和可听噪声差异及其特性；第 8 章介绍了导线电晕试验装置、试验方法及测试技术，试验线段无线电干扰和可听噪声的测量和计算分析，线路无线电干扰、可听噪声、直流合成电场以及离子流测试分析等；第 9 章介绍了输电线路设计中，电晕损失、无线电干扰、可听噪声、合成电场等因素对设计的影响；第 10 章介绍了电晕效应在不同工程设计中的应用情况。

本书可为从事输电工程设计、运行维护等专业的科研与生产人员提供参考，也可以作为相关专业教职人员、研究人员的参考资料。

图书在版编目（CIP）数据

输电线路电晕及电晕效应 / 邬雄，张广洲，刘云鹏编著 . —北京：中国电力出版社，2017.12
ISBN 978-7-5198-1189-1

Ⅰ . ①输… Ⅱ . ①邬…②张…③刘… Ⅲ . ①输电线路－电晕放电 Ⅳ . ① TM726

中国版本图书馆 CIP 数据核字（2017）第 237914 号

出版发行：中国电力出版社
地　　址：北京市东城区北京站西街 19 号（邮政编码 100005）
网　　址：http://www.cepp.sgcc.com.cn
责任编辑：陈　丽（010-63412348）
责任校对：王小鹏
装帧设计：王英磊　赵姗姗
责任印制：邹树群

印　　刷：北京雅昌艺术印刷有限公司
版　　次：2017 年 12 月第一版
印　　次：2017 年 12 月北京第一次印刷
开　　本：787 毫米 ×1092 毫米　16 开本
印　　张：16.5
字　　数：363 千字
印　　数：0001—1000 册
定　　价：86.00 元

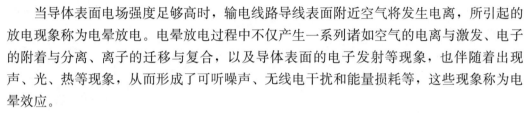

前 言

当导体表面电场强度足够高时，输电线路导线表面附近空气将发生电离，所引起的放电现象称为电晕放电。电晕放电过程中不仅产生一系列诸如空气的电离与激发、电子的附着与分离、离子的迁移与复合，以及导体表面的电子发射等现象，也伴随着出现声、光、热等现象，从而形成了可听噪声、无线电干扰和能量损耗等，这些现象称为电晕效应。

电晕效应的物理原理非常复杂。尽管如此，人们还是研究并掌握了电晕放电的过程及其现象的机理，这些已成为解决输电线路导线电晕放电问题的基础。评估输电线路的电晕性能、了解输电线路导线电晕引发的电磁环境参数的变化规律，需要一定的评估和试验方法。国内外对输电线路导线电晕以及电磁环境影响十分重视，在实验室研究、工程设计实践和工程现场测试等方面开展了大量的工作，取得了有益的成果，形成了相应的评估、试验、计算的方法和标准。本书以"±800kV 直流线路与交流线路并行时的电磁环境监测及评估研究"项目为基础，总结论述输电线路电晕特性、电磁环境影响以及工程设计等方面的理论和试验技术，为相关专业人员提供学习和使用参考。

本书的编著团队长期关注并参与输变电工程的电磁环境问题相关研究，尤其是参与了中国一些 750kV 交流超高压、1000kV 交流特高压和±800kV 直流特高压输电工程的电磁环境影响的专题研究，以及有关工程的可行性论证、导线选型和环境影响的评价和标准化工作，如"环境气候条件对交/直流输电线路电磁环境影响研究"、"高压交直流输电线路不同架设方式电磁环境特性研究"和"750kV、1000kV 级交流和±800kV 直流系统环境影响问题研究及工程应用"等，还参与了中国特高压交流试验基地的设计、建设与运行管理。在所有这些工作中，查阅了大量的电晕及气体放电有关文献、著作，积累了丰富的研究心得和实际的工程经验。本书是在学习、领会电晕及气体放电的文献、著作和技术报告的基础上，结合团队自身的工作成果和中国超、特高压输变电工程的案例编写的。

全书共分为 10 章，第 1 章由邬雄编写，概述了电力输送基本理论，电力系统的发展和构成等；第 2 章由张广洲、邓鹤鸣编写，介绍了空气放电理论、线路导线的表面电场强度、电晕电流计算方法、电晕放电效应和实验室电晕特性的试验技术等，第 3 章由邬雄、邓慰编写，叙述了电晕损失与臭氧产生、计算方法等，第 4 章由张广洲、冯智慧编写，介绍了无线电干扰的激发函数、传播分析，线路参数的影响和计算模型等；第 5 章由张广洲、吴健编写，介绍了可听噪声传播、影响因素和预测公式，第 6 章为邬雄、冯满编写，介绍了空间电荷及其影响及计算方法，第 7 章由邬雄、吴念编写，介绍了交、直流输电线路无线电干扰和可听噪声差异及其特性，第 8 章由邬雄、刘云鹏、唐剑编写，介绍了导线电晕试验装置、试验方法及测试技术，试验线段无线电干扰和可听噪声的测量和计算分析，线路无线电干扰、可听噪声、直流合成电场以及离子流测试分析等；第 9 章由张广洲、龚浩编写，介绍了输电线路设计中，电晕损失、无线电干扰、可听噪声、合成电场等因素对设计的影响；第 10 章由邬雄、唐剑编写，提供了电晕特性影响不同输电线路设计考量的工程举例。全书由张广洲统稿，邬雄审阅校核。

　　本书介绍的方法、技术和标准适用于输电线路电磁环境计算、试验和设计，可为从事输电工程设计、运行维护等专业的科研与生产人员提供参考，也可以作为相关专业教职人员、研究人员的参考资料。

　　由于水平和经验有限，书中难免有不妥之处，敬请读者批评指正。

作　者

2017 年 10 月

目　录

前言

1 高压电力输送 ·· 1

1.1　电力系统 ··· 1

1.2　高压输电线路 ·· 3

1.3　输电的理论基础 ·· 9

1.4　输电线路的设计问题 ····································· 13

2 输电线路导线的电晕放电 ······························ 16

2.1　空气电离与放电 ··· 16

2.2　导线表面电场及计算 ····································· 30

2.3　电晕起始电位梯度 ·· 46

2.4　电晕电流 ·· 50

2.5　电晕放电效应 ·· 53

2.6　导线电晕试验装置 ·· 57

3 电晕损失与臭氧 ······································· 64

3.1　电晕损失的物理现象 ····································· 64

3.2　电晕损失的理论分析 ····································· 67

3.3　电晕损失的产生函数 ····································· 68

3.4　电晕损失的影响因素 ····································· 70

3.5　预测电晕损失的经验方法 ·································· 72

3.6　臭氧 ·· 75

4 电磁干扰 ··· 76

4.1　电晕产生的电磁干扰 ····································· 76

4.2　电晕脉冲的频域分析 ····································· 78

4.3　无线电干扰激发函数 ····································· 82

4.4　传播分析 ·· 84

4.5　输电线路无线电干扰特性及影响因素 ······················ 97

4.6 预测无线电干扰的经验和半经验法 ·· 102

4.7 电晕产生电视干扰的预测 ··· 106

5 可听噪声 ·· 109

5.1 噪声的基础知识 ··· 109

5.2 输电线路电晕噪声的物理描述 ··· 114

5.3 可听噪声传播的理论分析 ··· 117

5.4 输电线路电晕可听噪声的影响因素 ·· 123

5.5 输电线路可听噪声的预测 ··· 125

6 空间电荷及其影响 ··· 135

6.1 交直流导线电晕的差异 ··· 135

6.2 双极性直流线路 ··· 143

6.3 改进的分析方法 ··· 147

6.4 空间电荷电场和电晕损失的影响因素 ·· 151

6.5 经验方法 ·· 152

7 直流输电线路无线电干扰和可听噪声 ··· 155

7.1 交、直流线路的差异 ··· 155

7.2 无线电干扰特性分析 ··· 156

7.3 可听噪声的特性及分析 ··· 160

7.4 无线电干扰和可听噪声预估的经验方法 ·· 161

7.5 交、直流混合输电线路 ··· 164

8 电晕试验及测试技术 ··· 168

8.1 电晕起始的试验 ··· 168

8.2 电晕的试验方法 ··· 173

8.3 电晕损失测量 ·· 179

8.4 短线段的无线电干扰和可听噪声的测量理论 ······························· 184

8.5 无线电干扰的测量仪器和测量方法 ·· 192

8.6 噪声测量仪器及测量方法 ··· 198

8.7 直流电场和空间电荷环境参数测量 ·· 201

9 输电线路设计考虑因素 ··· 207

9.1 概述 ··· 207

9.2 电晕损失对线路设计的影响 ··· 208

9.3　无线电干扰设计标准 ·································· 210

9.4　可听噪声设计标准 ························ 214

9.5　直流电场和离子流的设计标准 ····················· 217

10　输电线路工程举例 ··················· 221

10.1　500kV 和 750kV 交流线路电晕性能设计 ·············· 221

10.2　500kV 交流同塔四回线路导线电晕性能设计示例 ········ 224

10.3　1000kV 交流同塔双回线路导线电晕性能设计示例 ········ 229

10.4　±800kV 直流线路导线电晕性能设计示例 ············ 235

附录　书中人名及其简介 ··················· 244

参考文献 ····················· 248

索引 ····················· 250

高 压 电 力 输 送

本章简要回顾了电力系统的发展；介绍了输电线路的演变及其特性变化；讲解了输电线路电磁模型的基本概念，讨论了高压输电线路电气设计的考虑因素，特别是导线选型中电晕效应的重要性。

1.1 电力系统

1.1.1 电力技术发展

19 世纪末，利用发电机给附近的路灯供电，标志着人类迈出了使用电能的第一步。而在此之前，电能仅在实验室或工厂内部生产和使用。早期供电面临的一个重要问题是，在几千米距离上使用的铜线配送电力的效率较低。因为随着电能输送规模的增加和距离变长，这种在低电压下运行的送电线路导线，其电阻上巨大的电能损耗使得送电的经济性很低。对于给定数量的电能，采用的输电电压越高，导线内的电流就越小，从而能量损耗也就越小、效率就越高。在电力技术发展的早期阶段，存在两种争论：首先是电力配送用交流还是直流，其次是负载应串联还是并联。作为电力技术发展先驱的美国发明家托马斯·爱迪生和尼古拉·特斯拉，也陷于争论之中。

最终帮助解决争议并刺激电力系统发展的技术突破是电力变压器的发明。1831 年，英国科学家迈克尔·法拉第发现电磁感应原理，奠定了电机的理论基础。基于电磁感应原理，他发明了变压器，这使得用一台静止设备有效升高或降低交流电压成为可能。1882 年，法国人卢西恩·戈拉尔和英国人约翰·吉布斯发明了一种叫二次发电机的设备，它由串联的线圈构成，并取得了"供电交流系统"专利。这一设备在英格兰为一条长十几千米的地铁照明提供电力供应。美国人乔治·威斯汀豪斯购买了该设备在美国的专利使用权，威斯汀豪斯雇用的一个叫威廉·斯坦利的员工，改进并研发出并联而不是串联线圈的设备。1885 年乔治·威斯汀豪斯制成交流发电机，1886 年建成第一个单相交流送电系统，之后又制成交流感应式电动机。

然而，是三个匈牙利人——卡洛里·齐伯诺夫斯基、奥托·布拉什和米克萨·德里，在 1885 年发明了他们称作变压器的设备。该设备具有现在使用的变压器的所有基本特性，即将绕组并联且连接至电源，将电网的低压侧和高压侧分开，使用闭合的铁芯。1891 年，在德国劳芬电厂安装了世界第一台三相交流发电机，并通过一条电压为

13.8kV 的输电线路将电力输送到远方的用电地区。

除了变压器，开创高压交流电力系统新时代的主要因素有：尼古拉·特斯拉发明的三相感应电动机，以及对三相发电、输电和用电系统的技术和经济优势的认识。尽管最早的商用电力系统采用单相和两相交流系统，但最终作为高压输电标准系统的三相交流系统出现了。然而，在交流电的配电和用电系统中仍采用单相和三相系统。这些系统具有以下特征：首先在发电侧用变压器将电压升到很高的电压等级，其次是大规模远距离的高效传输，最后是用电端用变压器将电压降低到电力用户可以安全使用的电压等级。

高压输电不仅提升了大容量远距离输电的经济可行性，而且形成了一个大型的电力系统网络，它将地理上隔离的发电厂和负荷中心连接在一起。提高经济性和可靠性是促进大型互联电力系统演变的主要因素。

1.1.2 电力系统的形成

现代电力系统的起源可以追溯到 19 世纪 90 年代初，托马斯·爱迪生被认为是现代电力系统的开山鼻祖，1882 年他建成世界上第一座较正规的发电厂，装有 6 台直流发电机，共 900 马力（即 661.5kW），通过 110V 电缆送出，最大送电距离 1.6km，而三相交流电的出现克服了原来直流供电容量小、距离短的缺点，开创了大功率、远距离输电的历史，也开创了电力拖动等各种用途的新局面。

由发电、变电、输电、配电和用电等环节组成了电能的生产与消费系统。它的功能是将自然界的一次能源通过发电动力装置（主要包括锅炉、汽轮机、发电机及电厂辅助生产系统等）转化成电能，经输变电系统及配电系统将电能供应到各负荷中心，再通过各种设备转换成动力、热、光等不同形式的能量，造福人类。

电力系统的主体结构分电源、电网和负荷中心三个部分。电源指各类发电厂、站，它将一次能源转换成电能。电网由变电站、输电线路、配电线路等构成。它的功能是将电能升压到一定电压等级后输送到负荷中心，再降压至一定等级后，经配电线路与用户相联。负荷中心即电能的消费场所，由各种电气设备把电能再转换成动力、热、光等不同形式的能量加以运用。图 1-1 为现代电力系统示意图。

图 1-1　现代电力系统示意图

为保证系统安全、稳定、经济地运行，必须在不同层面上依不同要求配置各类自动控制装置与通信系统，组成信息与控制子系统。这种信息与控制子系统已成为电力系统信息传递的神经网络，使电力系统具有可观测性与可控性，从而保证电能生产与消费过程的正常进行以及事故状态下的紧急处理。

1.2　高压输电线路

1.2.1　高压交流输电线路

在 20 世纪初，在超过 100km 的距离上实现了使用 30～40kV 的三相交流电能输送。但是，两大技术瓶颈阻碍了输电电压的进一步提升。第一个是杆塔与导线间的绝缘问题，它与瓷质针式绝缘子的使用有关，这一技术从电报和电话行业借鉴而来，而针式绝缘子只能在低电压的有限绝缘强度下使用。1907 年，美国通用电气公司工程师哈罗德·巴克和爱德华·休利特发明的盘状瓷质和玻璃悬式绝缘子有效地解决了这一技术瓶颈，这是通过将一定数目的这些绝缘子串联在一起，形成一个长的绝缘子串实现的。

第二个技术瓶颈是导线出现的放电现象。它是一种在运行电压超过 20kV 输电线路导线上发生的，伴随有嘶嘶和破裂声的发光的放电，会产生无线电干扰和可观的电能损耗，这就是电晕。斯坦福大学哈里斯·雷恩教授在 1905 年发表了他的研究结果，表明电晕的产生与输电线路使用的小直径导线上较高的表面电场直接相关。建议解决电晕问题的方法是，通过增加导线直径来减小导线表面电场，或者通过增加不同相导线之间的相间距离以在一定程度上缓解电晕问题。前一方法有时可能导致使用比经济地输送电流所需导线截面更大的导线。后一方法使得杆塔宽度增大，增加工程投资。1909 年，美国人托马斯提出了分裂导线概念，就是用均匀分布在一个圆周上的若干根细导线来代替原来的单根导线。这样，就可以在不过度增加导线总截面的情况下降低导线表面电场。后来，美国率先在 500kV 输电线路上采用四分裂导线。

1.2.1.1　高压交流输电的发展

因针式绝缘子绝缘强度和导线放电引起的两大技术瓶颈的消除，促使输电电压的快速提升。到 20 世纪 20 年代，通常使用的电压范围是 132～150kV，而 220kV 电压出现在 1923 年。随着从大型发电站大规模输送电能的需求变得明显，1934 年美国胡夫大坝采用 287kV 输电电压。另一个进步来自 1954 年瑞典采用 380kV 电压等级线路输电。系统负荷的持续高增长率，使得北美地区在 1960 年代初采用了 500kV 电压等级，在 60 年代中期采用了 750kV 电压等级。

为提高输电经济性能，不断满足大容量和长距离输电的需求，电网电压等级在不断提高。100 多年来，输电网电压经历最初的 13.8kV（1891 年出现），逐步发展到高压 20、35、66、110、134、220、230kV；20 世纪 50 年代后迅速向超高压 330、345、380、400、500、735、750、765kV 发展。

20 世纪 70 年代初，世界范围内多个国家对特高压输电技术展开研究，期待采用 1000～1500kV 范围的输电电压以满足未来电力系统快速扩张的需要。然而，首先因为较低的负荷增长率，其次是技术和经济性的考虑，使得这些期许没有得以实现。这样一来，输电电压依然维持在加拿大、美国和苏联的 750kV 电压等级和西欧的 400kV 电压等级。20 世纪 80 年代，苏联电网中接入了一条电压在 1000～1200kV 之间的特高压短输电线路，以实验的性质投入运行。而从 1985 年起，在苏联的哈萨克斯坦境内埃基巴斯图兹—科克切塔夫—库斯坦奈建设了长约 900km 的特高压输电线路，设计时分裂导线为 8×300mm²，导线表面场强取值较高。该线路按 1150kV 设计电压运行了 5 年，之后降压运行。日本建成的特高压同塔双回线路没有以 1000kV 电压运行，运行电压为500kV。尽管如此，输电线路铁塔、导线、绝缘子和金具的机械特性通过多年的运行已得到充分的考核。

中国电力工业从 1882 年上海创建第一个 12kW 发电厂至今，已有 120 余年历史。而电网主要是在 1949 年新中国成立后发展起来的。1949 年前，中国输配电发展比较迟缓，电压等级繁多、级差偏小，没有全国统一的电压标准；1949 年以后，着手进行全国统一电压标准工作，首先明确把京津唐地区的 77kV 和东北地区的 154kV 经消弧线圈接地系统分别改造为 110kV 和 220kV 的直接接地系统，从而统一了输电电压为 220/110kV 两级。

1952 年自主设计建设了 110kV 输电线路，逐渐形成京津唐 110kV 电网。1954 年建成丰满—李石寨 220kV 输电线，并率先在东北形成 220kV 骨干网架。1972 年由于甘肃省刘家峡水电站电力送出，建成了全长 534km、电压为 330kV 的刘家峡—关中输电线路，由此形成独特的 330kV 西北电网骨干网架。1981 年建成 500kV 姚孟—武昌输电线路，全长 595km。之后逐步形成华中和全国的 500kV 骨干网架。

进入 21 世纪后，随着中国经济社会的发展，超、特高压输电技术取得突破性发展。2005 年在西北电网建成并投运第一条 750kV 输电线路，随后 2009 年采用单回路的 1000kV 交流特高压长治—荆门试验示范工程投入运行，2011 年 1000kV 交流特高压同塔双回淮南—上海输电线路建成投运，随后，特高压输电技术在中国得到推广应用。

1.2.1.2 电能输送容量

输电线路一个重要的特征指标是电能的输送能力，也就是在不超越规定的技术限值的情况下，输电线路能够输送的最大能量。这一能力取决于很多因素，最重要的是输电电压和输电线路长度。一个可作为与输送容量基准比较的概念是输电线路的自然功率或冲击阻抗功率（Surge impedance loading，SIL），其计算公式为

$$SIL = \frac{U^2}{Z_c} \tag{1-1}$$

式中：U 为线路的额定电压；Z_c 为线路特征阻抗或波阻抗。这里将进一步讨论特征阻抗的概念，因为它在线路的电气和电磁特性中扮演重要的角色。在忽略损耗的前提下，Z_c 的计算公式为

$$Z_c = \sqrt{\frac{L}{C}} \tag{1-2}$$

式中：L 和 C 分别为单位长度线路的电感和电容。如上所定义的特征阻抗具有纯电阻量纲。

确定线路输送容量的技术因素是电压调整率、导线允许工作温度和系统稳定，它们

对输电线路运行会产生影响。电压调整率通常指受端电压与额定电压相比的变化百分比。为得到对应某一确定负载的电压调整率，有必要确定沿线路的电压分布，或者相反，为某特定的电压调整率确定线路可传输的最大容量。线路的允许工作温度是为限制导线中流过的负载电流发热引起的不良后果而设定的。这些后果包括由于反复发生高温而导致导线退火和机械强度的逐渐损失，以及高温下导线膨胀引起的弧垂增加和对地距离的减小。系统稳定性一般是指输电线路稳定状态的稳定极限，是在确定的送端和受端电压下线路所能输送的最大功率。对长线路而言，稳定状态的稳定极限接近于线路的自然功率，而对于短线路则可以超过其自然功率。为确保系统安全，输电线路通常运行在比稳定状态稳定极限小一个稳定阈值以下的输送水平。

根据输电线路长度的不同，上述三个因素中有一个变为限制输送容量的主要因素。一般而言，允许工作温度、电压调整率和系统稳定性分别是短线、中等长度线路和长线的主要限制因素。因此，每一线路长度的实际输送容量由适用的因素确定。

因为实际高压输电线路导线的电阻远小于感抗，所以它们接近于无损线路。这一特点使得确定某一线路长度适用哪种限制因素，以及为不同电压等级的线路确定针对 SIL 的相对输送容量成为可能。计算表明线路长度与输送容量对应的不同限制因素情况有：①允许工作温度将线路长度限制在 80km 以内而输送容量可超过 3 倍 SIL；②电压调整率将线路长度限制在 80～320km 而输送容量介于 1.3～3.0SIL；③系统稳定性则允许线路长度超过 320km，但输送容量要小于 1.3SIL。

前述对线路输送容量的讨论清楚地表明，为实现远距离大规模的电能输送，需要线路具有更高水平的 SIL。根据式（1-1），这可以通过提高线路电压等级或者降低线路特征阻抗来实现。然而，实际线路的特征阻抗变化范围非常小，大约为 250～400Ω，特征阻抗值越小对应线路电压等级越高。因此，更高的 SIL 主要通过提高线路运行电压来实现，这也解释了为什么要提高输电电压以满足负载增长的要求。

1.2.1.3 线路结构

架空输电线路基本上由安装在铁塔上的绝缘子串悬挂的导线构成。图 1-2 为典型三相导线水平布置和三角形布置的塔头结构图。这一结构可用于更高电压等级的线路（≥500kV），这种线路在给定的走廊内可输送更大的容量。三相导线可以如图 1-2 所示的水平方式布置，也可以三角形结构或垂直结构形式布置。如图 1-2 所示，为防雷击还安装了一根或两根地线。典型的同塔双回路线路结构如图 1-3 所示。每一回路的三相导线布置在铁塔的一侧，以如图 1-3 所示的垂直方式或直立三角形方式布置。值得指出的是，与前述典型结构不同的例外也是存在的。比如，在一个走廊需要最大输送容量的情况下，同塔双回路线路也用于 500、750kV，甚至是 1100kV 线路。相似的，在较低电压等级线路上，同塔上可以安装多于两回的线路。

1.2.2 高压直流线路

三相交流系统在中短距离上的输电优势促进了高压交流输电网络的快速发展。与此同时，高压直流输电系统的经济性优势变得明显。高压直流输电的应用，需要研制可以在很高电压和很大电流下运行的整流器（交流变直流）和逆变器（直流变交流）。

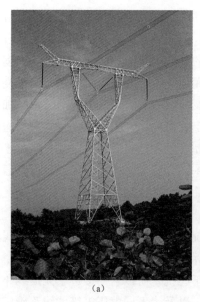

(a)   (b)

图 1-2　1000kV 单回路输电线路

(a) 导线水平布置；(b) 导线三角形布置

图 1-3　同塔双回输电线路结构

1.2.2.1　直流输电的发展

1939 年，瑞典人拉姆发明了高压汞弧阀，通过在阳极和栅极之间使用均压电极来获得更加均匀的电压分布。高压汞弧阀的研制使得瑞典在 1954 年建成了第一个直流联网工程。这一连接瑞典本土和格陵兰岛的工程，运行电压为 100kV，用一条海底电缆输送 20MW 功率。第一个采用架空输电线路的高压直流互连线于 20 世纪 60 年代中期由苏联研制并建成，从伏尔加格勒到顿巴斯，线路电压±400kV，容量 720MW。北美地区第一个主要的高压直流联络线为太平洋西北—西南线路，长 1400km，运行电压±400kV，容量 1440MW，采用架空线路，从俄勒冈的达拉斯到加利福尼亚的希尔莫。

1989 年，中国建成投运了第一个工业试验性直流工程——舟山±100kV 输电工程，其输电线路为 12km 海缆和 42km 架空线路，输送容量 100MW。1990 年，±500kV 葛洲坝—上海直流工程投运，线路长 1054km，输送容量为 1200MW；2001 年，±500kV 广西天生桥—广州直流工程投运，线路长 980km，输送容量为 1800MW；2003 年，±500kV 龙泉—政平直流工程投运投运，线路长 890km，输送容量为 3000MW。此后，中国的±500kV 直流输送容量均达到 3000MW。2010 年，±800kV 云南—广州特高压直流工程投运，线路长 1413km，输送容量为 5000MW（采用 5 英寸晶闸管），同年，±800kV 复龙—奉贤特高压直流工程投运，线路长 1907km，输送容量达到 6400MW

（采用 6 英寸晶闸管）。2011 年，±660kV 银川—青岛直流工程投运，线路长 1334km，输送容量 4000MW。而与此同时，利用原线路路径对葛洲坝—上海直流工程进行改造后，成为世界上首个±500kV 同塔双回直流输电线路。

1.2.2.2　技术和经济考虑

直流输电主要用于长距离大容量输电、交流系统之间非同步联网和海底电缆输电等。对于技术和经济性的考虑，在现代电力系统的高压直流输电应用稳步增长中起到重要作用。

在经济方面，直流架空输电线路在线路建设初投资和年运行费用上均比交流输电经济：

（1）线路造价低，交流架空输电线须用 3 根导线，双极直流线路则只用两根导线，能节省线路建设费用。而电缆线路，由于绝缘介质的直流强度远高于交流强度，直流电缆的投资少。

（2）年电能损失小，直流输电只用两根导线，导线电阻损耗比交流输电小，而且无感抗和容抗的无功损耗和无集肤效应，导线的截面利用充分，电晕损耗也小。

（3）节省线路走廊，输送容量大。

在技术方面，直流输电有以下优势：

（1）输送容量和距离不受同步运行稳定性的限制，可实现两交流系统的非同步联网。

（2）限制短路电流，直流输电线路连接两个交流系统，直流系统的"定电流控制"可快速把短路电流限制在额定功率附近，短路容量不因互联而增大。

（3）调节快速、运行可靠，直流输电通过晶闸管换流器能快速调整有功功率，实现"潮流翻转"（功率流动方向的改变），在正常时能保证稳定输出，在事故情况下，可实现健全系统对故障系统的紧急支援，也能实现振荡阻尼和次同步振荡的抑制。在交直流线路并联运行时，如果交流线路发生短路，可短暂增大直流输送功率以减少发电机转子加速，提高系统的可靠性。

（4）没有电容充电电流，直流线路稳态时无电容电流，沿线电压分布平稳，也不需要并联电抗补偿。

总的来说，直流换流站造价远高于交流变电站，而直流输电线路造价则明显低于交流输电线路。随着输电距离的改变，交、直流两种输电方式的造价和总费用将作相应的增减变化。这两个因素的综合效果是，对某给定的输送容量，在某一定输电距离内交流线路造价低，超过这个距离后直流线路变得更便宜。发生这一变化的距离称为经济距离（保本距离）。然而，由于输电线路和换流站成本的变化不可能精确给出经济距离的数值，这主要是新材料、新技术的应用，以及新制造工艺和建设施工造成的。因此，每一个特定的输电工程有其自己的经济距离。有关文献表明，经济距离可在 500～1500km 之间变动。

1.2.2.3　线路结构

有三种基本的直流连接方式，每一种方式都对应着特定的输电线路结构。

（1）单极性连接。如图 1-4 所示，直流单极连接只用一根正极性或负极性导线而用大地作为回流导线。因为有更好的电晕性能，单极性线路更多地采用负极性。线路结构非常简单，由结构合适的构架支撑一根高于地面的单导线或分裂导线构成。可在导线上方有一根地线用于提供防雷保护。

图 1-4　直流单极连接

（2）双极性连接。如图 1-5 所示，直流双极连接有一正一负两根导线，是最常用的一种连接方式。两端连接的直流侧端部设备由两个相同容量的换流器串联而成，换流器之间的中性点通常在两端连接到大地。这样允许两极独立运行，在一极故障的情况下，另一极可以在短时间内承受双极性连接的全部功率。在正常运行条件下，两极的电流几乎相等，这就使得流入大地的电流可以忽略不计。典型的双极性直流线路结构如图 1-6 所示。通常双极性导线悬挂在结构简单的干字塔的横担两侧。地线在极导线上方对称地布置在两极导线之间，主要用于防雷保护，有时地线也可与铁塔绝缘用作金属地回流线。

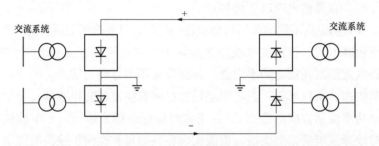

图 1-5　直流双极连接

(a)　　　　　　　　　　　　　　(b)

图 1-6　双极性直流输电线路结构
(a) ±800kV 直流线路；(b) ±500kV 同塔双回直流线路

（3）同极性连接。如图 1-7 所示，同极性连接，除两根导线都是同一极性外，这种连接与双极性连接相似。由于回流电流由大地返回，严重地限制了这种连接在系统内的使用。与单极性线路一样，因为负极性电晕性能好而更多地采用负极性。铁塔结构与双极性类似可以悬挂两根导线，或者也可以采用相距较远的两个单极性的结构。

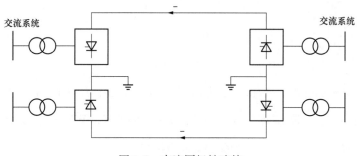

图 1-7　直流同极性连接

1.3　输电的理论基础

电磁模型是高压交流和直流输电线路电晕性能诸多方面分析的基本。本节简要介绍电磁模型用于输电线路结构分析的一般原则。这里列出的几种方法将在后续章节中进一步研究。

1.3.1　理想化导线结构

架空输电线路基本上由悬挂在地面上方、跨接在相隔很长距离两地之间的若干圆柱形导线组成。导线由不同的输电杆塔支撑，这些杆塔可由钢材、木头或水泥构成，如图 1-2、图 1-3 和图 1-6 所示，间距约数百米。在相邻的杆塔之间，导线形似一条悬链线。为方便电磁模型研究，通常采用理想化的输电线路结构，也就是由一定数量的无限长并且相互平行的圆柱形导体，平行布置在无限大的地面之上。在模型中经常忽略掉输电杆塔，而且在不平坦地面上的悬链线形导线被放置在地平面上实际导线平均高度处的平直导线所代替。最终用于电磁模型的 n 根导线输电线路的理想化二维结构，如图 1-8 所示。导线数量 n 随不同形式的交直流线路而不同。

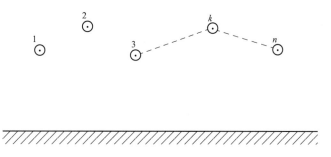

图 1-8　理想化的输电线路导线结构

1.3.2　基于场理论的模型

任何装置的电磁模型通常是由麦克斯韦方程组得到的，方程组中不同的矢量形式为

$$\nabla \times \vec{H} = \vec{i} + \frac{\partial \vec{D}}{\partial t} \qquad (1\text{-}3)$$

$$\nabla \times \vec{E} = -\frac{\partial \vec{B}}{\partial t} \qquad (1\text{-}4)$$

$$\nabla \cdot \vec{D} = \rho \qquad (1\text{-}5)$$

$$\nabla \cdot \vec{B} = 0 \qquad (1\text{-}6)$$

式中：$\vec{H}$ 为磁场强度，A/m；$\vec{E}$ 为电场强度，V/m；$\vec{D}$ 为电位移（又称为电感应强度），C/m^2；$\vec{i}$ 为电流密度，A/m^2；$\vec{B}$ 为磁通密度，Wb/m^2；ρ 为体电荷密度，C/m^3。其中，$\vec{H}$、$\vec{E}$、$\vec{D}$、$\vec{B}$、$\vec{i}$ 为矢量，ρ 为标量。

式（1-3）是修正的时变电场安培定律的麦克斯韦方程表达式，安培定律初始形式用于时变电场时，违背了电流连续定律，特别是在含有绝缘介质和电容的情况下。

为改变这种情况，麦克斯韦定义了总电流密度，即传导电流 $\vec{i}$ 和位移电流 $\frac{\partial \vec{D}}{\partial t}$ 之和。

式（1-4）是法拉第电磁感应定律表达式，式（1-5）是高斯公式，式（1-6）表明了磁力线是连续的。

对任何装置或设备的完整电磁分析，除了包括以上四个场方程外，还需要以下三个与场量所处介质特性相关的方程

$$\vec{D} = \varepsilon \vec{E} \qquad (1\text{-}7)$$

$$\vec{B} = \mu \vec{H} \qquad (1\text{-}8)$$

$$\vec{i} = \sigma \vec{E} \qquad (1\text{-}9)$$

式中：ε 为介电常数；μ 为磁导率；σ 为介质的电导率。自由空间介电常数和磁导率分别为：$\varepsilon_0 = 8.854 \times 10^{-12} \, F/m$，$\mu_0 = 4\pi \times 10^{-7} \, H/m$。任意介质的介电常数可写为 $\varepsilon = \varepsilon_r \cdot \varepsilon_0$，$\varepsilon_r$ 为无量纲相对介电常数。类似的，磁导率可写为 $\mu = \mu_r \cdot \mu_0$，μ_r 为无量纲的相对磁导率。σ 为介质的电导率（电阻率的倒数），单位为 S/m。

对于导线结构如图 1-8 所示的输电线路，与其相关的电磁场问题，可以用适当的边界条件和式（1-3）～式（1-9）来解决。式（1-3）～式（1-6）是对时间和空间的三维偏微分方程组。前两个方程构成互耦的偏微分方程组，为求得电场和磁场分量必须同时求解这个方程组，可以在时域也可以在频域分析这些方程组。对于时域分析，可用傅里叶变换将场从时域变换到频域，反之亦然。

考虑自由空间中这种特殊电磁现象，也就是没有电荷和传导电流，用式（1-7）和式（1-8）带入式（1-3）和式（1-4）得到电场 E 和磁场 H 的独立方程，即

$$\nabla^2 \vec{D} = \mu_0 \varepsilon_0 \frac{\partial^2 \vec{E}}{\partial t^2} \qquad (1\text{-}10)$$

$$\nabla^2\vec{H} = \mu_0\varepsilon_0\frac{\partial^2\vec{H}}{\partial t^2} \tag{1-11}$$

式（1-10）和式（1-11）叫作波动方程，用于描述空间和时域波的电场和磁场分量的传播，其中涉及光在自由空间中的传播速度 $C = 1/\sqrt{\mu_0\varepsilon_0}$。

从电磁角度看，如图 1-8 所示的理想化结构表示的输电线路可考虑为某种形式的波导，电磁能量在其上以波的形式传播。在波导中，电磁传播以不同模式发生，也就是横电场波（transverse electric wave，TE）、横磁场波（transverse magnetic field wave，TM）和横电磁波（transverse electromagnetic wave，TEM）模式。每一模式的命名是基于与传播方向垂直的那种场分量，即电场、磁场以及电场和磁场。以某种特定模式发生或以其为主的传播完全取决于波导的物理尺寸和电磁能量的频率。

对于如图 1-8 所示的理想化结构，并忽略损耗，实际交流和直流输电线路的物理尺寸只能允许 200MHz 以下所有频率的电磁能在其上以 TEM 的形式出现。由于实际线路的导线（和大地）上确实有电能损失，所以会导致电场和磁场在传播方向上有微小的分量。从严格意义上讲，传播模式不是单纯的 TEM，而是 TE 和 TM 的混合模式，所以由于纵向场分量比横向场分量小几个数量级，混合波通常近似一个准 TEM 波。因此输电线路的电磁模型可以认为是准 TEM 波传播，这一模型既可用场理论（如麦克斯韦方程组）也可用电路理论来分析。对于 TEM 或准 TEM 模式传播，电场和磁场分量之间相互关联，即

$$\left|\frac{E}{H}\right| = \sqrt{\frac{\mu_0}{\varepsilon_0}} = Z_0 \tag{1-12}$$

式中：Z_0 为自由空间波阻抗。

通常在频域分析输电线路的电磁传播，可以以角频率为 ω 的正弦变化的形式来考虑电场和磁场的时间变化（对应频率为 f，有 $\omega = 2\pi f$），可表示为

$$E = E_0 e^{j\omega t} \tag{1-13}$$

$$H = H_0 e^{j\omega t} \tag{1-14}$$

假定这些正弦变化所得到的波动方程的形式为

$$\nabla^2 E = -\omega^2\mu_0\varepsilon_0 E \tag{1-15}$$

$$\nabla^2 H = -\omega^2\mu_0\varepsilon_0 H \tag{1-16}$$

这些方程描述了波长为 $\lambda = \dfrac{C}{f} = \dfrac{2\pi C}{\omega}$、以光速为速度的正弦波传播。卡松利用麦克斯韦方程组和一些电路理论的概念来分析在多导线输电线路上的电磁波传播。依据波的频率，可以简化分析方法。

如前所述，式（1-3）和式（1-4）是一组耦合方程，这就是说磁场随时间的变化产生部分电场，反之亦然。从频域看，由变化的磁场产生的电场的比例随频率的增加而增加。在包含工频（50/60Hz）的 0～100Hz 范围内，这两个方程的耦合几乎可以忽略，两个场可以看作是准静态场。换句话说，电场和磁场可以使用静电场和静磁场的方法各自独立的确定。

例如，输电线路附近电场分布的计算涉及用适当的边界条件求解式（1-5），将

式（1-7)带入式（1-5），得到

$$\nabla \cdot \vec{E} = \frac{\rho}{\varepsilon} \tag{1-17}$$

或者以电位 Φ 表示，由 $E = -\nabla\Phi$，有

$$\nabla^2\Phi = -\frac{\rho}{\varepsilon} \tag{1-18}$$

没有空间电荷时，$\rho = 0$，式（1-18）简化为

$$\nabla^2\Phi = 0 \tag{1-19}$$

在静电场理论中，式（1-18）叫作泊松方程，式（1-19）叫作拉普拉斯方程。

关于交流和直流输电线路的电场分布，无论在导线表面还是远离导线，都可以用拉普拉斯方程和导体上的已知电位来确定。但这样的方法对于任何实际的线路结构都是非常复杂的，在随后的章节中将介绍的简化方法，从工程意义上足以得到满意的结果。对单极性和双极性直流线路的分析，则要求求解泊松方程、电流连续性方程和离子运动方程，这将在第 6 章中讨论。

1.3.3　基于电路理论的模型

尽管可以将输电线路当作波导考虑，线路上准 TEM 模式的传播可用电磁场理论来分析，但人们通常更推崇基于分布参数的电路理论的模型和分析。以传输线为基础的电路理论在本质上遵从麦克斯韦方程组。

在 n 根导线的传输线传播分析中，假定单位长度传输线的 $n \times n$ 阶的电抗矩阵 $[L]$、电阻矩阵 $[R]$、电容矩阵 $[C]$ 和电导矩阵 $[G]$ 是已知的，因为它们可以通过电路理论得出，角频率对应的线路阻抗和导纳矩阵可写为

$$[Z] = [R] + \mathrm{j}\omega[L] \tag{1-20}$$

$$[Y] = [G] + \mathrm{j}\omega[C] \tag{1-21}$$

沿线路传播的正弦电压和电流的耦合方程为

$$\frac{\mathrm{d}[U_x]}{\mathrm{d}x} = -[Z][I_x], \quad 0 < x < l \tag{1-22}$$

$$\frac{\mathrm{d}[I_x]}{\mathrm{d}x} = -[Y][U_x], \quad 0 < x < l \tag{1-23}$$

式中：$[U_x]$ 和 $[I_x]$ 分别为在距离 x 处线路电压和电流的复矢量，l 为线路总长度。假定线路两端连接有合适的电压源和电流源以及阻抗网络，可由式（1-22）和式（1-23）得到传输线的频域波动方程，即

$$\frac{\mathrm{d}^2[U_x]}{\mathrm{d}x^2} = [Z][Y][U_x], \quad 0 < x < l \tag{1-24}$$

$$\frac{\mathrm{d}^2[I_x]}{\mathrm{d}x^2} = [Y][Z][I_x], \quad 0 < x < l \tag{1-25}$$

式（1-24）和式（1-25）与由电磁场理论分析的式（1-15）和式（1-16）类似。

以上所述的传输线模型将在以后的章节中分析沿短线和长线的无线电干扰传播时广泛应用。

1.4 输电线路的设计问题

架空交流和直流输电线路的设计是一项复杂的工程任务，包括结构、机械和电气方面的考虑。从路径选择开始，到杆塔结构和基础的施工图设计，包括所需要的结构和机械的工程勘测等。单根导线或分裂导线，金具和绝缘子串等的设计不仅要考虑电气方面，还要考虑诸如振动、温升过程等机械的方面重要因素。实际上，所有这些因素都应在设计过程之初协调考虑，以期从技术和经济性方面获得最优的输电线路设计。

1.4.1 输电线路电气设计

输电线路电气设计由空气绝缘、绝缘子和电晕三个主要方面组成。

（1）空气绝缘是指交流线路不同相导线之间、直流线路不同极导线之间以及导线与地或与接地的金属构件之间的空气间隙距离。设计不同结构的空气间隙，需要考虑在正常运行电压以及各种可能发生的过电压下的电气击穿和耐受特性，这些过电压有工频稳态过电压，以及暂态性质的过电压，包括操作和雷电冲击等。

（2）第二个方面包括绝缘子类型、材质和数量的选择，以及悬挂导线所需绝缘子串的长度等。一直以来，组合成串的瓷质和玻璃盘式绝缘子用于高压交流和直流输电线路。而在过去的 30 年中，复合材料绝缘子在逐渐广泛应用，这种绝缘子可以以所需要的长度制成一个整体。瓷质和复合绝缘子的设计，是基于它们处于不同的污秽等级或状况并经受正常运行电压和不同类型过电压条件下的耐受特性以及不同气象条件。

（3）电晕是第三个要考虑的因素。电晕发生在输电线路导线上。认识和理解输电线路电晕性能，对选取单导线的直径、分裂导线的子导线直径以及分裂数都是必需的。交流和直流输电线路的电晕性能主要用电晕损失（corona loss，CL）、无线电干扰（radio interference，RI）和可听噪声（audible noise，AN）来表征。有时，也考虑包括电视干扰（television interference，TVI）在内的宽频率的电磁干扰（electromagnetic interference，EMI）和臭氧。对于直流和交直流混合线路，需要考虑一个额外的设计因素，就是线路附近导线电晕产生的离子流和空间电荷环境。

1.4.2 气象条件影响和统计分析

由交直流输电线路电晕损失、无线电干扰和可听噪声，以及直流线路离子流和空间电荷定义的电晕性能极大地受气象条件的影响。雨、雪和雨夹雪等形式的降水使得导线上的电晕活动的强度增大一到两个数量级，进而以类似方式影响电晕效应。所以任何对电晕效应的描述都应包括对主要气象条件的精确记录。为便于理解，以下引用了 IEEE 539—1990《与架空线路的电晕和电场效应相关的术语定义》（Definition of Terms Related to Corona and Field Effects of Overhead Lines）的一些与电晕性能相关的气象术语或定义：

（1）好天气。降水强度为 0、输电线路导线保持干燥的天气状况。

（2）坏天气。形成降水或可弄湿输电线路导线的天气状况。雾不是降水形式，但它可弄湿导线；干雪是降水但不会弄湿导线。

（3）降水强度。也就是降水率，经常以毫米每小时（mm/h）表示。因为降水强度不是固定的，在不超过 1h 的时间段上的平均值是最有用的，除非能测得到瞬时强度。

（4）雨。以直径不小于 0.5mm 的液体水滴形式或大范围内散射状的更小直径水滴形式的降水。从观测角度上，将某地某时段的降雨强度分为：

1）非常小。散射的水滴，无论在其中暴露多长时间都不会弄湿某个表面。

2）小雨。降水率不超过 2.5mm/h。

3）中雨。2.6~7.6mm/h，且最大降水量不超过 0.76mm/6min。

4）大雨。超过 7.7mm/h。

（5）雾。靠近地表的空中小水珠的可见聚合体。根据国际标准定义，雾可将能见度减少至 1km 以内。雾与云的不同之处在于云在高空而雾在地表附近。

（6）霾。也称阴霾、灰霾，是指原因不明的大量烟、尘等微粒悬浮而形成的浑浊现象。霾的核心物质是空气中悬浮的灰尘颗粒，气象学上称为气溶胶颗粒。

该标准中还定义了雪、冻雨、雾凇和冻雾等。即便是在如好天气或雨这样确定的天气类型下，电晕或许也会因周围大气温度、压力、空气污染、降水率的大小等因素而在较大范围内变化，而且输电线路的电晕性能随时间不可预知的变化，也不能用一个固定的数值来表征。将其作为一个随机变量来考虑并用统计的方法来表征是一种比较合适的方法。表示任一电晕性能的变量的统计模型描述了这个变量处在某数值特定范围内的可能性。

随机变量 X 的统计模型可以以概率密度函数，也可以以累积分布函数来表示。连续随机变量 X 的概率密度函数 $f(x)$ 定义为

$$f(x)\mathrm{d}x = P\left[\left(x - \frac{\mathrm{d}x}{2}\right) \leqslant X \leqslant \left(x + \frac{\mathrm{d}x}{2}\right)\right] \tag{1-26}$$

式中：P 为平均概率，相似的累积分布函数 $F(x)$ 定义为

$$F(x) = P(x \leqslant X) \tag{1-27}$$

对于连续随机变量，有

$$F(x) = \int_{-\infty}^{x} f(t)\mathrm{d}t \tag{1-28}$$

电晕效应的统计模型通常用累积分布函数来表示。属于概率分布函数或简称分布，也用于表示累积分布函数。

很多物理过程可由正态分布或高斯分布来描述，其定义为

$$F(x) = \frac{1}{\sqrt{2\pi}\sigma} \int_{-\infty}^{x} \mathrm{e}^{-\frac{(t-\mu)^2}{2\sigma^2}} \mathrm{d}t \tag{1-29}$$

式中：μ 为分布的均值；σ^2 为分布的方差；σ 为分布的标准偏差。

概率分布图通常用来表示一个随机变量的正态分布函数。适当选取坐标轴的刻度以使得正态分布为一条直线。

一般用特定的天气类型来描述电晕效应，比如好天气和坏天气（有时仅指雨天）。所谓的全天候类型用于表示在各种可能天气类型下所得到的全部数据。对于每一特定的天气类型，电晕效应一般遵循某一正态分布。例如，诸如电晕损失、无线电干扰和可听噪声的电晕效应以分贝（dB）为单位的分布，在好天气和坏天气两种情况下的值分别标

在特定刻度的坐标纸上为两条直线，如图 1-9 所示。全天候水平的分布为好天气和坏天气两个单独分布的和，即图中所示的"反 S"曲线。可以看出全天候分布不是正态分布。通常，如果一个分布有两个或两个以上的分量，每一个分量都有一个正态分布定义，则总体的分布为

$$F_c(x) = \sum_{i=1}^{n_d} F_i(x;\mu_i;\varepsilon_i) T_i \qquad (1\text{-}30)$$

式中：$F_c(x)$ 为联合分布；$F_i(x;\mu_i;\varepsilon_i)$ 为单个分量分布。每一个分量都由平均值 μ_i、标准偏差 ε_i 和每一分量的时间百分比 T_i 来定义；n_d 为单个分量的数目。

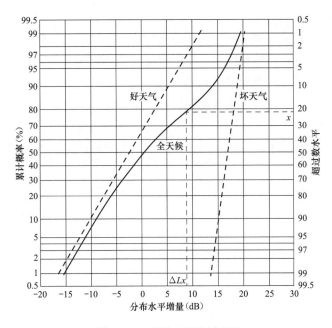

图 1-9　电晕效应的统计描述

图 1-9 中有两个纵坐标。左边一个为概率分布，以累积百分概率标识，表示如式（1-26）所定义的小于或等于某一特定值的水平。右边一个用以标识电晕效应的超过数水平 x，横坐标为某一电晕效应分布水平增量。以图 1-9 为例，累计概率 50％或超过数水平 50％为基准（横坐标为 0），超过数水平是指在坐标轴上超过 x％的时间。这样累积概率和 x 的值彼此互补。电晕效应大多数以超过数水平来描述，也简称 L 水平，而不是累积概率。在这个意义上，L_{50} 表示中值，它等于一个正态分布的平均值，而 $L_x = L_{50} + \Delta L_x$。相似的有 L_5（有时是 L_1 值），用于表示最大值，也就是仅 5％或 1％时间超过的数值。

输电线路导线的电晕放电

当导体表面电场强度足够高时，高压输电线路导线周围空气将发生电离，引起放电现象，被称为电晕放电，或简称电晕。电晕放电的物理原理非常复杂，为评估输电线路的电晕性能，必须了解电晕所涉及的基本过程。本章对电离过程作简单回顾后，描述了交、直流输电线路导线上产生电晕放电的机理和不同模式，讨论了交、直流电压下圆柱导体临界电晕起始电位梯度的影响因素、导体中因电晕引起的电流的起源和特性，以及电晕的其他物理、化学结果。最后，还讨论了在输配电线路上产生的间隙放电发生和可能的影响。

影响输电线路导线电晕放电的产生及其特性的最主要因素是导线表面附近的电场分布。对电晕的分析需要了解导线表面以及紧邻导线表面的外侧区域的电场变化。采用静电场理论的分析可以推导出用于计算多导线、特别是采用分裂导线的输电线路导线表面电场的精确方法。本章列出了现有的几种用于计算交流和直流线路导线表面电场的不同方法，还专门给出了简化的计算方法，这种简化方法对采用分裂导线的实际输电线路进行分析，可得到足够精确的结果。

2.1 空气电离与放电

空气是高压输电线路使用的最为重要的绝缘物质，除提供线路导线结构支撑的绝缘子串，空气是导线与接地金属支撑结构和大地之间的主要绝缘介质。因此，掌握线路附近空气的物理和电气特性，对分析其绝缘性能破坏与否的条件是非常有用的。

2.1.1 空气电离

空气中水蒸气的体积百分比取决于环境湿度，地球赤道附近最高，而向两极逐渐减小；地球上不同区域干燥空气的气体成分的体积百分比变化不太明显。干燥空气的主要气体成分是：氮气（78.09%），氧气（20.95%），氩气（0.93%），以及少量的二氧化碳、氖、氦、氪等。

通常情况下，空气中的气体成分和水蒸气是电中性的，即没有电子从分子游离或是附着于分子。然而有许多自然现象破坏了空气的电中性。土壤中放射性衰减过程中产生的 γ 射线有足够的能量使空气分子电离，使自由电子和正离子数量增加。而自由电子很快地（在 1ms 之内）附着于氧分子，形成负离子。宇宙射线也起到电离的辅助作用。紫外光可引起空气的电离，但因能量较小，通常它对空气分子的电离作用很微弱。由于这些天然电离过程，在海平面附近的空气中，每立方厘米中大约含有 1000 个正离子和 1000 个负离子，即使是这样低浓度的带电微粒，也会使得空气具有微弱的导电性而成为不好的绝缘介质。在合适的电场条件下，这会使得空气中诸如电晕或击穿等的气体放电现象受到影响。以下简述电离及其所涉及的过程，以帮助理解电晕和其他气体放电现象。

尽管现代原子理论基本上是基于量子力学概念，为理解涉及电晕和其他气体放电的不同类型，采用经典的波尔原子模型可能比较合适。在波尔模型中，原子核由中子和质子组成，被沿轨道运动的电子包围着，与原子核中质子的数目一样，不同原子的电子数目是各不相同的。原子核中质子和中子的数量决定了原子的质量，电子占据不同的轨道，以不同的允许能量状态为特征。

原子中能量最低的电子距离原子核最近，而距离原子核最远的轨道中的电子具有最高的能量。正常条件下，原子是电中性的，因为环绕原子的电子负电荷被质子的正电荷所平衡。如果通过某种方式将能量赋予原子，则外层轨道的电子最可能受到影响。

2.1.1.1　电离与激发

如果赋予原子能量使得其外层轨道的电子跃迁到相邻的更高允许能级轨道，就称这个原子被激发了。原子只能依据两个允许能态间的能差，吸收与之相应的有限且离散的能量。电子在一个非常短的时间（10^{-8} s 左右）后接着返回到原子中原来的状态，剩余能量以光子形式向外辐射。如果赋予原子的能量足够大，使一个环绕轨道上的电子迁移到距离原子足够远，则这个电子将不会返回原有的能态，此时称原子被电离，原子失去电子使其变为正电性或正离子。因此，电离的过程产生一个自由电子和一个正离子。

激发或电离一个原子所需的能量可通过许多途径来提供，运动微粒的动能可以通过微粒与原子的碰撞传递给原子而增加原子的势能。碰撞中传递给原子的能量取决于微粒的相对质量。若碰撞微粒为一个电子，其质量相对原子非常小，则绝大部分动能将转移到原子，从而增加原子的势能，依据传递能量的多少，原子可能被激发或被电离，如下式表示

$$A + e \rightarrow A^+ + e (激发)$$

$$A + e \rightarrow A^+ + e + e (电离)$$

这些表达式说明，带有足够能量的电子可激发或电离原子 A，产生一个受激原子 A^+，或者正离子 A^+ 和一个电子。这两种碰撞为非弹性碰撞。如果电子的能量不足以引起原子的激发或电离，碰撞过程中仅些许增加原子 A 的动能，这种碰撞称为弹性碰撞。

在实际的空气放电中，为评估电子碰撞时的电离过程，必须考虑电子能量的分配。基于对电子能量分配的考虑，英国科学家约翰·汤逊定义了电离因数 α，用以表述一个电子在外加电场方向上移动单位长度过程中，空气中产生的电子—离子对的数目。有时，称 α 为汤逊第一电离系数。在电场方向上，$n(x)$ 个电子前进 dx 距离时，所产生的电子（电子—离子对）数 dn 为

$$dn = n(x)\alpha dx$$

如果在 $x=0$ 处，$n=n_0$，则 $\ln\dfrac{n}{n_0}=\int\limits_0^x \alpha\mathrm{d}x$。在单位电场下，有

$$n=n_0\,\mathrm{e}^{\alpha x} \tag{2-1}$$

在任意电场下，α 作为电场的函数变化，因此是 x 的函数，则

$$n=n_0\,\mathrm{e}^{\int\limits_0^x \alpha\mathrm{d}x} \tag{2-2}$$

在带电微粒密度低的气体中，带电微粒的平均能量取决于平均自由行程获取的能量或 El_m，其中 E 为电场强度，l_m 为气体分子的平均自由行程。因此包括碰撞电离的许多基本过程是 El_m 的函数，或者是 $\dfrac{E}{p}$ 的函数，这是因为 l_m 与气体压力 p 成反比。通过试验可得到不同气体的电离系数，通常可由以下经验公式表示，即

$$\frac{\alpha}{p}=f\!\left(\frac{E}{p}\right) \tag{2-3}$$

正离子对电离的影响是可以忽略的，除非正离子的能量远高于这里讨论的电气放电中可能涉及的原子的能量。引起原子激发或电离所需要的能量也可从光形式的电磁能，或从具有 $h\upsilon$ 能量的光子获得，这里 υ 是辐射的频率，h 为普朗克常数。光激发（吸收光子）或光电离的过程，可以用下式表示

$$\mathrm{A}+h\upsilon\leftrightarrow\mathrm{A}^+\quad（光激发或光辐射）$$

$$\mathrm{A}+h\upsilon\rightarrow\mathrm{A}^++\mathrm{e}\quad（光电离）$$

第一个表达式表明了光激发过程与其反过程，即光辐射。光辐射是当受激原子的电子由高能轨道返回其原有轨道，向外辐射能量的过程。第二个表达式表明了光电离的过程。

电子碰撞过程和光子吸收过程在电晕放电中起到非常重要的作用。其他过程，诸如热效应、电离振荡，在气体中也可能发生，但这些在这里所谈的电晕中无足轻重。

2.1.1.2　电子的附着与分离

有一些外层轨道缺少一个或两个电子的原子或分子，易于捕获自由电子使其变为负离子。具有这种倾向的气体，成为电负性气体。从负离子中去掉电子，使其恢复电中性所需要的能量，称为这种原子的电子吸引力，负离子形成的过程，称为电子附着，表示为

$$\mathrm{A}+\mathrm{e}\rightarrow\mathrm{A}^-\quad（附着）$$

例如，氧气为电负性气体，因而允许电子附着而形成负离子。也可能发生相反的过程，称为电子分离，此时离子失去电子恢复到中性状态。如上所述，使电子分离是需要能量的。在氧气失去电子的情况下，分离所需的能量可通过原子碰撞来提供。

类似于电离系数，中性分子的电子附着，可以通过附着因数 η 定义，以表征空气中在外加电场方向上，单个电子运动单位长度过程中产生的负离子数量。在电场作用下，$n(x)$ 个电子运动 $\mathrm{d}x$ 距离过程中，因吸附作用而失去的电子数 $\mathrm{d}n$ 可表示为

$$\mathrm{d}n=-n(x)\cdot\eta\cdot\mathrm{d}x$$

假定在 $x=0$ 处，$n=n_0$，可得到以下等式，即

$$n = n_0 e^{-\eta x}, \quad 均匀场 \tag{2-4}$$

以及

$$n = n_0 e^{\int_0^x -\eta \, dx}, \quad 非均匀场 \tag{2-5}$$

与电离系数相同，可用实验数据得到与式（2-3）相似的经验公式。电离与附着通常同时发生，所以两种效能可同时作用，于是有

$$n = n_0 e^{(\alpha-\eta)x}, \quad 均匀场 \tag{2-6}$$

以及

$$n = n_0 e^{\int_0^x (\alpha-\eta) \, dx}, \quad 非均匀场 \tag{2-7}$$

2.1.1.3 复合

如某种气体中正极性和负极性带电微粒同时存在，可能会产生复合现象。通常复合可表示为

$$A^+ + B^- \rightarrow AB + h\upsilon （复合）$$

在这一过程中，B^- 可以是负离子，也可以是电子。如上所示，复合在某种程度上可认为是光电离的反过程，仅在与电子作用时发生。正负离子的复合是一个非常复杂的过程，可分为两个阶段：第一阶段，随机运动的两种离子发生碰撞，或在库仑力的作用下运动；第二阶段，电荷交换，使离子电中性。这一过程发生在轨道相交或碰撞时，产生的中性微粒沿射线方向相互远离。其动能的增量为正离子电离能和负离子捕获能的差。

复合系数 R_i 定义为单位密度的正离子和负离子在单位时间内发生复合的次数。如 n_1 为正离子浓度，n_2 为负离子浓度，则

$$\frac{dn_1}{dt} = \frac{dn_2}{dt} = -R_i \cdot n_1 \cdot n_2 \tag{2-8}$$

2.1.1.4 导体表面的电子辐射

导体表面的电子辐射是气体放电，特别是空气中电晕放电的一个重要因素。金属表面原子的外层电子在金属中自由运动，而为了逸出金属表面，这些电子必须获得足够的能量，这种能被称为逸出能。

促使电子从导体表面逸出所需要的能量可通过不同的物理机理获取，其中最重要的包括：热致辐射、正极性离子碰撞产生电子辐射、场致辐射、光电辐射。

在所有这些机理中，热致辐射发生在很高的温度下，是真空管的主要工作方式；场致辐射发生在很高的表面电场情况下，主要是真空中电击穿现象的重要因素。这两种机理在常温常压的气体放电中起不到任何作用。

正离子在金属表面的碰撞可引起电子的辐射，且电子数量随碰撞正离子能量的增加而增加。为使表面有一个净电子辐射，每个离子必须释放出两个电子。其中一个是离子中性化所必需的。当电子具有比金属逸出能量更大的能量时，光照在金属表面将产生光致电离。气体放电中，表面附近的放电中产生的激发原子也可产生光子，使其恢复到它们的正常状态。

2.1.1.5　带电微粒的扩散和漂移

在电离气体中，带电微粒的浓度一般远小于中性气体分子，所以常假设带电微粒只和空气分子发生碰撞，且气体分子在带电微粒的碰撞中几乎不受影响。在这种混合气体中，气体分子对带电微粒起到固定的散射中心的作用，带电微粒的运动则由浓度梯度和电场来决定，前者增加其扩散的速度，后者增大其漂移速度。这些因素只影响带电微粒的分布函数而与空气分子无关。这时微粒电流可写为

$$\vec{\Gamma} = -\nabla Dn + \mu \vec{E} n \tag{2-9}$$

式中：$\vec{\Gamma}$ 为微粒流动的矢量；$\vec{E}$ 为电场矢量；n 为微粒密度。等式右边第一项表示扩散，第二项表示漂移。带电微粒扩散系数和迁移率分别为 D 和 μ。确定空气中电子和离子的扩散系数和迁移率的理论分析是非常复杂的，然而可通过试验的方法来确定它们。通过细致试验得的数据通常用于推导经验公式，特别是迁移率，其形式如 $\mu = f\left(\dfrac{E}{P}\right)$，离子的扩散系数和迁移率是彼此相关的，即

$$\frac{D}{\mu} = \frac{kT}{e} \tag{2-10}$$

式中：k 为波尔兹曼常数；e 为电子电量；T 为气体温度，单位为 K。式（2-10）称作爱因斯坦关系式，代入数字可得

$$\frac{D}{\mu} = 0.864 \times 10^{-4} T \tag{2-11}$$

2.1.1.6　空气的放电参数

因为主要关注空气中的电晕放电，所以这里介绍了空气中电离和其他过程参数的一些数量信息。空气的主要组成为氮和氧，空气的一些参数在某些程度上取决于这些成分的参数。

由于电子与氮或氧分子发生碰撞导致空气中碰撞引起的电离过程，可由下式表示

$$e + N_2 \rightarrow N_2^+ + 2e$$
$$e + O_2 \rightarrow O_2^+ + 2e$$

由此，这两种过程均应考虑空气的电离系数，在 $\dfrac{E}{p} \leqslant 60\text{V/cm} \cdot \text{torr}$ 时，电子附着与电离程度相当，因此，对附着已证明是正确的哈里森-格巴尔的结果是较合适的；而在更高的 $\dfrac{E}{p}$ 时，电子的附着与电离相比已微不足道，可以采用忽略附着系数得到的马修-桑德斯电离系数。这里需要解释：在气体放电物理中，大气压力 p 用达因或 mmHg 表示，1torr 为大气压力的 $\dfrac{1}{760}$ 倍，但是在国际单位制中，大气压力用 kPa 表示，标准大气压 p_0 为 760 达因或 101.325kPa。

电离系数可采用下式形式

$$\frac{\alpha}{\rho} = A e^{-B\left(\frac{E}{p}\right)} \tag{2-12}$$

A、B 为常数，由在 $\dfrac{E}{p}$ 两个范围中拟合的曲线来确定。

空气中，负离子由与氧分子碰撞中的电子附着产生，其基本的反应可表示为

$$e + 2O_2 \rightarrow O_2^- + O_2$$

$$e + O_2 \rightarrow O^- + O$$

由哈里森-格巴尔得到的关于电子附着的数据，接近以下关系

$$\frac{\eta}{p} = A_1 + B_1\left(\frac{E}{p}\right) + C_1\left(\frac{E}{p}\right)^2 \quad (2\text{-}13)$$

常数 A_1、B_1 和 C_1 仍由拟合曲线确定，用作空气中电离系数、附着系数的试验依据，曲线如图 2-1 所示，适于 $35 \leqslant \frac{E}{p} \leqslant 60$。对于 $60 \leqslant \frac{E}{p} \leqslant 240$，马修-桑德斯的试验数据可拟合为经验公式：$\frac{\alpha}{p} = 9.68 e^{-264\frac{p}{E}}$。

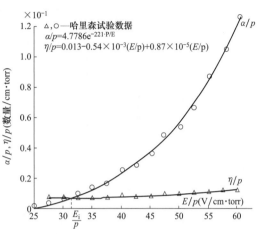

图 2-1　空气中的电离系数和吸附系数

一些研究已获得了空气中电子迁移速度的试验数据，以下经验公式足以代表目前的数据

$$V_e = 1.0 \times 10^4 \left(\frac{E}{p}\right)^{0.75} (\text{m/s}), \quad 适于 \frac{E}{p} \leqslant 100 (\text{V/cm} \cdot \text{torr}) \quad (2\text{-}14)$$

$$V_e = 1.55 \times 10^4 \left(\frac{E}{p}\right)^{0.62} (\text{m/s}), \quad 适于 \frac{E}{p} > 100 (\text{V/cm} \cdot \text{torr}) \quad (2\text{-}15)$$

空气中的负离子可由 O^-、O_2^-，甚至是 O_4^- 离子构成，空气中负离子的最终运动速度将取决于单个离子的运动速度和这些离子的相对比例。相应地，空气中的正离子可由 N_2^+、O_2^+，也可能是 N_4^+ 离子组成，空气中的正离子运动速度取决于三种离子各自运动速度以及它们的相对比例。

研究表明：空气中离子运动速度受到许多因素的影响，如杂质、离子老化等。实际应用中，用统计分布来表示离子运动速度是比较合适的。在第 6 章和第 8 章中将进一步讨论空气中离子的运动问题。

为了简化，空气中的正负离子的平均速度可假定为 $1.5 \times 10^4 (\text{m}^2/\text{V} \cdot \text{s})$。可将这个速度值带入式（2-10），求出离子和电子扩散系数。

空气中复合的主要过程由负氧离子与可能出现的 N_2^+、O_2^+ 或 N_4^+ 离子的碰撞中而被中性化的过程组成，对于常压的空气，复合系数可采用 $R_i = 2.2 \text{m}^3/\text{s}$。

2.1.2　放电现象

在前述章节中描述的电离和其他过程的基础知识，有助于理解空气中发生的不同放电现象。以下从图 2-2 所示的均匀场试验情况，对气体放电机理进行讨论。假定电压 U 施加于间隔距离 d 的两个电极，以产生一个场强为 $E = \frac{U}{d}$ 的电场。通过自然电离过程或从紫外灯照射方法在阴极产生自由电子。由于电场的存在，这些电子被加速，而从 $x=0$ 处的阴极（地电位电极）奔向 $x=d$ 处的阳极（高电位电极），并与中性分子发生碰撞。

随着极间电压的增加，可得到典型的伏安曲线，如图 2-3 所示，伏安曲线可分为三个截然不同的区域。

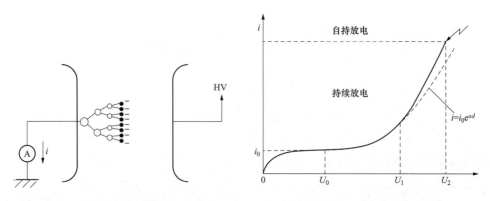

图 2-2 均匀电场中的气体放电　　　　图 2-3 放电的电压-电流特性

（1）当电压低于 U_0 时，在起始阶段电流随电压线性增加，在电压接近 U_0 时趋于饱和。在电压较低时，电流由自然或人工产生自由运动的电子在极间电场的作用下形成。在这些场强下，自由电子产生率大于穿越间隙电子的比率，使得电压—电流有一个线性关系。然而，当电压接近 U_0 时，因产生的所有自由电子都流向阳极，电流达到"饱和"状态。

（2）当电压超过 U_0 时，电流开始以指数方式增加，产生这种电流的增长是因为电子从极间更高的电场获得足够的能量，使得中性气体分子电离而产生新的电子—离子，新产生的电子也可获得足够的能量而电离其他气体分子，引起一个成为雪崩电离的过程，原来与电子相比较大质量的正离子在这个过程中依旧保持静止。这样，如果在阴极处有 n_0 个电子，依据式（2-1）使得在阳极处电子数升为 $n_0 e^{ad}$。考虑在阴极出发的任何一个电子，雪崩电离过程将使其在阳极产生 e^{ad} 个电子，这一电子数目指数增加成为电子崩，如图 2-2 中部所示。

（3）在某特定的电压 U_1 之后，电流快速增加，直到电压 U_2 时闪络或击穿。电流的这一快速增加，归因于被称作二次电离的过程，这一过程可在阴极产生额外的电子并能引起新的电子崩，导致阴极表面二次电子发射的最可能的机理是正离子碰撞和光子碰撞。第一种情况下，在电子崩中产生的正离子向后运动并撞击阴极表面，而第二种情况中，电子崩中的受激原子在它们返回正常状态时释放电子，其中部分光子碰击阴极表面。

如果 n_c 为阴极表面发射的全部电子，则（$n_c - n_0$）为二次电离过程产生的电子总数，这时电子崩中产生的电子总数为

$$n_t = n_c e^{ad}$$

如果 γ 表示二次电子发射过程的效率，也称为二次电离系数，则二次电离产生的电子数为

$$(n_c - n_0) = \gamma n_t = \gamma n_c e^{ad} \text{ 或 } n_c = \frac{n_0}{1 - \gamma e^{ad}}$$

在任意位置 x 处电子崩中产生的电子数表示为

$$n(x) = n_c e^{\alpha x} = \frac{n_0}{1 - \gamma \cdot e^{\alpha d}} e^{\alpha x} \qquad (2\text{-}16)$$

式（2-16）提供了一个判定击穿电压的必要判据为

$$1 - \gamma e^{\alpha d} = 0 \qquad (2\text{-}17)$$

这个击穿判据的物理意义是：电压为 U_2 时，电子崩中产生的电子数目，以及由此产生的电流急剧增长，只限制于在外部电路。电压低于 U_2 时，如果电源的基本自由电子消失时，外部电路的电流中断，则这种放电称为非自持放电，而在击穿电压 U_2 时，阴极表面产生的二次电子数目等于初始自由电子数 n_0，因而即使电源的基本自由电子消失，此时放电也可继续维持。这种情况下的放电称为自持放电。如果不是如图 2-2 中所示的均匀场，而是在一个金属棒（点）与一个平面之间电场，自持放电仅在高场强的点电极附近的一个小区域内发展，整个间隙中不会发生电击穿现象。这种自持放电通常称为电晕放电，它可在低于间隙击穿电压的一个较大范围发生，因为非均匀的场强分布，电离系数 α 是关于高压电极距离 x 的函数，式（2-17）所示的自持放电起始电压判断准则，在非均匀场的间隙中可改写为

$$1 - \gamma \cdot e^{\int_0^{d_i} \alpha dx} = 0 \qquad (2\text{-}18)$$

式（2-18）中，积分范围从高压电极表面开始，止于电离中止的 d_i 处。

在电子附着活跃的气体（如空气）中，电离系数 α 可修正为如式（2-7）那样包含有附着系数，自持放电的起始电压判定准则可改写为

$$1 - \gamma \cdot e^{\int_0^{d_i} (\alpha - \eta) dx} = 0 \qquad (2\text{-}19)$$

此时积分上限 d_i 对应于电离系数等于附着系数的边界，也就是无电离产生的地方。

2.1.3 空气中圆形导体的电晕放电

为研究输电线路电晕特性，理解高压交流或直流电压施加于圆形导体上时的电晕放电是有必要的。依据施加电压类型、极性和幅值的不同，定义了三种不同模式的电晕放电，以下将描述这些电晕模式。

考虑如图 2-4 所示的圆形导体与平板的空气间隙，导体上施加负极性直流高压，而平板为地电位，由此在导体和平板极间产生一个非均匀场。这个间隙可由 S_0 面分成两个区域，超过 S_0 面时区域中的电场不足以维持有效的电离，也就是 $(\alpha - \eta) = 0$。由于空气为负电性气体，负离子是比自由电子更为稳定的负电荷携带者，因其相对低的运动速度（迁移率），两种极性的离子更容易在间隙区域积累，在几个连续的电子崩过程中形成准静态的电子云，通常认

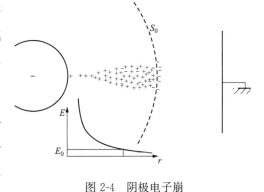

图 2-4　阴极电子崩

为是正极性和负极性的空间电荷。为正确解释空气中电晕放电的发展过程，就必须考虑那些不断地被所加电场驱散、但仍然在很大程度上影响局部场强度、进而影响电晕放电发展的空间电荷起到的作用。

2.1.3.1　负极性直流电晕模式

当作为高压电极的导体为负电位时，电子崩始于阴极，并向阳极形成一个连续衰减的场，如图 2-4 所示，电子崩将在界面 S_0 处停止，因在所加电场中自由电子比离子运动的快得多，它们在电子崩的端部集中，则在阴极和界面 S_0 之间的区域中形成正离子的密集分布，而自由电子则继续向间隙另一极移动，超过 S_0 面后，自由电子快速附着于氧分子以形成负离子，这是因为它们迁移速度低而积累在超出 S_0 的区域内，这样在第一次电子崩结束后，间隙中有两种空间电荷如图 2-5 所示。

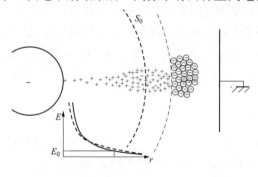

图 2-5　第一次雪崩结束时的空间电荷

离子空间电荷的出现，直接影响间隙中的局部电场分布，对于图 2-5 所示情形，空间电荷使得靠近阴极区域的电场增加而使靠近阳极的电场减小，因而使得后续电子崩在场强稍大的区域发展，但比前面的电子迁移一个稍短距离。离子空间电荷的影响就是这样，它实际上调节了放电的发展，产生三种不同模式、完全不同的电气、物理和可见光学特性的电晕放电。这些模式以场强增加的顺序，依次为：特里切赫流注放电、负极性连续辉光放电和负极性流注放电。

（1）特里切赫流注放电。这种放电模式是遵循一种有规律的脉动模式，该模式中流注产生、发展接着熄灭，随后是一个短时的沉寂，然后重复上述过程。单个流注的持续时间很短，为几百纳秒，而无流注的沉寂时间在几微秒到几毫秒之间变化，甚至更长。由此引起的放电电流由持续时间短、幅值小的有规律负脉冲组成，以每秒几千个脉冲的速率连续出现。放电的可见光学现象如图 2-6（a）所示，特里切赫电流脉冲的典型波形如图 2-6（b）所示。因为电流波形可能会被所使用的测量回路的时间常数影响，其持续时间可能比实际放电持续时间更长。

特里切赫流注机理解释了放电的脉动性，它是基于在一个短暂时段中非常活跃的附着过程抑制了电离发展。流注的重复率是电场强度的函数，随施加电压增加而线性增加，而在高电场下，脉冲重复率因短时持续的稳定放电而减小，这种持续可通过如图 2-6（c）所示的起始流注之后的平缓变化来体现。

（2）负极性稳定辉光放电。随电压进一步升高，特里切赫流注在脉冲达到某临界频率后，便成为一种称为稳定辉光的电晕模式。这种变化伴随着放电现象的变化，在阴极表面连续的间歇式放电停止，变为在一个固定放电点。整个放电区域限制在如图 2-7 所示的区域。物理上讲，稳定的辉光电晕显示了辉光放电的典型特性，一个可容易辨别的明亮的球形负极性辉光，接着一个从球面向外延伸的正极性圆锥形光柱。

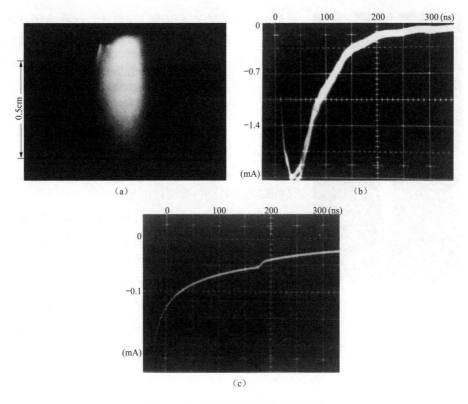

图 2-6　特里切赫流注放电典型特性

（a）放电的可见光学现象；（b）电流脉冲的典型波形；（c）流注后持续电流

（3）负极性流注放电。如果外加电压继续升高，将出现如图 2-8 所示的负极性流注，放电具有的光柱被压缩成一个流注通道。在阴极观察到的辉光放电的特性隐含着这种电晕模式很大程度上取决于来自受连续离子轰击阴极的电子发射，而以密集电离为特性的流注通道的形成，表明外加电场对空间电荷的驱散（清除或移动）作用更为有效。

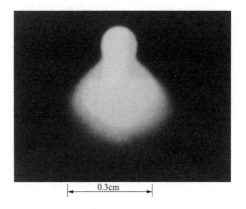

图 2-7　负极性稳定辉光放电

2.1.3.2　正极性直流模式

如图 2-9 所示，高场强电极为正极性的情形。电子崩在界面 S_0 的某处开始，并沿连续增加的电场方向向阳极发展，这样导致在阳极表面的电离最为活跃。同样，由于离子较低的迁移率，所以在沿电子崩发展路径的末端留下正极性空间电荷。因阳极附近极高的电场强度，这里的电子附着比负极性电晕情况下弱得多，电子崩产生的大多数自由电子被阳极吸收，负极性离子主要在远离阳极的低场强区域形成。

阳极附近出现的正极性空间电荷加强了间隙的电场，如图 2-10 所示，初次电子崩中

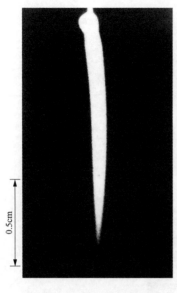

图 2-8 负极性流注放电

受激分子释放的光子引发二次电子，这些电子在增大的场强区域中被加速，并引起二次电子崩，这样推进间隙中放电沿流注方向的径向发展，如同在高场强阴极的情况一样，两种极性的空间离子在靠近阳极附近出现，极大地影响局部电场的分布，继而影响电晕放电的发展，具有完全不同电气、物理和可见光现象特征的四种不同电晕模式，将在间隙击穿前在阳极发生。按照场强的增大，这些模式依次为：突发式电晕、起始流注电晕、正极性辉光电晕、击穿流注电晕。

（1）突发式电晕。这种放电模式源于阳极表面的电离发展，这种电离使得高能入射电子在被阳极吸收之前释放其能量。这个过程中，在紧邻阳极的区域产生正极性离子，这一过程逐步增强而形成正极性空间电荷并抑制放电，扩散的自由电子则移到阳极的其他部分，引起的放电电流由非常小的正脉冲组成，每个脉冲对应一次阳极某局部区域的电离的扩展，随即被所产生的正极性空间电荷抑制，突发式电晕的光学现象和电流脉冲如图 2-11 所示。

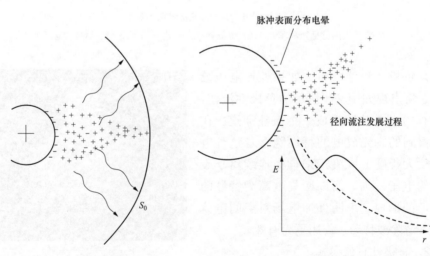

图 2-9 阳极附近雪崩发展过程   图 2-10 阳极附近雪崩发展连续过程

（2）起始流注放电。这种模式的电晕放电源于放电的径向发展，邻近阳极产生的正极性空间离子电荷在阳极表面引起电场增强并因而激发电子崩。这样流注通道在径向上发展导致了起始流注放电。流注发展过程中，在低场强区会形成相当数量的正极性空间离子电荷。后续电子崩的累积效应和阳极对自由电子的吸收，导致阳极前面区域驻留空间离子电荷的最终形成，在阳极附近的局部电场降低到低于电离的临界场强并抑制流注放电，这样需要一个间歇时间，由间隙中的电场驱散正极性空间电荷，并准备下一个

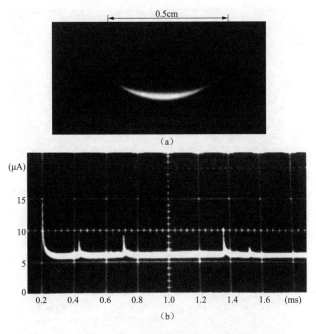

（a）

（b）

图 2-11　脉冲群式电晕典型特性
（a）放电的可见光学现象；（b）电流脉冲的典型波形

新流注发展所需要的条件，这种放电以脉冲形式发展，产生幅值大、重复率相对低的正极性脉冲电流，图 2-12 给出了起始流注放电产生的光学现象和脉冲电流的示意。

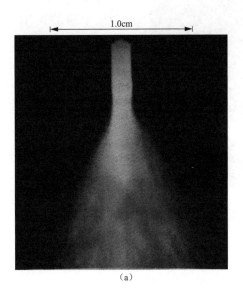

（a）

图 2-12　正极性起始流注电晕的典型特性（一）

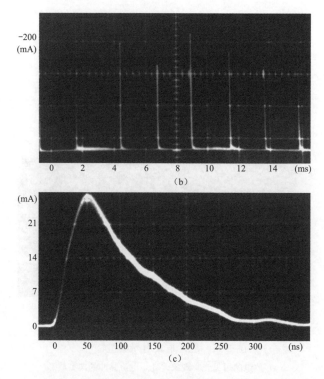

图 2-12 正极性起始流注电晕的典型特性（二）

（a）起始流注；（b）流注电流脉冲串；（c）电流脉冲波形

图 2-13 正极性辉光放电

（3）正极性辉光放电。在这种放电模式中，阳极表面的电离活动在紧邻阳极表面处形成一个薄的光环，这个区域发生剧烈的电离。放电电流基本上为直流，在其上叠加一个重复率达几百千赫兹的脉冲电流分量。这种放电模式的可见形式如图 2-13 所示。

正极性辉光放电的发展可解释为间隙中正极性离子产生和消除的某种特定组合引起的。间隙中电场导致正极性离子快速重新产生，因而促进表面电离。同时，这个场强不满足放电径向发展和流注形成的条件，负极性离子的作用主要是提供必要的触发电子以维持阳极的电离。

（4）击穿流注放电。如果外加电压进一步提高，流注将再次出现，并最终击穿间隙。它与起始流注放电相似，但它在间隙中伸展的更远一些，流注放电非常大且据有更高的重复率。击穿流注的发展直接与电场强度有效驱散正极性空间电荷的程度有关。

2.1.3.3 交流电晕模式

在交流电压下，高压导体电极的电场场强和极性，随时间连续变化。在施加电压的同一个周期中，可观察到几种不同模式的电晕，图 2-14 给出不同电晕模式与施加电压的函数关系。电晕的模式可由电流轻易辨别出来。

对于短间隙，在同一半周期内，电极产生并吸收空间离子电荷。在正、负两半周期内，在起始电压附近可观察到相同模式的电晕产生。负极性特里切赫流注，正极性起始流注和突发电晕，对于长间隙，半个周期内产生空间离子电荷不能被电极吸收，却在下一周期被吸收到高场强区域并影响电晕的发展，如图 2-14 所示的情形，起始流注因辉光放电而被抑制。而在实际的大截面导线上，在正半周期中起始流注比辉光放电更常见。在这种情形下，可以分辨出以下的电晕模式：负极性特里切赫流注、负极性辉光放电、正极性辉光放电和正极性击穿流注，负极性流注因其起始电位高于正极性击穿流注而不会出现。可以看出，用以区分长、短间隙的临界间隙，对应于半个周期内产生的空间离子电荷能够在相同半个周期内穿过的间隙。

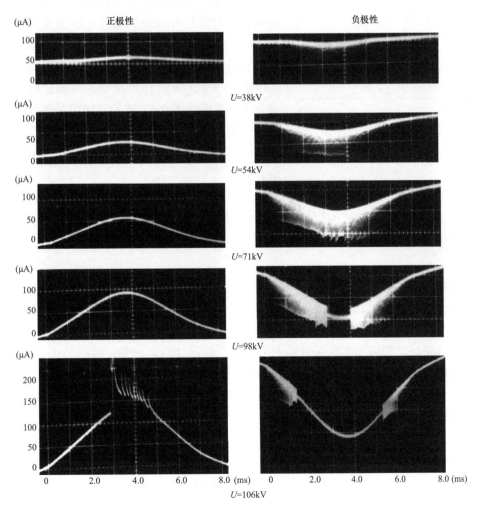

图 2-14　不同电压下典型交流正极性和负极性电晕模式

（电极由球和锥形圆筒构成，球直径 7cm，间隙 25cm）

在非常细且洁净的导线上，只有辉光模式的电晕出现，有时称其为超电晕。从实用的角度来看，为获得更高的空气间隙击穿电压，对这种现象展开了研究。也对由细导线绞制成的标准电缆开展这方面研究，以消除脉动型电晕，并由此减少无线电干扰和可听噪声的问题。然而对于实际输电线路采用的不同直径的导线，辉光电晕是不可能产生的。

2.1.4　间隙放电

由毫米级甚至更小的小间隙隔开的两个电极，其间的空气绝缘完全击穿时，称为微间隙放电，简称间隙放电。当诸如螺栓和螺母，北美地区大量使用的木质杆塔上固定地线的金属 U 形钉与地线之间，形成线路上的微间隙。低压配电线路比高压输电线路更容易发生间隙放电。

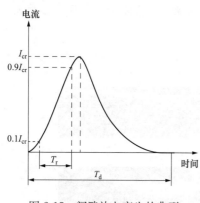

图 2-15　间隙放电产生的典型
电流脉冲波形

由于容性或感性耦合，在微间隙的电极之间感应出足够引起击穿的电压。在击穿的瞬间，间隙电压为零，间隙的绝缘得以恢复。这种绝缘击穿和随后的恢复可以连续重复，其重复频率取决于间隙的分布参数和容性或感性耦合参数。通过实验室的大量研究，了解了间隙击穿的机理，产生电流的幅值、波形和重复率。间隙放电产生的典型电流波形如图 2-15 所示。间隙放电产生的电流波形通常比电晕放电产生的电流波形具有更高的幅值和更短的持续时间，而其重复率较电晕放电的要低。

间隙放电是配电线路产生的主要电磁干扰源。特定的间隙放电也可在高压输电线路产生。下雨期间，相邻较近的水滴经过导线时带电，并在水滴之间或水滴与导线之间的小空气间隙放电。

2.2　导线表面电场及计算

输电线路的电晕放电特性，可以用电晕损失、无线电干扰和可听噪声等来定义，主要决定于线路设计和周围天气条件两个因素。线路设计因素包括：导线的类型和直径、交流线路的相导线布置或直流线路的极导线布置、导线的对地高度。然而影响电晕产生的最主要因素是导线表面附近的电场分布。电晕放电的发生、特性和程度均由这一电场分布决定。前述的基本电晕放电机理，不仅对导线表面而且对紧靠导线表面附近区域的电场幅值和空间位置变化非常敏感。第二类影响因素是周围气象条件，以下两种情况影响电晕特性：①周围大气的温度、压力和相对湿度影响电晕放电中的基本电离过程；②诸如雨雪等降水在导线表面积累成水滴，使其附近的电场畸变。

因此，准确确定导线表面电场是评估输电线路电晕特性的重要先决条件。准静电场模型是用于这一目的的比较合适的电磁场模型，这一模型中电场分布直接由导线的结构和不同导线上所施加的电压决定。对于直流电压，导线上任一点的电场保持恒定，而对于交流电压，导线上的电场以与电压相同的频率按正弦变化。

2.2.1 输电线路导线

在交流高压输电发展的最初阶段，因较高的导线表面电场导致电晕放电，并成为主要的限制因素，此时直观的解决方法是增加导线的直径。然而，如果导线承载的电流不随导线增加的截面积成比例增长，这就可能是较为昂贵的解决办法，因为导线表面电场强度仅与导线的半径成反比，而导线的截面积以及由此所需的金属材料却与导线半径的平方成正比，因此这种解决办法在超过某一临界点时将变得不经济。曾经尝试采用大直径中空导线来克服这一困难，但由于导线的生产和维护的复杂性，导致这一措施的失败。使得输送电压升高成为可能的最终解决方法是采用分裂导线。

分裂导线有一段有趣的发展历史。将输电线路导线分裂布置的思想是由美国人P. H. 托马斯于 1909 年提出的，主要作为解决增加线路电力输送容量一个手段。这是通过增加分开布置导线的电容而减小其电感，从而实现减小线路的特征阻抗 Z_c 并提高其自然功率的目的，可参见式（1-1）。几年之后，美国人 J. B. 怀特海德获得了采用分裂导线作为限制导线表面电场强度最大值的手段的专利。在该专利中，丝毫没有提及增加输送容量的内容。直到怀特海德的专利申请了 20 年之后，分裂导线才在欧洲和北美得到关注。第一次声明分裂导线同时具有减小导线表面电场和提升输送容量作用的公开文件是奥地利人马克特和门格勒的专利申请。

瑞典在 20 世纪 50 年代前后首次在 380kV 输电线路上采用两分裂导线。在 1950～1965 年，运行电压为 230～750kV 的输电线路开始采用 2、3 和 4 分裂导线。20 世纪 70年代在探讨采用 1000～1150kV 范围的更高电压等级交流输电技术当中，大量的研究甚至都评估了超过 16 根子导线的分裂导线的可行性上。

在所有情况下，分裂导线都是由多根彼此等距离围绕某一圆周布置的圆柱形子导线构成。分裂导线的特性通常由子导线数目、子导线半径和分裂导线直径来表征，有时也采用分裂导线的相邻两子导线间距而不是分裂导线直径来表征。另一个较为重要的参数是分裂导线的方位，主要用于四分裂及以下的分裂导线。常用的方位是，两分裂导线的垂直或水平方位，三分裂导线的正三角形或倒三角形方位，以及四分裂导线的正方形和等边菱形方位。

可采用特殊的术语来描述输电线路导线或分裂导线子导线周围电场分布。

（1）电位梯度❶。电场强度的同义词。电晕研究中特别强调某特定点处电位梯度等于并沿着电位空间中变化最大方向的属性。电位梯度是通过对标量电位函数 u 采用求梯度的运算得到的矢量场。因此，如果有 $u=f(x, y, z)$，则

$$E = -\nabla u = -\left(a_x \frac{\partial u}{\partial x} + a_y \frac{\partial u}{\partial y} + a_z \frac{\partial u}{\partial z}\right)$$ (2-20)

对于交流电压的电位梯度表示为峰值除以 $\sqrt{2}$，即为正弦电压的有效值。

（2）最大单导线（或子导线）电位梯度。电位梯度 $E(\theta)$ 在 0～2π 之间变化时所能达到的最大值，$E(\theta)$ 是用输电线路导线（子导线）角位置（θ）的函数表示的表面电位

---

❶ 由于习惯原因，在无线电干扰和可听噪声计算时，采用 g 表示电位梯度，而用 E 来表示无线电干扰场强。

梯度。

（3）最小单导线（或子导线）电位梯度。电位梯度 $E(\theta)$ 在 $0\sim2\pi$ 之间变化时所能达到的最小值。

（4）单导线（或子导线）平均电位梯度。电位梯度 E_{av} 的值由式（2-21）得到。

$$E_{av} = \frac{1}{2\pi}\int_{0}^{2\pi}E(\theta)\,\mathrm{d}\theta \qquad (2-21)$$

（5）分裂导线平均电位梯度。对含有两根及以上子导线的分裂导线，各单根子导线平均电位梯度的算术平均值。

（6）分裂导线平均最大电位梯度。对含有两根及以上子导线的分裂导线，单根子导线最大电位梯度的算术平均值。例如，对含有三根子导线的分裂导线单根子导线的最大电位梯度分别为 16.5、16.9 和 17.0kV/cm，则分裂导线平均最大电位梯度为 $\frac{1}{3}$(16.5＋16.9＋17.0)＝16.8kV/cm。

（7）分裂导线最大电位梯度。对含有两根及以上子导线的分裂导线，单根子导线最大电位梯度的最大值。例如，对含有三根子导线的分裂导线，单根子导线的最大电位梯度分别为 16.5、16.9 和 17.0kV/cm，则分裂导线最大电位梯度为 17.0kV/cm。

（8）导线标称电位梯度。由直径等于实际导线外径（绞线）的光滑圆柱导体得到的电位梯度。

尽管输电线路使用的导线为绞线结构，但导线表面电位梯度通常以上述定义的标称电位梯度来计算。

2.2.2 导线表面电场的计算

电压施加于输电线路导线上，使得导线表面分布着电荷，并在导线和大地之间形成电场分布。在电源频率下，即直流或 50/60Hz 下，输电线路产生的电磁场可按准静态场考虑。因此电场和磁场可彼此分开单独考虑，且采用静电场概念进行计算。

靠近导线表面和导线与大地之间整个空间电场分布的计算，原本就是一个复杂的问题，这是因为诸如导线弧垂、靠近铁塔、地表面凹凸不平、有限大地电阻率等输电线路的实际影响。如第一章所述，为减小问题的复杂性，有必要采取一系列的简化假设。这样，假定一种理想化的输电线路导线结构，如图 1-8 所示，由光滑无限长圆柱形导体、彼此相互平行，且与无限大地平面平行。在电场计算中还采用以下假设：

（1）对每一导线假定一个等效高度，为 $H-2S/3$，式中 H 为导线挂点高度，S 为导线弧垂；

（2）在施加于它们的电位相同、地电位维持在零电位的条件下，假定导线是等位表面。

根据以上假设，确定输电线路导线表面电位梯度的问题，转化为解决如图 1-8 所示理想结构，即在大地为零电位、导线施加已知电位的静电场问题。

用于解决上述场问题的方法，主要包括确定满足边界条件的导线表面未知电荷分布，这些边界条件为维持导线表面为等电位表面，通过所有导线在大地中的镜像来考虑地平面的影响。

2.2.2.1 单根导线

在分析较为复杂的线路结构之前，首先考虑自由空间中半径为 r_0（m）无限长圆柱导线施加电压为 U（V）的情况。零电位的大地假定在距离导线为 D（m）的远处。由于施加电压 U 将在导线表面产生电荷且沿导线长度均匀分布。因此，导线上的电荷分布可用具有电荷密度（C/m）、位于导线中心的均匀线电荷 λ 表示。需要确定 U 和 λ 以及在距离导线中心径向距离为 r（m）电场矢量 $\vec{E}$，这可通过积分形式的高斯定理来实现，即

$$\oint_S \vec{E} \cdot \mathrm{d}\vec{s} = \frac{1}{\varepsilon_0} \oint_V \rho \mathrm{d}V \tag{2-22}$$

式中：$\mathrm{d}\vec{s}$ 为矢量，其大小等于单位表面的面积，$\mathrm{d}\vec{s}$ 方向自表面内部而外；$\mathrm{d}V$ 为表面下的单位体积。式（2-22）表明通过一个封闭曲面 S 向外的通量等于该曲面所包含体积 V 所含的电荷（除以 ε_0）。

考虑一个与导线同心、半径为 r、长度为 1m 的圆柱面，它和两个圆形的底面构成的封闭曲面，选取该封闭面为高斯面，对其应用式（2-22），得 $\varepsilon_0 E 2\pi r = \lambda$，其中 E 为电场径向分量的幅值。由于 $\vec{E}$ 为矢量，E 为 $\vec{E}$ 的大小，$\vec{u}_r$ 为表示径向的矢量单位。所以两个圆形底面对表面积分没有贡献，可得到以下关系：

$$E = \frac{\lambda}{\varepsilon_0 \cdot 2\pi r} \tag{2-23}$$

由 E 与电动势 Φ 的关系

$$E = -\nabla \Phi = -\frac{\mathrm{d}\Phi}{\mathrm{d}r} \vec{u}_r \tag{2-24}$$

将式（2-23）带入式（2-24），并从 D 到 r_0 对 r 积分，可得导体表面电位为

$$U = -\frac{\lambda}{\varepsilon_0 \cdot 2\pi} \int_D^{r_0} \frac{1}{r} \mathrm{d}r = \frac{\lambda}{\varepsilon_0 \cdot 2\pi} \ln \frac{D}{r_0} \tag{2-25}$$

应该指出的是，导线电位取决于与参考点 D 之间的距离。例如，如果导线放在半径为 R（m）的无限长同心圆形接地圆柱体内，则导线的电位为

$$U = \frac{\lambda}{\varepsilon_0 \cdot 2\pi} \ln \frac{R}{r_0} \tag{2-26}$$

距离导线中心径向距离为 r 处电场幅值为

$$E = \frac{\lambda}{\varepsilon_0 \cdot 2\pi r} = \frac{U}{r \ln \frac{R}{r_0}} \tag{2-27}$$

2.2.2.2 地面上的单导线

现在考虑半径为 r_0（m）位于地面高度为 h（m）的单根无限长圆柱导线，如图 2-16 所示。如导线上电位为 U 且 $h \gg r_0$，则导线上的电荷可假定为沿导线表面均匀分布且可用在其中心的线电荷 λ 表示。根据镜像理论，大地平面可由半径为 r_0（m）位于地

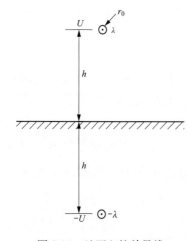

图 2-16 地面上的单导线
及其镜像

面以下距离为 h 的一个镜像导线来代替。镜像导线的电位为 $-U$，且可由其中心的线电荷 $-\lambda$ 表示。由式（2-25），导线电位可由线电荷表示为

$$U = \frac{\lambda}{\varepsilon_0 \cdot 2\pi} \ln \frac{2h}{r_0} \tag{2-28}$$

将导线电位 U 和线电荷 λ 通过式（2-28）联系起来的系数 $\dfrac{1}{\varepsilon_0 \cdot 2\pi} \ln \dfrac{2h}{r_0}$ 称为麦克斯韦电位系数，进而导线表面（$r=r_0$）电场幅值为

$$E = \frac{\lambda}{\varepsilon_0 \cdot 2\pi r} = \frac{U}{r_0 \ln \dfrac{2h}{r_0}} \tag{2-29}$$

2.2.2.3 多相单导线输电线路

从计算导线表面电场的角度看，交流每相或直流每极采用单导线的输电线路，只需要对上述讨论的地面上单导线情形进行简单的扩充。n 相输电线路（与图 1-8 的理想线路相似）由 n 条半径为 r_1、$r_2 \cdots r_n$、无限长导线平行布置于距地面高度为 h_1、$h_2 \cdots h_n$ 来表示，如图 2-19 所示。对任意参考坐标系，假定 $(x_1，y_1)$，$(x_2，y_2)$，$\cdots$，$(x_n，y_n)$ 为 n 条导线中心的坐标，各导线所施加的电压为 U_1，U_2，$\cdots$，U_n，且由位于导线中心的线电荷 λ_1、λ_2，$\cdots$，λ_n 表示。根据镜像理论，地平面可由位于 $(x_1，-y_1)$，$(x_2，-y_2)$，$\cdots$，$(x_n，-y_n)$ 且施加了 $-U_1$，$-U_2$，$\cdots$，$-U_n$ 的电压的导线代替，镜像导线由线电荷 $-\lambda_1$、$-\lambda_2$，$\cdots$，$-\lambda_n$ 表示。

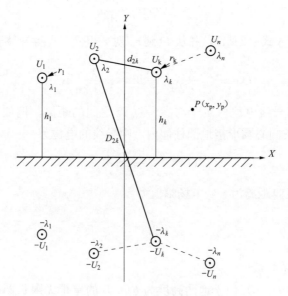

图 2-17 多导体线路结构

导线电荷可由已知的导线电压求解以下矩阵方程得到

$$[P][\lambda] = [U] \tag{2-30}$$

式中：$[U]$ 和 $[\lambda]$ 分别为导线电位和线电荷的列向量；$[P]$ 为 $n \times n$ 阶麦克斯韦电位系数方阵，其元素由式（2-31）和式（2-32）给出，即

$$p_{kk} = \frac{1}{\varepsilon_0 \cdot 2\pi} \ln \frac{2h_k}{r_k}, \quad k = 1, 2 \cdots n \tag{2-31}$$

$$p_{km} = \frac{1}{\varepsilon_0 \cdot 2\pi} \ln \frac{D_{km}}{d_{km}}, \quad k, m = 1, 2 \cdots n \text{ 且 } k \neq m \tag{2-32}$$

$$D_{km} = \sqrt{(x_k - x_m)^2 + (y_k + y_m)^2}$$

$$d_{km} = \sqrt{(x_k - x_m)^2 + (y_k - y_m)^2}$$

在式（2-31）和式（2-32）中，p_{kk} 和 p_{km} 分别为麦克斯韦电位系数方阵 $[P]$ 的对角线元素和非对角线元素。求解式（2-30）可得到任意确定电位导线的 $[\lambda]$，随后可计算任一导线的导线表面电场 E_k 为

$$E_k = \frac{\lambda_k}{\varepsilon_0 \cdot 2\pi r_k} \tag{2-33}$$

在推导式（2-33）时，假定表示所有其他导线和镜像导线的线电荷对 E_k 的影响较小。如果所有导线之间的距离都远大于导线自身的半径，则这一假设是正确的。

上述的计算方法可适用于交流和直流线路，对于直流线路，施加的电位 U_k 为常数，可直接用于求解式（2-30）和式（2-33）来确定导线表面梯度。而对于交流线路，施加的电位 $\hat{U}_k$ 为相量，其相对相位不同，甚至可能有效值都不同。电位 $\hat{U}_k$ 可写为

$$\hat{U}_k = U_k \sin(\omega t + \theta_k), k = 1, 2, \cdots, n \tag{2-34}$$

式中：U_k 为有效值；θ_k 为任意相量的相角。如在三相交流输电线路中，$\theta_1 = 0$，$\theta_2 = -2\pi/3$，$\theta_3 = -4\pi/3$。相量也通常表示为复数形式，如

$$\hat{U}_k = U_{kr} + jU_{ki} \tag{2-35}$$

式中：U_{kr} 和 U_{ki} 是相量 $\hat{U}_k$ 的实部和虚部。比较式（2-34）式（2-35），可得

$$U_k = \sqrt{U_{kr}^2 + U_{ki}^2}, \quad \theta_k = \tan^{-1} \frac{U_{kr}}{U_{ki}} \tag{2-36}$$

求解式（2-30），即可得到线电荷的实部和虚部分量

$$[P][\lambda_r] = [U_r]$$

$$[P][\lambda_i] = [U_i]$$

式中：$[U_r]$ 和 $[U_i]$ 为电压的实部和虚部分量的列向量；$[\lambda_r]$ 和 $[\lambda_i]$ 为对应的线电荷的实部和虚部的列相量。通过式（2-33），可分别计算出导线表面电场的实部和虚部分量 E_{kr} 和 E_{ki}，导线表面电位梯度的有效值为 $E_k = \sqrt{E_{kr}^2 + E_{ki}^2}$。如果计算的是交流线路导线表面外某一点的电场，则应按照上述的过程计算，但不必分别计算实部和虚部分量而采用简化方法计算导线表面电场。其计算过程如下，为计算 E_k，在 $\theta_k = 0$ 时的导线电位相对幅值用于计算式（2-30）中的 $[U]$ 的列向量，以确定线电荷 λ_k，接着带入式（2-33）中。这一过程仅要求解一个矩阵方程，但需要对线路的每一相导线重复计算

导线表面电场。例如，系统电压为 500kV 的三相线路情形下，为计算 A 相表面电位梯度，$[U]$ 列矢量的各分量为，$U_A = 500/\sqrt{3}\text{kV}$，$U_B = U_C = -250/\sqrt{3}\text{kV}$。

2.2.2.4 独立分裂导线

在继续计算采用分裂导线的输电线路的导线表面电位梯度之前，考虑自由空间中远离任何接地平面独立分裂导线的理想情况是有益的。从理论上讲，一个施加已知任意电位的 n 分裂导线的电场分布，可通过求解式（1-18）的拉普拉斯方程来得到。然而，对常规的 n 分裂导线，获得精确地解析解是不可能的。这主要是因为很难找到一个合适的坐标系将 n 分裂导线数转换到解析解存在的几何结构中。

可通过保角变换或双极坐标系求解拉普拉斯方程对独立两分裂导线进行严格的理论分析。对于子导线半径为 r、中心距离为 D 的两分裂导线，由双极坐标给出的电场分布的精确解为

$$E_\alpha = \frac{\lambda}{\pi\varepsilon_0 c}\left[\frac{\sin\alpha}{2} + (\cosh\beta - \cos\alpha)\cdot\sum_{n=1}^{\infty}\frac{e^{-n\beta_0}}{\cosh n\beta_0}\cosh n\beta \sin n\alpha\right] \qquad (2\text{-}37)$$

$$E_\beta = \frac{\lambda}{\pi\varepsilon_0 c}\left[\frac{\sin\beta}{2} + (\cosh\beta - \cos\alpha)\cdot\sum_{n=1}^{\infty}\frac{e^{-n\beta_0}}{\cosh n\beta_0}\sinh n\beta \cos n\alpha\right] \qquad (2\text{-}38)$$

式中：λ 为每根子导线单位长度的线电荷［与导线上电压的关系由式（2-30）确定］，且 $c = r\sinh\beta_0$，$\frac{D}{2} = r\cosh\beta_0$，$\beta_0 = \ln(k + \sqrt{k^2-1})$，$k = \frac{D}{2r}$。

双极坐标 α，β 可由直角坐标 x，y 来表示，即

$$x^2 + (y - c\cot\alpha)^2 = \left[\frac{c}{\sin\alpha}\right]^2$$

$$(x - c\coth\beta)^2 + y^2 = \left[\frac{c}{\sinh\beta}\right]^2$$

采用式（2-37）和式（2-38）可以计算任意精度的两分裂导线周围的电场分布。为式中的无穷级数的收敛而需要计算的项数取决于 $\frac{D}{r}$ 的值。级数收敛所需要的计算项数随着 $\frac{D}{r}$ 的值减小而增加。上述的精确方法计算也可用于检验多分裂导线所用计算方法的精度。

马格特和门格勒最先推荐了用于悬浮 n 根子导线电场的近似解法。这种方法以不同的形式广泛用于计算采用分裂导线的实际输电线路的导线表面电位梯度。有学者推荐了这一解法的改进方法，该方法中每一根导线都以线电荷代替，此线电荷不像马格特和门格勒方法中那样位于导线的中心位置，而是位于偏离导线中心一定距离的位置，该距离由分裂导线的几何结构$\left(\text{如}\frac{D}{r}\right)$确定。还有一种方法中采用保角变换以获得独立分裂导线电位分布问题的优化解法。尽管基于不同的数学技巧，两种方法给出了比马格特和门格勒方法更为精确且非常相近的结果。任何计算方法的精度可通过与下一节中所述的任一方法比较来评估。

为更深入地了解分裂导线的电场，假定 n 根导线彼此绝缘、分裂导线的总电荷将均匀分布在子导线上，且围绕每一个子导线的电场分布将是一致的，以下给出最简单、应用最广泛的马格特和门格勒方法的推导过程。首先考虑如图 2-18 所示位于半径为 R 的圆周 A 点处的线电荷 λ，它在同样位于圆周的 B 点处产生的电场。线电荷 λ 在 B 点处产生的电场为

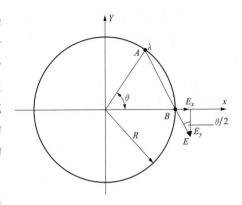

$$\vec{E} = \frac{\lambda}{\varepsilon_0 \cdot 2\pi} \cdot \frac{1}{2R\sin\dfrac{\theta}{2}} \vec{u}_r \qquad (2\text{-}39)$$

图 2-18　圆周上线电荷产生的电场

式中：$\vec{u}_r$ 为图 2-18 所示的沿 AB 方向的单位矢量。由此可得电场 $\vec{E}$ 的 x 和 y 方向的分量为

$$E_x = |\vec{E}|\sin\frac{\theta}{2} = \frac{\lambda}{\varepsilon_0 \cdot 2\pi} \cdot \frac{1}{2R}; \quad E_y = -|\vec{E}|\cos\frac{\theta}{2} \qquad (2\text{-}40)$$

式中：$|\vec{E}|$ 为矢量 $\vec{E}$ 的幅值。

现在考虑如图 2-19 所示的 n 根子导线的情况，假定每一根导线上的电荷都是位于导线中心位置的线电荷 λ，由此确定沿每一根子导线周围的电场分布。这 n 根子导线围绕半径为 R 的圆周均匀分布，还假定子导线半径 r 远远小于 R。

考虑导线 1，可假定它处于其他 $n-1$ 根子导线产生的电场之中。无论子导线数目是奇数抑或偶数，从式（2-40）可以看出，由于其他 $n-1$ 根子导线产生的 y 方向的合成量为 0。这样，在导线 1 处由其余 $n-1$ 根子导线产生的电场合成量是沿 x 方向的，并可由式（2-40）得到

$$E_x = (n-1)\frac{\lambda}{\varepsilon_0 \cdot 2\pi} \cdot \frac{1}{2R} \qquad (2\text{-}41)$$

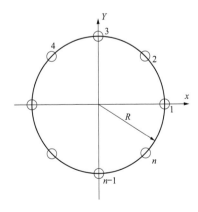

图 2-19　n 根子导线的分裂导线

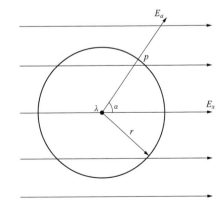

图 2-20　导线 1 附近的电场

图 2-20 为导线 1 局部的图示，其中线电荷 λ 位于导线 1 的中心，并处于一个均匀的外电场 E_x 中。在导线 1 表面的任意一点 P 处的电场，可通过求解拉普拉斯方程获得，表示为

$$E(\alpha) = E_a + 2E_x \cos\alpha \tag{2-42}$$

式中：α 为 P 点的角位置，E_a 为由 λ 在导线表面产生的均匀径向电场，于是

$$
\begin{aligned}
E(\alpha) &= \frac{\lambda}{\varepsilon_0 \cdot 2\pi r} + 2(n-1) \frac{\lambda}{\varepsilon_0 \cdot 2\pi} \cdot \frac{1}{2R} \cdot \cos\alpha \\
&= \frac{\lambda}{\varepsilon_0 \cdot 2\pi r} \left[1 + (n-1) \cdot \frac{1}{R} \cdot \cos\alpha \right] \\
&= E_a \left[1 + (n-1) \cdot \frac{1}{R} \cdot \cos\alpha \right]
\end{aligned} \tag{2-43}
$$

显而易见，E_a 为导线表面电场的平均值。式（2-43）表明，导线表面的电场正弦变化，其最大值和最小值分别为

$$E_{\max} = E_a \left[1 + (n-1) \cdot \frac{1}{R} \right], \alpha = 0 \tag{2-44}$$

$$E_{\min} = E_a \left[1 - (n-1) \cdot \frac{1}{R} \right], \alpha = \pi \tag{2-45}$$

上述独立分裂导线得的结果可用于推导一种计算实际交流和直流输电线路导线电场分布的简单方法。

2.2.2.5 分裂导线的等效半径

在给出计算过程之前，先给出等效半径的概念以利于理解这一过程。实际上应准确定义并慎重使用任何等效参数，在这里，等效半径定义为：与分裂导线在给定电压下具有相同的电容或相同的总电荷的单根导体的半径。

为确定分裂导线的等效半径，考虑如图 2-21 所示的 n 分裂导线，导线置于地面 h 高度处，该高度远大于分裂导线直径，因而可将其视作地面上的单导体，并施加电压 U。用式（2-30）~式（2-32），分裂导线的任一子导线的电位，可由位于该导线中心的单位长度上的电荷 λ 来计算，即

$$U = \frac{\lambda}{2\pi\varepsilon_0} \left[\ln\frac{2h}{r} + \ln\frac{2h}{d_{21}} + \ln\frac{2h}{d_{31}} + \cdots + \ln\frac{2h}{d_{n1}} \right] \tag{2-46}$$

式中：d_{21}，d_{31}，$\cdots$，d_{n1} 分别为子导线 2，3，$\cdots$，n 与子导线 1 的中心距离。式（2-46）表明，分裂导线所有子导线上的线电荷都对每一子导线的电位有贡献，且可表示为

$$U = \frac{\lambda}{2\pi\varepsilon_0} \cdot \ln\frac{(2h)^n}{(r \cdot d_{21} \cdot d_{31} \cdots d_{n1})} \tag{2-47}$$

子导线之间的距离可用分裂半径表示为 $d_{21} = 2R\sin\frac{\pi}{n}$，$d_{31} = 2R\sin\frac{2\pi}{n}$，$\cdots$，$d_{n1} = 2R\sin\frac{(n-1)\pi}{n}$。

利用下述关系，并带入式（2-47）中，即

$$\left(2\sin\frac{\pi}{n} \right) \cdot \left(2\sin\frac{2\pi}{n} \right) \cdots \left(2\sin\frac{(n-1)\pi}{n} \right) = n$$

得到

$$U = \frac{\lambda}{2\pi\varepsilon_0} \cdot \ln \frac{(2h)^n}{[\,n \cdot r(R)^{n-1}\,]}$$

由分裂导线的总电荷 $\lambda_t = n\lambda$，可得到其总电容 C_b 为

$$C_b = \frac{\lambda_t}{U} = \frac{2\pi\varepsilon_0}{\ln \dfrac{2h}{[\,n \cdot r \cdot R^{n-1}\,]^{\frac{1}{n}}}} \tag{2-48}$$

若分裂导线由半径为 r_{eq} 的单导线来代替，且具有相同的电容 C_b，则

$$C_b = \frac{\lambda_t}{U} = \frac{2\pi\varepsilon_0}{r_{eq}} \tag{2-49}$$

比较式（2-48）和式（2-49），可得到等效半径，即

$$r_{eq} = (n \cdot r \cdot R^{n-1})^{\frac{1}{n}} \tag{2-50}$$

2.2.2.6 实际线路应用

马格特和门格勒方法提供了一种简单但具有一定精度的计算导线表面电位梯度的方法，适用于实际的交流和直流线路。计算步骤为：

第一步，由式（2-50）将交流每相或直流每极分裂导线转变为由半径为 r_{eq} 的等效导线代替。

第二步，用等效导线后，每个等效导线的总电荷 λ_t 可通过假定每相或每极导线的相应电位，由麦克斯韦电位系数法计算，如式（2-30）~式（2-32）所述，可设定 0 电位来考虑每一根地线。

第三步，得到了分裂导线的总电荷 λ_t，子导线的平均电位梯度可计算为

$$E_a = \frac{\lambda_t}{n} \cdot \frac{1}{2\pi\varepsilon_0 r} \tag{2-51}$$

第四步，分裂导线平均最大电位梯度可由式（2-52）计算，即

$$E_m = E_a \cdot \left[1 + (n-1)\frac{r}{R}\right] \tag{2-52}$$

应当注意，因为马格特和门格勒法的使用，假定了电荷是在所有导体上是均匀分布的，所以分裂导线的最大电位梯度将与 E_m 相同。对计算输电线路导线表面电位梯度方法的全面研究表明，马格特和门格勒法的计算误差不大于 2%，可应用于实际 4 分裂及以下结构的分裂导线线路。对于使用分裂数更多的分裂导线线路，则需要更为精确的计算方法。

2.2.3 精确方法

因电晕效应对导体表面电场强度极其敏感，所以对于采用分裂导线，特别是分裂数为 4 或更多的导线结构的实际线路，寻求更为精确的求解导体表面电场强度的方法是很有必要的。

前述各种计算方法中，均分别独立地考虑假定地面和分裂导线的作用。然而，实际上这两种影响是同时作用，其结果是分裂导线的总电荷并非在所有的导线上平均分配，

这与原有假定不同。因此，应寻求一些精确方法以考虑所有的输电线路导线结构且包括地面与分裂导线的影响。

目前，有三种不同的方法用于精确计算任一通用输电线路导线结构的导线表面电位梯度，即：逐步镜像法、矩量法以及模拟电荷法。

2.2.3.1 逐步镜像法

在解决静电场、静磁场和电磁场有关的很多问题中，镜像法是一种非常有用的工具。在静电场问题中，这种方法是基于镜像点电荷或镜像线电荷的概念，这些电荷并不位于计算场域内，而是通过这样的方法确定：它能产生一个与该区域边界上感应电荷所产生的完全相同的电场。镜像电荷这一概念极大地简化了很多实际问题中的静电场计算。如考虑一个无限长线电荷 $\lambda(\text{C/m})$，平行放置于距离一个半径为 r 的无限长的圆柱体导体中心外侧 D 处，如图 2-21 所示。这一电荷在圆柱体表面产生感应电荷分布，可由一个放置于距离圆柱体中心 $\delta = \dfrac{r^2}{D}$（靠近电荷一侧）的镜像电荷 $-\lambda(\text{C/m})$ 来模拟。

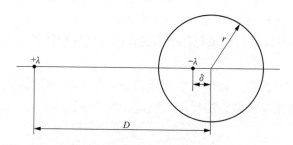

图 2-21　圆柱形导体附近的线电荷

此时，导电圆柱体外部区域中的电场只用考虑线电荷 λ 和 $-\lambda$ 来计算。逐步镜像法是对一系列具有有限半径、并处于已知电位的平行圆柱形导体的镜像法的拓展。它有两个步骤：①通过一系列的线电荷镜像来替代实际导体的表面电荷分布；②顺序计算镜像电荷组合系统的电场分布。

通过由两个彼此分离的单导体构成的分裂导线结构的例子对该方法作出的解释。这一导线结构由两根彼此绝缘、半径为 r、相距为 D 的单导线构成，如图 2-22 所示。

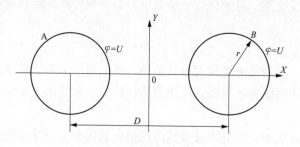

图 2-22　两个独立导体

相对于无穷远处地电位的两根导体电位为 U，若假设每一导体上的净电荷为 λ，则与该导体互补的 -2λ 电荷位于无穷远处。若假设 $\dfrac{D}{r}$ 很大，则导体 A 附近的电场可通过假设导体 B 上的电荷 λ 集中于其中心求得，反之亦然。所以导体 A 表面电位梯度通过以下线电荷维持在一个等电位：无穷远处的一个 -2λ 电荷，以及在导体 A 中心处的对应 2λ 电荷，导体 B 中心的电荷 λ，以及在导体 A 中的镜像电荷 $-\lambda$，如图 2-23（a）所示。导体 A 中的净电荷依旧为 λ，类似情况使得导体 B 表面也处于等电位情况。位于导体内部的两个线电荷 -2λ、λ 之间的距离为 $\delta=\dfrac{r^2}{D}$。如果 D 很大，则 δ 趋向于 0，两个导体因此均可由位于其中心的两个线电荷 -2λ、λ 来表示。

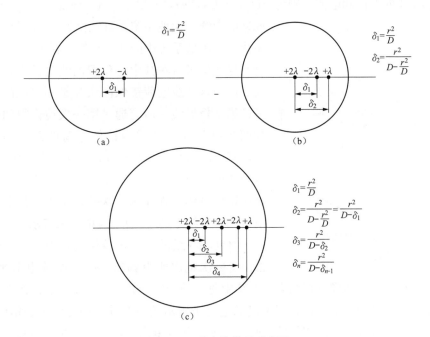

图 2-23　逐步镜像系示意图
（a）第一次镜像结果；（b）第二次镜像结果；（c）多次镜像结果

随着两导体相互靠近，每一导体中的镜像电荷需要按照以下步骤进一步求取：依旧考虑导体 A，而在导体 B 内，有两个按照上述方法得到的线电荷 2λ 和 $-\lambda$ 来表示，而不再按照前述假定的位于其中心的单一线电荷表示。当然互补的镜像电荷 -2λ 不会受到影响，所以每一个导体的镜像电荷系统如图 2-25（b）所示。重复这一过程，直到导体表面电荷被如图 2-25（c）所示、通过逐步镜像过程得到的一系列线电荷精确替代。这一过程在最后两次镜像电荷间距可以忽略时终止。

在经过如上所述过程确定线电荷系统之后，任一点的电位 φ 和电场 E 的计算

$$\varphi = \frac{1}{2\pi\varepsilon_0} \cdot \sum_{i=1}^{m} \lambda_i \ln \frac{|r_{gi}|}{|r_i|} \tag{2-53}$$

$$E = \frac{1}{2\pi\varepsilon_0} \cdot \sum_{i=1}^{m} \frac{\lambda_i}{\mid r_i \mid^2} \cdot r_i \qquad (2\text{-}54)$$

式中：m 为系统中镜像电荷数；r_i 为线电荷到求解的 φ、E 所在点的半径矢量，r_{gi} 为每一线电荷到地面的距离（即地参考电位处）。对不同的 $\frac{D}{r}$ 值得到的两分裂导线的计算结果表明，通过足够多的镜像次数，逐步镜像法可以得到与式（2-37）和式（2-38）的精确解任意接近的精度。

按如上两分裂导线中相互独立导线的求解过程，逐步镜像法适用于输电线路多分裂导线。考虑到如图 2-17 所示的理想化结构，各子导线对地电位和表面净电荷分别假定为：U_1，U_2，…，U_n；λ_1，λ_2，…，λ_n。地平面的影响可由该图所示的镜像导线来模拟，各子导线的电位和电荷分别为 $-U_1$，$-U_2$，…，$-U_n$；$-\lambda_1$，$-\lambda_2$，…，$-\lambda_n$。则原来的导线—大地系统就可转化为 $2n$ 个导线的等效系统。对等效系统中的任一导线，在第一次镜像时，所有导线均可由在其中心位置的线电荷来代替，导线表面因这些线电荷镜像而认为是等电位的。例如考虑第 k 根导线，所有通过第一次镜像得到的电荷如图 2-24 所示。导线内镜像电荷的总数为 $2n-1$ 个，其中 $n-1$ 个为导线电荷的，n 个为镜像电荷的。该导线内的净电荷仍等于 λ_k。如果对所有导线进行这一镜像过程，则在第一次镜像结束，整个系统可由每一个导线中的 $2n-1$ 个线电荷来表示。

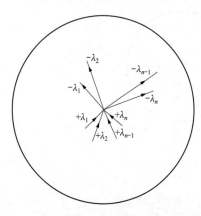

图 2-24　第 k 个导线中的镜像电荷

对任一导线的下一步镜像过程中，每一个导线都由上一次镜像所得到的 $2n-1$ 个线电荷来表示，如此一来，在第二次镜像过程结束，系统中每一根导线将由 $(2n-1)^2$ 个镜像电荷来表示。镜像过程持续进行下去，直到由镜像电荷来表示的所有导线满足给定的精度要求。如果镜像过程对所有导线是相同的，则经过 k 次逐步镜像后，任一导线内的镜像电荷总数将为 $(2n-1)^k$ 个。在逐步镜像的任一阶段，任一导线中的每一个镜像都是从前一个阶段扩展到 $2n-1$ 倍新的镜像。这 $2n-1$ 个新的镜像到它们所代替电荷之间的最大距离 S_{max} 将作为决定镜像过程是否继续下去的判据。较大的 S_{max} 表示当前导线中镜像系统不能足够精确的表示其表面电荷分布，为提高精度，进一步的镜像过程是必要的。

将逐步镜像法应用于实际的输电线路时，由于导线相对较近，通过限制逐步镜像的次数，减少总的必要次数而达到系统替代的目的是可能的。对于多数实际的线路结构，一次镜像已足够精确。此外，为确定任一相或任一极分裂导线附近的电场分布，其他分裂导线，包括替代大地的镜像导线，都可由对应的单一线电荷来代替，这些线电荷对应分裂导线的全部电荷。采用这一近似方法的可能性源于实际导线结构尺寸。在确定为替代给定导线结构所必需的镜像电荷之后，可使用式（2-53）和式（2-54）计算任一点的电位和电场。

2.2.3.2 矩量法

对于求解电磁场而言，矩量法是一个全能的方法。通常用于求解以积分方程式表示的问题。空间电荷密度为 ρ 的自由空间的静电场，由泊松方程和电位 φ 表示为式（2-55），并有相应的边界条件，即

$$-\varepsilon_0 \nabla^2 \varphi = \rho \tag{2-55}$$

式（2-55）中的电荷分布既包含导体内的体电荷分布，也包含导体表面的表面电荷分布。对大多数所关注的问题而言，边界条件确定为导体表面的已知电位。

采用积分方程，对上述问题的求解可表示为

$$\varphi(x,y,z) = \int \frac{\rho(x',y',z')}{4\pi\varepsilon_0 R} \mathrm{d}x' \mathrm{d}y' \mathrm{d}z' \tag{2-56}$$

式中：$R = \sqrt{(x-x')^2 + (y-y')^2 + (z-z')^2}$，为计算点 (x, y, z) 到原点 (x', y', z') 之间的距离。如果计算点 (x, y, z) 选在已知电位的导体表面，则式（2-56）变为对已知导体表面电位求解未知电荷分布的积分方程。矩量法是求解如式（2-56）的线性方程的一个通用过程。在式（2-56）的线性算子域内，电荷分布 ρ 可表示为一系列已知的正交函数 f_1，f_2，$\cdots f_n$，如

$$\rho = \sum \alpha_i \cdot f_i \tag{2-57}$$

式中：α_i 为未知系数；函数 f_i 是已知函数；α_i 也可称为电位函数。将式（2-57）带入式（2-56）中，并要求目标方程在导体表面的一系列点上满足条件，则可求得未知系数 α_i，这种求解式（2-56）的方法称为点配法。如果在式（2-57）中，ρ 表示为无穷级数，则函数 f_i 构成一个完整系，上述过程将给出问题的精确解。然而，考虑到式（2-57）中只有有限项，只能得到任一期望精度的近似解。因此，假设式（2-57）截取 n 项，则必须在导体表面选择 n 个试探点，以确定电荷系数 $\alpha_i(i=1, 2, \cdots)$。

在式（2-56）中用式（2-57）截取的级数，在试探点 (x_j, y_j, z_j)，$j=1, 2, \cdots$，n 使所得到的方程满足要求，则可得到以下方程组

$$U_j = \varphi(x_j, y_j, z_j) = \sum_{i=1}^{n} l_{ji} \cdot \alpha_i ; j = 1,2 \cdots, n \tag{2-58}$$

式中，U_j 为导体表面的 n 个试探点的电位，l_{ji} 为电位系数矩阵，定义为

$$l_{ji} = \frac{1}{4\pi\varepsilon_0} \int \frac{f_i}{\sqrt{(x_j-x')^2 + (y_j-y')^2 + (z_j-z')^2}} \mathrm{d}x' \mathrm{d}y' \mathrm{d}z' \tag{2-59}$$

式（2-58）表示的线性方程组的解给出电位系数 α_i，$i=1, 2, \cdots, n$，进而可求出所有导体表面的电荷分布。在确定局部电荷分布 $\rho(x, y, z)$ 之后，任意一点的电位均可由式（2-56）和式（2-57）求出，并可由公式 $E = -\nabla\varphi$ 计算出任意一点的电场强度。矩量法已用于计算理想多导体的输电线路导线结构的静电场。这种情况下的场问题为二维问题。电荷由所有导体上的表面电荷组成。傅里叶级数展开式中的正弦和余弦函数用作基函数来表征导体表面电荷分布。对于给定的精度，这一基函数选择大大减少了未知系数 α_i 的数目。在用于多导体结构前，先考虑单根导体的简单情况。考虑一个半径为

r_c、中心位于坐标系原点 0 的导体如图 2-25 所示。

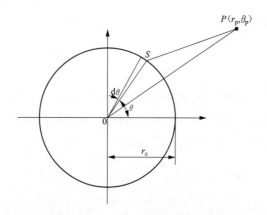

图 2-25　具有一个表面电荷的圆柱形导体

设 $\sigma(\theta)$ 为导体表面电荷密度分布对角度 θ 的函数，同时设

$$\sigma(\theta) = A_0 + \sum_{i=1}^{n_h}(A_i\cos i\theta + B_i\sin i\theta) \tag{2-60}$$

式中 n_h 为考虑谐波的最高阶数，A_0、A_i、B_i 为未知电位系数，$\cos i\theta$、$\sin i\theta$ 为基函数，在极坐标下，P 点电位由 r_p、θ_p 表示为

$$\varphi_p = -\frac{1}{2\pi\varepsilon_0}\int_0^{2\pi}\sigma(\theta)\ln(SP)r\mathrm{d}\theta \tag{2-61}$$

式中，S 为无限长线电荷元 $\sigma(\theta)r\mathrm{d}\theta$ 所在的位置，把 $SP = \sqrt{r_p^2 + r_c^2 - 2r_p r_c\cos(\theta - \theta_p)}$ 带入式（2-61）中可得

$$\varphi_p = -\frac{r_c}{2\pi\varepsilon_0}\int_0^{2\pi}\sigma(\theta)\ln\left(\sqrt{r_p^2 + r_c^2 - 2r_p r_c\cos(\theta - \theta_p)}\right)\mathrm{d}\theta \tag{2-62}$$

将式（2-60）带入式（2-62），有

$$\varphi_p = A_0 l_0 + \sum_{i=1}^{n_h}(A_i l_{ci} + B_i l_{si}) \tag{2-63}$$

式中：l_0、l_{ci}、l_{si} 分别为对应于 A_0、A_i、B_i 的电位系数，求解这些电位系数的过程，包括对一些复数有限积分的评估。采用这些积分的封闭解，电位系数可简化为

$$l_0 = -\frac{r_c\ln r_p}{\varepsilon_0}, \quad r_p \geqslant r_c \tag{2-64}$$

$$l_{ci} = \frac{r_c^{i+1}\cos(i\theta_p)}{2i\varepsilon_0 r_p^i}, \quad r_p \geqslant r_c \tag{2-65}$$

$$l_{si} = \frac{r_c^{i+1}\sin(i\theta_p)}{2i\varepsilon_0 r_p^i}, \quad r_p \geqslant r_c \tag{2-66}$$

通过在导体表面上（$r_p = r_c$）选择点 P，电位系数 l_0、l_{ci}、l_{si} 变为电位系数矩阵的元素，这一矩阵是式（2-58）的解，以获得电荷系数 α_i 而求出的。式（2-60）中的位置电荷系数的数目为 $N = 2n_h + 1$。因此必须在导体表面选取 N 个点，并计算 N 个矩阵元素，对每一个试探点，通过式（2-64）～式（2-66），得到一个 $N \times N$ 阶电位系数矩阵。通过已知试探点的电位 U_j，由以上过程计算出电荷系数矩阵，由式（2-58）求出电荷系数 α_i，由此计算导体表面的电荷分布。知道了导体表面的电荷分布，足以求解出导体表面及其外部的电位和电场分布。导体表面的电场，只有与导体表面正交的唯一分量，可由式（2-67）简单计算，即

$$E(\theta) = \frac{\sigma(\theta)}{\varepsilon_0} \tag{2-67}$$

导体外任一点的电位 φ_p，可通过将该点坐标（r_p，θ_p）带入式（2-64）来计算出 l_0、l_{ci}、l_{si} 各数值，则该点的电场 E_p 可由式（2-68）得出，即

$$E_p(r_p, \theta_p) = -\nabla\varphi(r_p, \theta_p) = -\frac{\partial\varphi}{\partial r}u_r - \frac{\partial\varphi}{\partial\theta}u_\theta \tag{2-68}$$

式中：u_r 和 u_θ 分别为径向和角向单位矢向量，依据电场系数，电场可由其封闭解给出，即

$$E_p = A_0 g_0 + \sum_{i=1}^{n_h}(A_i g_{ci} + B_i g_{si}) \tag{2-69}$$

式中：g_0、g_{ci} 和 g_{si} 可通过将式（2-68）带入式（2-64）～式（2-66）得到，如

$$g_0 = \frac{r_c}{\varepsilon_0 r_p}u_r \tag{2-70}$$

$$g_{ci} = \frac{\left(\dfrac{r_c}{r_p}\right)^{i+1}}{2\varepsilon_0}(\cos i\theta_p u_r + \sin i\theta_p u_\theta) \tag{2-71}$$

$$g_{si} = \frac{\left(\dfrac{r_c}{r_p}\right)^{i+1}}{2\varepsilon_0}(\sin i\theta_p u_r + \cos i\theta_p u_\theta) \tag{2-72}$$

上述过程，从单根独立导体得出的详细结果可以直接应用于计算理想的多导体输电线路导线结构的电场，如图 2-27 所示。为将矩量法应用于这一导线结构，每一导体的表面电荷密度分布用傅里叶级数展开。这样，第 k 个导体的电荷密度分布假定为

$$\sigma_k(\theta) = A_{k0} + \sum(A_{ki}\cos i\theta + B_{ki}\sin i\theta) \tag{2-73}$$

对应的第 k 个导体镜像的电荷分布将是

$$\sigma_{k'}(\theta) = -\sigma_k(-\theta) = -A_{k0} - \sum(A_{ki}\cos i\theta - B_{ki}\sin i\theta) \tag{2-74}$$

每个导体（包括其镜像）的未知电荷系数数目为（$2n+1$），因而，在一个 n 个导线的系统中，全部未知电荷系数的总数目为 $n(2n_h+1)$。为求出所有的未知电荷系数，需要在每一导体表面放置 $2n_h+1$ 个试探点并均匀分布在导体表面。由式（2-64）～式（2-66）的结果，对每一个试探点，可计算出电位系数矩阵的每一个元素。求解式（2-58）相似的线

性方程组可得到电位系数，进而得到所有导体上的电荷分布，最后由式（2-67）确定任一导体上的电场分布。

2.2.3.3　模拟电荷法

模拟电荷法可认为是简化版的矩量法。可用于获得多导体系统的电场分布近似解。导体上的电荷由位于导体内部某圆周上均匀分布的一系列线电荷来表示。这些线电荷的大小通过满足导体表面某恒定电位的边界条件下的一系列试探点来确定，试探点数目通常选择与未知线电荷数目相同。

这种方法中，线电荷的数目和位置的选取是任意的。这种方法的精度通过数字试探来确定。但这种方法难以规避的缺陷是，导体仅在试探点处保持等电位，而在其他中间点上存在偏离。

可采用一些数字技术来提高这种方法在给定精度下的计算效率。其他的数值方法，比如有限差分法（finite difference method，FDM）、有限元法（finite element method，FEM），都可以用于导体表面电位梯度的计算。这些方法中，导体的圆形表示法是十分困难的，这也带来计算误差。

2.3　电晕起始电位梯度

由于高压、超高压输电线导线表面附近很强的电场，使得导线表面附近空气会电离而发生电晕放电，图 2-26 为苏联特高压输电线路和设备运行时的电晕放电的现象。

图 2-26　特高压输电线路和设备
电晕放电现象

电晕放电是极不均匀电场中的自持放电，所以其起始电压 U_c 原理上是可以根据自持放电条件式（2-18）求取的，即 $\gamma \cdot e^{\int_0^d \alpha dx} = 1$。式中 d 为电晕层厚度，根据电晕层外沿边界 α 实际上等于零这一条件确定。但由于计算繁复，且理论计算本身也未必精确，所以实际上电晕放电起始电压是根据由实验总结出来的经验公式计算的。电晕放电的产生既然决定于导线（电极）表面电位梯度，所以研究电晕起始电位梯度 E_c 各种因素间的关系将更直接而单纯一些。

2.3.1　总体情况

电晕的起始电位梯度 E_c 定义为，导体附近开始发生自持放电时的导体表面电位梯度所达到的某一临界值。电晕起始电位梯度 E_c 是导体直径及其表面状况以及空气温度和压力的函数。通过试验研究圆柱导体的交直流电晕起始电位梯度，并提出了计算公式。通常，圆柱导体的电晕起始电位梯度 E_c 为

$$E_c = mE_0\delta\left(1 + \frac{k}{\sqrt{\delta r_c}}\right) \tag{2-75}$$

式中：r_c 为导体的半径，cm；m 为导体表面的不规则系数，或称为粗糙系数；E_0、k 是取决于施加的电压特性的经验系数。根据皮克的研究，对地面上平行的两个导体施加交流电压时，它们分别为 $E_0 = 29.8\text{kV/cm}$（或方均根为 21.1kV/cm），$k = 0.301$；对于同心圆柱导体，它们分别为 $E_0 = 31.0\text{kV/cm}$（或方均根为 21.9kV/cm），$k = 0.308$。根据怀特海德的研究，在直流情况下，对正极性电压的 $E_0 = 33.7\text{kV/cm}$，$k = 0.24$；对负极性电压的 $E_0 = 31.0\text{kV/cm}$，$k = 0.308$。实际上用于负极性直流电压的怀特海德经验公式的常数与用于交流的皮克经验公式的相同，因为两种情况均为同心圆柱结构，这表明交流电晕起始在交流电压的负半周期。

δ 为空气的相对密度，为

$$\delta = \frac{273 + t_0}{173 + t} \cdot \frac{P}{P_0} \tag{2-76}$$

式中：t 和 P 分别为环境空气的温度和压力；t_0 和 P_0 为参考值，通常，$t_0 = 25\text{℃}$，$P_0 = 760$ 达因。

上述的经验公式是在实验室中从对半径比实际输电线路导线小的光滑导体的试验得出的。实验室研究采用的同心圆柱体的外层圆柱体的直径也小，这就可能影响交流电晕起始电位梯度的测量。将这些经验公式外推到实际导线大小时，会引起比实际测量值更高的电晕起始电位梯度。尽管可以进行更多的试验得出用于实际尺寸的导线的经验公式，但仍然继续采用匹克和怀特海德的基本公式，这是因为其他因素比导体直径对实际导线的电晕起始电位梯度的影响大得多。这些因素包括导体表面的粗糙系数和周围的空气条件。

对理想光滑和干净的导体，其导体表面粗糙系数 $m = 1$。即使导体的微小的瑕疵，也会使 m 值减小到小于 1。实际输电线路导线通常为绞线结构，由几层小直径圆形股线绞合而成。有时采用具有梯形截面的股线以期获取结构更为紧凑的导线。试验结果表明，依据股线和导线的直径比，绞线结构的导线的 m 值在 $0.75 \sim 0.85$ 之间变化。实际导线还可能存在诸如划痕、凸起等表面不规则状况，会使 m 值降低到 $0.6 \sim 0.8$。由于雨、大雾、雪花、覆冰等导致的水滴，将使 m 值更低，为 $0.3 \sim 0.6$。导线表面严重污染时，如有昆虫和植物碎屑沉积的涂有油脂的导线表面，或者水汽与尘土长期沉积物在导线上形成的不均匀表层，会使值降低至 0.2 甚至更低。这种极端条件的发生，将导致很高的电晕损失，这种情况已在世界各地的一些地方出现。

式（2-75）表明电晕起始电位梯度与空气相对密度 δ 基本呈线性关系。然而应该指出，对实验室试验结果的分析，皮特森也得出电晕起始电位梯度随 $\delta^{\frac{2}{3}}$ 线性变化，而在美国科罗拉多莱德维尔的高海拔试验场得到的结果表明，电晕起始电位梯度随 $\delta^{\frac{1}{2}}$ 线性变化。在任意特定的地方，空气压力不会显著的变化，但在不同的季节空气温度可在较大的范围内变化，这就使得 δ 的变化增加到 $10\% \sim 20\%$。可能影响输电线路导线表面附近局部区域温度的另一个因素，是负荷电流产生的热量。因为电晕放电被确认在导线表面附近的局部区域内，加热导线及其表面附近的空气，可导致 δ 的降低，进而电晕起始电位梯度的降低。这种现象将直接影响到电晕损失。

由于空气压力的减小，海平面以上的高海拔区域 δ 值也会减小。估算空气压力随海拔的升高而降低的经验公式为

$$p = p_0 \left(1 - \frac{A}{k}\right) \tag{2-77}$$

式中：p 为海拔 A (km) 处的空气压力；p_0 为海平面的空气压力（760 达因），k 为经验系数，采用已有资料数据作线性近似，可得 $k = 10.7$。例如，对于海拔 5000m 处，由式（2-77）可得到大气压力为 405 达因，在温度为 10℃ 时，对应的 δ 为 0.56。这样此处的电晕起始电位梯度减为海平面的约一半。在评估输电线路的电晕特性时，海拔高度是一个应该考虑的主要因素。

相对湿度对电晕起始电位梯度的影响不太容易理解。相对湿度大，水将在导线表面凝结并形成水滴，这将使 m 值降低。然而，在没有凝结时，尚无相对湿度使得电晕起始电位梯度升高还是降低的明显证据。

为对给定的导线结构进行计算，应给出以下信息：

(1) 导线表面附近区域的电场强度 $E(x)$ 的变化；

(2) 作为 $\frac{E}{p}$ 函数的电离和附着系数 α、η 的值；

(3) 导线表面（负极性电晕）或空气（正极性电晕）的二次电离系数 γ 的数值。

在某些情况下，可通过计算技巧来确定电场分布 $E(x)$，例如在绞线型式的导线附近。而在计算其他类型，诸如有金属或介质突起的导线不规则表面时的电场分布 $E(x)$ 却十分困难。空气中的电离和附着系数的数值可由图 2-1 获得。可通过在这些公式中采用合适的空气压力 p 来考虑空气密度的影响。但还缺乏相对湿度对 α、η 影响足够的数据，以评估对电晕起始电位梯度影响。无论是导线表面还是空气中的电离系数 γ 数据都很少，但无论如何，可采用 γ 的近似估计，因为电晕起始电位梯度计算值对 γ 值的变化并不敏感。尽管已有对简单情况的理论计算，多数实际输电线路导线的电晕起始电位梯度和粗糙系数 m 的信息，都是从试验中得出。

2.3.2 皮克公式

为便于实际的计算使用，以下介绍皮克提出的不同情况的 E_c。求得 E_c 后，根据导线布置就可求得电晕起始电压。

当平行导线轴线间距 D 和导线半径 r 之比很大时，导线表面电位梯度 E 和导线对中性平面（零电位）的电位 U（线间电压之半）之间有如下简单关系

$$E = \frac{U}{r \ln \dfrac{D}{r}} \tag{2-78}$$

所以测得 U_c 后，即可求得 E_c。皮克进行的大量实验表明，E_c 和导线（电极）尺寸、气象条件等很多因素有关。

（1）导线尺寸。E_c 和导线间距 D 无关，但是随导线半径 r 而变，且和 $\dfrac{1}{\sqrt{r}}$ 呈线性关系。总结试验结果，可得标准状态下平行导线的 E_c 具有如下形式

$$E_c = 30.3\left(1 + \frac{0.298}{\sqrt{r}}\right), \quad \text{kV/cm（幅值）} \tag{2-79}$$

式中：r 为导线半径，cm。

（2）空气状况。根据在密封装置中改变压力及温度的试验结果，可得非标准状况下平行导线 E_c 的经验公式为

$$E_c = 30.3\delta\left(1 + \frac{0.298}{\sqrt{r\delta}}\right), \quad \text{kV/cm（幅值）} \tag{2-80}$$

式中，δ 可根据式（2-76）得出。实际上皮克只是利用同轴圆柱电极进行了改变空气状态的实验，求得相对密度的修正公式。平行导线及球—球电极的修正公式是由此推断而得的。空气湿度对间隙击穿电压是有影响的，但是如果导线表面尚无水滴出现，则湿度对 E_c 影响不大。

（3）导线材料。试验中导线采用过铜、铝、铁、钨等不同材料，发现 E_c 和材料无关。

（4）电源频率。在所试验过的 $25\sim1000\text{Hz}$ 的频率范围内，E_c 实际上和电源频率无关。直流电压下 E_c 的极性效应不大（负极性下稍低于正极性），E_c 数值和工频电压下的基本相同。所以这里所述各经验公式对于交流和直流电压都适用。

（5）导线表面状态。如前所述，导线表面状态对 E_c 有很大影响。对于光滑导线，电晕是以突然的方式爆发的，起始电压具有比较明确的数值。但对于表面不光滑的导线，例如绞线，情况就不同了。这时，较低电压下，在一些电场局部增强的地方就已开始发生电晕，然后在相当一段电压范围内，电晕（电流、能量损失以及声光等效应）随电压升高而逐渐增强；不过，当电压高于某一数值后，电晕在全线爆发，电晕增强的陡度就大为增加了。前一阶段称为局部电晕，其起始电压比较分散；后一阶段称为全面电晕（或称明显电晕），其起始电压比较容易确定。如将绞线看作外径相同的光滑导线，则从起始电压可以求出其等值的起始电位梯度。试验结果表明，绞线的等值起始电位梯度仍可采用式（2-80）计算，只是需要乘上表面粗糙系数 m 加以修正

$$E_c = 30.3m\delta\left(1 + \frac{0.298}{\sqrt{r\delta}}\right), \quad \text{kV/cm（幅值）} \tag{2-81}$$

式中，粗糙系数 m 的大小可由绞线电晕起始电压 U_c' 和同直径光滑圆形导线电晕起始电压 U_c 的比值决定，即 $m = \dfrac{U_c'}{U_c}$。对于全面电晕，$m = 0.82$；对于局部电晕，$m \approx 0.72$。

对于地面上的单根导线，也可用式（2-81）计算 E_c，但式中 D 为导线和其镜像间的距离，即导线离地高度 h 的 2 倍：$D = 2h$。电压为导线对地电压。

2.4 电晕电流

电晕放电中产生的各种带电粒子，即自由电子、正离子和负离子，在局部电场力作用下而运动。于是，正离子沿电场方向向阴极移动，而电子和负离子沿电场反方向向阳极移动，所有带电粒子的运动使得电极中的电流增加。这些电极包括阴极、阳极以及构成间隙的其他电极。这些电流要么从与电源连接的电极流出，要么从与电源连接的其他阻抗流出，由电晕放电的发生而引起的后果，主要包括能量损失和电磁干扰，取决于放电电流的幅值和随时间的变化。

2.4.1 肖克利—拉姆理论

计算每一个放电中的微粒的作用以确定电晕放电电流，并利用叠加原理评估包括所有带电粒子的总电流。在一个多电极间隙中，各电极上由极间间隙中带电粒子的随机运动产生的电流，是肖克利和拉姆分别单独得出，这个为分析真空管性能而推导出来的结果，通常被称为肖克利—拉姆理论。

如图 2-28 所示，考虑一个均为地电位的 n 个电极的系统，现要计算因 p 点处带有电量 q、运动速度为 v 的粒子在第 k 个电极中产生的电流 i_k。

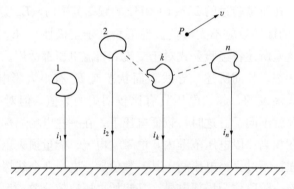

图 2-28　电荷运动感应的电流

肖克利—拉姆理论表明，在第 k 个电极上引起的电流 i_k 为

$$i_k = q\vec{E}_{pk} \cdot v \tag{2-82}$$

式中，$\vec{E}_{pk}$ 为电极 k 处于单位电位而其他电极为零电位时在 p 点产生的电场矢量。如果知道任意给定时刻在电极间空间所有的粒子的电荷量和位置，则在任意电极中，该时刻的感应电流可通过式（2-82）计算每一个粒子的作用来叠加得出。

对于电极是通过复杂阻抗接地而不是直接接地的情况，可使用修正的肖克利—拉姆理论来计算感应电流。而对电晕中多数所关注的电极而言，电极的阻抗是足够小的，使用肖克利—拉姆定律的原始公式就可以得到精确的结果。

以两个电极的间隙为例，说明式（2-82）的使用方法。

（1）在平板电极中，两极板间距离为 d，施加电压为 U。因极板间电场是均匀的，位于极板间任一位置、带电量为 e（电子电量）、以速度 v_e 垂直于极板运动的带电微粒，依据式（2-82）可得在阳极产生的电流为 $\dfrac{ev_e}{d}$。在阴极感应的电流幅值与之相同而方向相反。

（2）在如图 2-29 所示的同心圆柱系统中，内部导体和外部圆柱体的半径分别为 r_c 和 R，可用式（2-82）计算由位于径向距离为 r_p 的 P 处的带电量为 e、以径向速度 v_p、自内导体向外运动的带电粒子产生的感应电流。为计算内导体感应的电流 i_c，在内导体施加 1V 的电压，而外导体的为 0，此时在 P 点的电场为

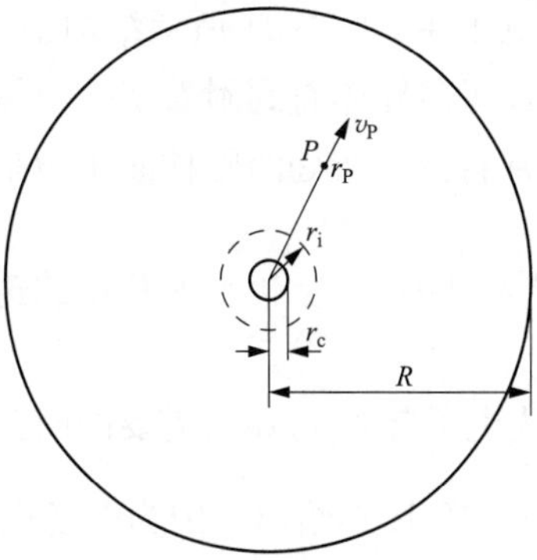

图 2-29　同心圆柱结构中的电子运动

$$E_p = \frac{1}{r_p \ln \dfrac{R}{r_c}}$$

则感应电流为

$$i_c = \frac{ev_p}{r_p \ln \dfrac{R}{r_c}} \qquad (2\text{-}83)$$

显而易见，在外部圆柱体上感应的电流应为 $-i_c$。

单个带电微粒感应的电流随时间的变化，取决于式（2-83）中两个参数 v_p、r_p 随时间的变化。速度 v_p 为局部电场强度的函数，而 r_p 取决于离子产生位置和它的速度。因此，总电流取决于空间分布的全体带电微粒的速度。

式（2-83）同时指出了由电子或正负离子感应的电流的重要不同之处。对给定 $\dfrac{E}{p}$，电子的速度要比离子的速度高 100～1000 倍，由其产生的感应电流也存在此比例。由于相同的原因，由电子运动感应的电流变化非常之快而且较正负离子运动产生的电流具有更短的持续时间。

在交流和直流两种电压下，导体上的电晕放电产生两种截然不同机制的电流。第一种电流是由在雪崩过程中快速产生的、再被氧分子捕获而形成速度很慢的负离子，或在接触到阳极表面而被中和之前以很高的速度在空气中穿行的电子引起的。这一机制产生持续时间很短、变化极快的脉冲电流。第二种机制的电流主要是由运动速度较慢的正负离子产生的。在直流电压下，这一机制是电晕中以稳定速率离开导体的离子迁移引起的直流电流的流动为特征。在交流电压下，离子在交变电场的作用下前后运动，因而引起交变电流。在后续章节中讨论持续时间短的脉冲电流、直流或交流电流所引起的后果。

2.4.2　同心圆柱结构的感应电流

通过对 2.4.1 节中（2）的电极深入研究，可以观察输电线路电晕的规律。首先考

虑电子在如图 2-31 所示结构中的运动。导体上产生一个电子，形成一个负极性的电位，快速远离导体直到附着于一个氧分子形成负离子。附着发生的半径 r_i 由条件 $\alpha=\eta$ 定义，通常将该点所处的圆柱面认为是电晕层的边界。该边界以内的电子运动可定义为：$v_{ep}=\dfrac{dr_p}{dt}$，其中 v_{ep} 为电子在 P 点的速度。改写该式并在 r_c 和 r_i 间积分得：$\displaystyle\int_{r_c}^{r_i} dr_p = \int_0^{t_i} v_{ep}dt$，其中 t_i 为电子自 r_c 到 r_i 所需要的时间。式中电子速度 v_{ep} 是 $\dfrac{E}{p}$ 的函数，可由经验公式（2-14）和式（2-15）给出。因为电场作为半径 r_p 的函数变化，v_{ep} 也随时间变化，所以如假定在 r_c 到 r_i 的近距离上的速度恒定，并由平均速度 v_a 表示，则 $\displaystyle\int_{r_c}^{r_i} dr_p = (r_i-r_c) = v_a\int_0^{t_i} dt = v_a \cdot t_i$，于是

$$t_i = \frac{r_i - r_c}{v_a} \tag{2-84}$$

为了解各量之间的数量关系，考虑 $r_c=1\text{cm}$、$R=100\text{cm}$、导体上施加直流电压 140kV 的具体情况。导体表面电晕起始电位梯度为 $E_c=30.4\text{kV/cm}$，在大气压力为 760 达因时，得 $\dfrac{E_c}{p}=40$。此时，从图 2-1 可知，$\alpha=\eta$ 时，$\dfrac{E_i}{p}=32$，由此得出 $E_i=24.32\text{kV/cm}$，$r_i=1.25\text{cm}$。由式（2-14）可得对应于 $\dfrac{E_a}{p}=\dfrac{40+32}{2}=36$ 的电子平均速度 v_{ea} 为 $12.96\times10^6\text{cm/s}$。在式（2-84）中带入这些数值，$t_i=19.3\times^{-9}\text{s}$。

t_i 的数量级与空气中负极性电晕脉冲的上升时间相同，脉冲的上升时间一般在几纳秒到几十纳秒之间变化。

离子运动可由下式定义

$$v_{ip} = \frac{dr_p}{dt} = \mu E_p = \mu \frac{E_c \cdot r_c}{r_p} \tag{2-85}$$

式中：v_{ip} 为 P 点处的离子速度；μ 为离子迁移率。实际上空气中的离子迁移率与 $\dfrac{E}{p}$ 无关。对该式在下限 r_c 和任意半径为 r_b 边界上积分 $\displaystyle\int_{r_c}^{r_b} r_p dr_p = \int_0^{t_b} \mu E_c r_c dt$

或

$$t_b = \frac{r_b^2 - r_c^2}{2\mu E_c r_c} \tag{2-86}$$

式（2-86）给出了离子自 r_c 到 r_b 的运动时间，例如，利用式（2-85）计算上述情形中离子自 r_c 到 r_i、迁移率为 $\mu=1.5\text{cm}^2/\text{V}\cdot\text{s}$ 的时间，即 $t_b=6.17\mu\text{s}$。这个时间大约是电子运动相同距离所需时间的 1000 倍。

在交流电压的电晕情况下，离子运动受交流电场的影响。计算离子运动时，忽略导体电晕层的厚度并假定离子从导体表面出发，离子运动可由下式表示

$$v_{ip} = \frac{\mathrm{d}r_p}{\mathrm{d}t} = \mu E_p = \mu \frac{U(t)}{r_p \ln \frac{R}{r_c}} = \frac{\mu \hat{U}}{r_p \ln \frac{R}{r_c}} \sin \omega t$$

式中：$U(t) = \hat{U} \sin \omega t$，为导体上施加的交流电压，幅值为 $\hat{U}$，角频率为 ω。以对应于径向距离 r_1 和 r_2 的时间 t_1 和 t_2 为积分限，对该式积分

$$\int_{r_1}^{r_2} r_p \mathrm{d}r_p = \frac{\mu \hat{U}}{\ln \frac{R}{r_c}} \int_{t_1}^{t_2} \sin \omega t \, \mathrm{d}t$$

或

$$r_2^2 - r_1^2 = \frac{2\mu \hat{U}}{\omega \cdot \ln \frac{R}{r_c}} (\cos \omega t_1 - \cos \omega t_2)$$

依据正弦变化的导体表面电位梯度 $\hat{E}_c = \dfrac{\hat{U}}{r_c \ln \dfrac{R}{r_c}}$ 的幅值，上式可改写为

$$r_2^2 - r_1^2 = \frac{2\mu \hat{E}_c r_c}{\omega} (\cos \omega t_1 - \cos \omega t_2) \tag{2-87}$$

如果在电压波形上，电晕起始时刻 t_0 已知，在 $t_1 = t_0$ 时刻自导体表面辐射出的离子可达到的最大半径 r_m，则通过令 $\omega t_2 = \pi$，由式（2-86）得出

$$r_m^2 = r_c^2 + \frac{2\mu \hat{E}_c r_c}{\omega} (1 + \cos \omega t_0) \tag{2-88}$$

令 $\omega t_0 = 0$，可得到 r_m 的最大值

$$r_m^2 = r_c^2 + \frac{4\mu \hat{E}_c r_c}{\omega} \tag{2-89}$$

由于在交流电场中往复运动，离子不能到达位于 $R = 100\mathrm{cm}$ 处的外层圆柱导体。

2.5 电晕放电效应

前面描述了不同模式电晕发生时涉及的相关过程和复杂的电离情况。包括带电微粒的运动及其与中性气体分子的弹性和非弹性碰撞，形成特里切赫自持放电和流注等许多过程。这些过程还会产生一系列现象，也带来种种影响，如电晕损失、电磁干扰、可听噪声等。这些现象和形成的影响都是电晕放电所致，也称为电晕效应。对于输电线路工程实际，电晕效应特别重要，尤其是超、特高压输电。本节仅对电晕效应做一个罗列或简单介绍，以对后续深入讨论电晕效应作一个引子。

2.5.1 电晕损失

用电晕从高压电源消耗能量的速率定义能量损失（corona loss，CL），称为电晕损失。由于电磁、声学和电化学的分量仅占总能量的一小部分，因此，电晕损失主要是由正负离子在电场中的运动所引起的。在放电中产生的电子，在它们附着到中性分子而形成

负离子前，寿命非常短暂，所以它们在电场中的运动仅引起持续时间很短的电流脉冲，因而对电晕损失没有明显的贡献。在交流输电线路上，正弦电压加在导线上，产生来自电源的电容电流。电晕起始前，电源主要提供电容电流。流过导线的电容电流引起少量的能量损失，即 I^2R，I 为电流，R 为导线的电阻。不过，当电压高于电晕起始电压时，离子空间电荷在导线附近的交流电场中作振动运动，产生额外的交变电流分量。与电容电流不同，离子振动产生的电流基本上与电压同相位，从而导致能量损失，也就是电晕损失。电晕电流也有与电容电流同相位的小分量，进一步引起导线结构的电容明显增加。

电晕电流的谐波分析表明，其基波分量基本与电压波形同相，由此产生电晕损失。应该指出，只有电晕电流的基波分量产生电晕损失。假定电压无谐波分量，其他谐波分量不产生任何电流频率的功率损失。如果电晕的起始和停止在正负半周对称，电晕电流将只有同相分量。在这些过程中的任何非对称，将引起小的非同相分量，并导致电容的小幅增加。由电晕引起的任何电容的显著增加都发生在电压大大超过起始电压之后。

2.5.2 电磁干扰

随着输电电压的增高，导线电晕逐渐变为一个设计因素，不仅因为电晕损失及其对功率传输的影响，而且因为电磁干扰可能对广播信号接收的影响，这种影响通常称为无线电干扰（radio interference，RI），文献上有时用 RI 表示。实际上，电晕产生的无线电干扰是在输电电压超过 230kV 后才作为一个设计的限制因素，而电晕损失主要作为影响导线大小选择的经济性来考虑。随着 500kV 线路的投运，电晕产生的电磁干扰也被怀疑会对电视信号接收产生干扰，称为电视干扰（television interference，TVI）。然而研究发现，一般运行电压低于 44kV 的配电线路上发生的间隙放电是电视干扰的主要产生源，而不是高压输电线路的电晕放电。在正常运行期间，高压输电线路产生频率范围很广的电磁发射，覆盖从 50/60Hz 直到 1GHz。这些干扰可能影响输电线路附近的某些电磁设备的正常功能，也可能对环境产生物理或生态影响。

输电线路导线电晕产生的电磁发射主要在低于 3MHz 频段，可能主要影响工作在 0.535～1.605HMz 频段范围的调幅广播（中波）信号的接收。这也是为什么电晕产生的电磁发射通常被称为无线电噪声或无线电干扰的原因。输电线路上的间隙型式的放电，主要发生在输电线路雨天电晕情况下，产生 0～1GHz 频率范围的电磁发射，可能引起对频率范围在 56～216MHz 电视信号的干扰。

电晕在沿输电线路导线随机分布的某些点处发生。在好天气条件下，沿导线分布仅有少数电晕源出现，且彼此之间间隔较远的距离。而在诸如雨雪等坏天气条件下，沿导线分布了大量的电晕源，彼此相距较近。坏天气下的电晕放电通常较强。在一般设计输电线路导线表面电位梯度下，通常出现的电晕模式是，在负半周期是特里切尔流柱，而在正半周期是起始流柱。这两个电晕模式产生上升时间快和持续时间短的电流脉冲，而间隙放电脉冲相比则有最高的幅值、最快的上升时间和最短的持续时间。正极性电晕脉冲幅值比负极性电晕脉冲幅值约高一个数量级，而后者则具有更快的上升时间和较短的持续时间。

电晕和间隙放电产生的这些瞬态电流脉冲 I，从电晕放电点注入导线，并沿导线向两个方向流动，从而产生频率范围较广的电磁干扰场 B，如图 2-30 所示。电磁干扰场的特性直接取决于电流脉冲的频谱特性，而频谱特性是定义脉冲波形的参数，也是脉冲重复特性的函数。脉冲的频谱幅值正比于脉冲的幅值和持续时间的乘积（电荷量），而带

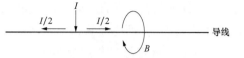

图 2-30　无线电干扰形成的示意图

宽是脉冲上升时间的反比函数。正极性电晕和间隙放电脉冲的频谱幅值较高，而间隙放电的频率范围最宽，延伸到千兆赫兹级别；正极性电晕脉冲频谱在频率 1～2MHz 时迅速下降，而负极性电晕脉冲频谱幅值可扩展到约 100MHz。间隙放电产生的电磁干扰覆盖广播和电视频段，并延伸到 1GHz。

2.5.3　可听噪声

输电线路电晕的主要模式，即负极性特里切赫流柱和正极性起始流柱，主要由重复的瞬态放电组成，电离快速发生在很短的时间间隔内，大约几百纳秒。在流柱发展期间，流柱通道内的气体被加热到很高的温度，同时它的物理容积无法充分展开。因此，按照气体的物理规律，流柱通道内的局部压力增加。根据定义，在气体压力增加的地方，相应地生成声压波，从放电点向外传播。

电晕放电会产生的单一的声脉冲。由正极性和负极性电晕两者产生的声脉冲形状相似，但是，正极性的幅值比负极性的幅值高一个数量级，类似于电流脉冲的幅值。因此，与电磁干扰的情况相同，正极性电晕是输电线路上的主要可听噪声源。电晕产生的声脉冲的频谱，延伸到比人类正常可听范围的范围更广泛，即高于 15kHz。

由沿导线分布的不同源产生的声脉冲随机系列，在空气中传播不同距离后，到达接近地面上空间中的某点，即人体观测者可能位于的位置。由于其在空间和时间上的随机分布，到达观测点的声波，具有随机相位关系。因此，对输电线路可听噪声的分析处理，采用声功率进行，不需要任何相位的信息。对来自线路所有各相的贡献相加，以确定在观测点接收到的声功率。

除了上述的随机分量，交流输电线路的可听噪声（audible noise，AN），还包括一个或多个纯音，它们是由在导线附近产生的空间离子电荷在交流电压的两个半周期中的振动运动所产生的。由于它们在导线表面附近的交变电场中振动，离子通过与空气分子的弹性碰撞，转移它们的动能，并产生声学纯音，所谓的嗡嗡声，其频率为电源频率的两倍（对于工频 50Hz 系统，纯声频率为 100Hz）。在嗡嗡声中也可能存在更高次谐波，但通常幅值低得多。由于所涉及的物理机理相似，嗡嗡声噪声与电晕损失有很好的相关性。

与交流线路一样，导线表面电晕放电产生的声脉冲也是直流输电线路的可听噪声源头。在交流电压下，声脉冲串在靠近正半周期峰值附近产生。交流线路的噪声中，交流电压的调制影响引起频率对应于电源频率偶次谐波的纯音。直流线路可听噪声频谱扩展至很宽的频率范围，反映出电晕产生声脉冲持续时间短的特性，但因为没有线路电压的调制影响，不含有任何纯音分量。

2.5.4　其他效应

2.5.4.1　臭氧和氮氧化物

复杂的电化学反应，发生在正极性和负极性电晕放电过程中，造成臭氧（O_3）和统

称为 Ox 各种氮氧化物的生成，由于电离过程，氧分子在空气中分解，产生了氧原子，其在后续反应中，产生臭氧和一氧化氮。

空气中电晕的离子化学特性和臭氧产生的机理是非常复杂的，且没有完全弄清楚。在臭氧和氮氧化物的产生中涉及一系列的反应。在电晕放电中产生臭氧的主要阶段可能最需要是氧分子的裂解，这个过程吸收需要一定数量的能量。

2.5.4.2 光发射

导致空气中电晕放电的过程会产生分子的激发以及电离。受激的分子中，其最外层轨道上的电子被碰撞到更高的能量状态；当它们恢复到原来的能量状态时，受激分子会发射光子。空气中的其他分子吸收了一些光子，但它们中的一些设法逃脱，并对电晕放电的视觉表现做出贡献。视觉观察结果表明，发出的光是浅蓝色的。电晕放电的发射光谱研究表明，大部分的光是从受激的氮分子发出的。图 2-31（a）显示在空气中电晕放电发出的典型光谱，图 2-31（b）为太阳辐射光谱。可以看出，电晕产生的主要是低强度的紫外线辐射，在太阳光谱的边缘。

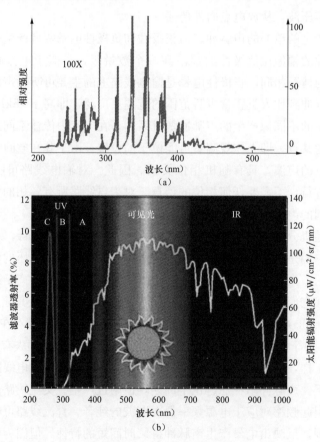

图 2-31　电晕光谱和可见太阳光谱
（a）电晕光谱；（b）可见太阳光谱

2.5.4.3 电晕风和电晕振动

除了上述的普遍观察到的效应，电晕放电也产生较少知晓的效应，如电晕风和电晕振动。在正极性和负极性电晕两种情况下，产生了相同极性的离子，并受到高强度电场的导线排斥。离子在电场中取得的动量，转移到中性气体分子，在气体中生成压力差，并形成离开导线方向的气流。这种现象通常被称为电晕风。因此，电晕风是 2.5.3 节中描述的产生声脉冲的稳态形成。

在雨天期间，导线上水滴的存在，有时会导致导线在甚低频（1～5Hz）振动，引起电晕振动，在导线表面高水平电场的作用下，导线上的水滴被拉长，造成它们弹出小水滴。被弹出的水珠和悬挂的水滴之间的静电排斥力，随着由电晕产生的电晕风以及由水喷射产生的反作用力，对导线施加向上的力。同时悬挂的水滴得到补充并在电场作用下再次拉长。首先，电晕振动由静电力激起，主要是库仑排斥力和由电晕风引起的反作用力。然后，振动的幅值被放大，主要是来自水滴或悬浮水滴中的小水滴的弹出所产生的机械反作用力。

2.6 导线电晕试验装置

导线电晕试验研究的主要目的是：①理解电晕放电和综合电晕效应所包含的物理机制；②为输电线路电晕性能得到用于提出预测方法的数据。因为在电力输送的早期发现表明，导线的大小不仅对载流量而且对电晕损失有影响，实验室和户外试验方法就被用于电晕性能不同参数的研究。以下将阐述所使用的电晕试验方法和电晕性能各个参数。

2.6.1 户内电晕笼

为理解电晕放电的物理性质，开展了采用众多不同形式电极结构的实验室研究，电极形式包括点—面电极、球—面电极、同心球电极等。然而，对圆柱形导体电晕的大多数实验室研究采用的是被称为电晕笼的装置，主要由同心放置的外层金属圆筒及其内部的导体构成。外层圆柱可由金属薄片，或更常见的由某种形式的丝网构成，其直径远大于内部的导体直径。可能是这种结构的原因，这一装置通常被称为电晕笼。

在导线和外层结构的笼体之间施加足够的试验电压以产生电晕研究所需要的导线表面高电场。通常情况下将高压施加于导线，而笼体通过直接接地维持在零电位或通过一个小的测量阻抗接地维持在近似于零的电位。在快速上升的电晕电流脉冲测量的特殊情况下，施加电压的情况才反过来，这时笼体施加高电压而导线维持在地电位。电晕笼试验配置的主要优点是根据试验装置的尺寸和所施加试验电压可以快速而精确地确定导线表面电场的分布。均匀分布的导体表面电位梯度 E_c，以 kV/cm 为单位，可以利用式（2-27）相当精确的计算，即

$$E_c = \frac{U}{r_c \ln \frac{R}{r_c}} \qquad (2\text{-}90)$$

式中：r_c 为导体半径，cm；R 为笼体内径，cm；U 为施加于导体的电压，kV。可以通过改变施加于导体的电压得到不同的导体表面电位梯度。

电晕性能的早期研究主要在实验室电晕笼中进行。实际上，式（2-28）给出的用于确定导体表面光滑导体和绞线起晕电压的经验公式主要是从电晕笼试验得出的。实验室

电晕笼也用于交流和直流电压下关于圆柱导体电晕放电的基本物理性质的研究。实验室中研究的电晕特性，包括交流和直流电晕在不同模式下电晕发生的条件，诸如幅值、形状和重复率等电晕脉冲特性，以及电晕损失、无线电干扰和可听噪声以及臭氧等。

对一个有限长的电晕笼，长度方向的电场分布在中间部分是均匀的，而向两端逐渐变得不均匀。如图 2-32 所示，通过在笼体两端增加保护段，可选择中间段笼体长度来获得沿长度方向上相当均匀的电场分布。笼体中心段则通过合适的测量阻抗接地用于电晕测量，而两端的保护段则直接接地。

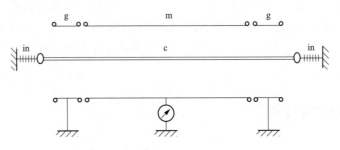

图 2-32　户内电晕笼结构示意图

g—保护段；m—测量段；c—受试导线；in—绝缘子串

电晕笼试验装置的主要设计标准，无论用于户内或户外，是在电晕起晕电压和击穿电压之间有足够的裕度。对于可能试验的最大的导线或分裂导线，笼体的直径应充分小，以在较低电压下即可使得导线起晕。同时，导线或分裂导线与笼体之间的空气间隙应足够大以保证击穿电压大于起晕电压。两个电压之间至少有 50% 的裕度才允许对超过起晕电压以上的不同导线表面电位梯度进行试验。对实验室研究，笼体的长度不是关键的参数。如果笼体两端没有保护段，为获得沿导线长度方向中心截面的电场均匀分布，笼体长度为 3~5 倍的笼体直径是必要的。笼体两端有保护段时，应适当选取保护段和中间测量段的长度，以在导线中心截面上获得需要的电场均匀程度。

光滑和绞线结构导线一样可以在电晕笼中测试。导线表面缺陷和水滴可以通过不同形状的金属突出物来模拟，当然可以采用人工降雨来研究电晕特性。通常由一层薄的油脂和沙构成的人工污秽，用于模拟导线表面低的粗糙系数以及污秽导线的电晕性能研究。

用于输电线路实际的单根和分裂导线结构，为确定其电晕损失特性，一般有必要采用户外电晕笼或试验线段。利用这些设施开展研究的主要目的是获取可用于将来输电线路设计的试验数据。从电晕笼试验和试验线段测试中获得的试验数据中推导出来的电晕损失、无线电干扰和可听噪声产生量，可用于确定任意导线结构的输电线路的电晕性能。

2.6.2　户外电晕笼

为测试用于输电线路的导线结构，户外电晕笼的尺寸大于户内电晕笼尺寸，这也是建在室外的主要原因。而且户外的电晕笼也允许获得某些自然天气条件下的试验数据。

户外电晕笼主要由圆形或方形截面网状金属外层和安装在中心处的导线构成。因为构建大直径圆柱形外层的难度，使得方形截面的电晕笼更受欢迎。在某些情况下，笼体外层仅由两个简单的竖直金属篱笆构成，以地面为底面，上侧空着。与户内电晕笼一样，户外电晕笼也由绝缘的中间测量段和两端的保护段构成。

户外电晕笼的长度取决于所测量的电晕特性的类型。由于好天气下输电线路导线上稀少的电晕源分布，所以需要100m甚至更长的导线，以便在电晕笼里合理模拟好天气下的电晕性能。但是，对于模拟坏天气电晕特性，10~100m的长度就足够了，因为雨、雪等条件下的电晕强度要高很多。辅以人工降雨手段，户外电晕笼经常用于确定大雨条件下的电晕性能。

在一些冬季地面积雪变成一个问题的地区，将户外电晕笼笼体安装于地面上某一高度处是必要的。如果电晕笼长度超过10m，应按照导线的悬链线形状制造笼体外壳，这样全部长度的导线都可以位于笼体的中心。图2-33给出了分别用于交流和直流电晕试验的户外电晕笼设施，它们均可用于大于12分裂导线的交流和直流电晕的研究。

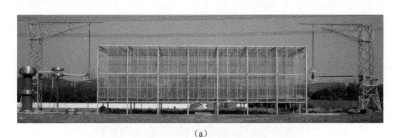

(a)

(b)

图 2-33　户外电晕笼装置
(a) 交流电晕笼；(b) 直流电晕笼

对在电晕笼中测试分裂导线电晕特性的一项重要要求是精确确定分裂导线的表面电场强度。对圆形或方形截面的电晕笼中的任一分裂导线结构的导线表面电场的精确计算，需要采用诸如2.2.3节中所述的矩量法的复杂方法。然而，对于在圆柱形笼体中心的对称结构的特殊情况下，计算可采用基于2.4节所述的马格特和门格勒方法。对于电晕笼中的 n 分裂导线，单位长度总电荷 λ_t 为

$$\lambda_t = \frac{2\pi\varepsilon_0 U}{\ln \dfrac{R}{r_{eq}}} \tag{2-91}$$

式中：U 是施加于分裂导线的电压，kV；r_{eq} 为给定分裂导线等效半径，cm；R 为笼体内径，cm。根据式（2-50）有

$$r_{eq} = \left[n \cdot r \cdot (R_b)^{n-1} \right]^{\frac{1}{n}} \tag{2-92}$$

式中：r 为子导线半径，单位是 cm；R_b 为分裂导线半径，cm。分裂导线平均电位梯度为

$$E_a = \frac{\lambda_t}{n} \cdot \frac{1}{2\pi\varepsilon_0 r} \tag{2-93}$$

最大电位梯度为

$$E_m = E_a \cdot \left[1 + (n-1) \cdot \frac{r}{R_b} \right] \tag{2-94}$$

对于对称分裂导线，以上计算方法具有与矩量法相同的计算精度。这种简化的方法也适用于方形截面电晕笼中的对称分裂导线。研究表明，方形截面电晕笼中的圆形导线的电容与该导线在直径为 D_e 的等效圆柱形电晕笼中的相等，D_e 可由下式近似给出

$$D_e = 1.08 L_c \tag{2-95}$$

式中：L_c 为方形电晕笼的边长。因此，方形电晕笼可用直径为 D_e 的圆柱形电晕笼代替，且分裂导线表面电场可用式（2-93）和式（2-94）计算。

2.6.3 试验线段

尽管户外电晕笼可为评估导线结构的电晕性能提供相对快捷和便宜的手段，但是却主要针对大雨条件，它们也不能用于获得全天候的统计电晕性能。这样的好天气和坏天气的统计数据中，有些是在户外的试验线段上获得的。

试验线段基本是真型输电线路的一小段。对于交流电晕研究，可以使用三相也可以使用单相试验线段。三相试验线段精确重现正常运行的线路电场条件。因为这个原因，大多数用于为新的更高电压等级提供设计数据为目的的电晕研究都采用三相试验线段进行。然而，三相试验线段比单相线段更高的建造和运行费用增加了试验的困难，而且难以解释有些试验数据，尤其是无线电干扰。基于短的三相试验线段所得的结果对实际长线路电晕性能的预测是十分复杂的。单相试验线段相对建设费用较低，而且使用试验结果来预测长的三相线路的性能也相对容易。

因为直流线路导线周围整个充满的空间电荷对电晕性能有显著影响，因此，单导线试验线段只能用于单极性电晕研究，而两导线的试验线段对研究双极性电晕是必要的。基于单极性试验线段所得到的结果预对双极性直流线路的电晕性能预测可能不会准确。

对交流和直流试验线路的长度选择应考虑两方面因素。首先，线路应足够长以充分模拟好天气的电晕性能。其次，线路应足够长以允许在调幅广播频段内的频率的无线电干扰测量。造价的考量和土地的获取限制了试验线段的长度。短的试验线段的无线电干扰传播特性及其对无线电干扰测量的影响将在 9.5 节中讨论。已建成的试验线段的长度一般在 300m 到几千米之间。如图 2-34 所示为中国的特高压单回和双回交流试验线段。

图 2-34　特高压交流单回和同塔双回试验线段

对于长期电晕研究，不仅要测量表征电晕特性的参数也要测量那些表征周围气象条件的参数。在电晕试验设施附近需要监测的主要天气变量有：温度、压力、相对湿度、风速和方向以及降雨的大小。测量其他天气变量，如雪、导线表面雾水的沉积等形成的降水量，也是有意义的。对于直流电晕研究，悬浮微粒的测量是有用处的。

在试验线段条件下，因为导线对地高度的变化引起导体表面电位梯度沿导线长度变化，因而，电晕放电强度以及电晕损失、无线电干扰和可听噪声合成产生量都沿着导线长度方向变化。因此，对不同电晕性能参数测量结果的解释应考虑这一变化。导线高度变化影响的分析评估需要知道沿试验线段导线长度的导线表面电场的实际变化以及每一电晕效应与导线表面电场之间的数学关系。因为这些数学关系不可能事先知道，通常采用更简单的方法解释试验线段上的电晕测量结果。假定试验线段的导线在一个等效高度上平行于地面，等效高度如 2.2 节所述，即 $H-2S/3$，这里 H 为挂点导线高度，S 为弧垂。等效导线表面电场沿导线长度方向是不变的，并采用前述的方法计算。等效导线高度的代替方法对于分析试验线段的结果和评估长线路的电晕性能是一样的。

2.6.4　运行线路

对运行中的交流和直流线路的电晕性能测试对于推导预测方法和检验经验方法的正确性都是有用的。对于电晕性能的三个主要参数，无线电干扰和可听噪声的测量仪器和测量方法在运行线路上和在试验线段上是相同的。然而，电晕损失的测量主要在电晕笼和试验段上进行，而在实际运行线路上很难实施。对于线路所载的正常负荷，由于负荷电流在导线上产生的电阻性损耗高而很难通过测量得到电晕损失的准确估计。对于空载直流线路，已研制出几种电晕损失测量装置。但是，这些测量结果的解释是困难的，因为几百千米长的线路可能处于不同的天气条件区域。对运行线路的无线电干扰和可听噪声的长期测量，气象条件的同步测量是必要的。

为获得输电线路的无线电干扰和可听噪声的特征，中国在 20 世纪从西北地区 330kV 刘家峡—天水—关中线路开始，对若干电压等级不同的线路进行了测试工作，取得了较多的成果，也解决了工程设计的需要。但这些都是较短时段的测试。中国的特高压交流试验示范工程（单回路）和皖电东送工程（同塔双回线路）建成投运后，为获取实际特高压输电线路可听噪声、无线电干扰等电晕特性的水平及其特性，先后在河南焦作、湖北钟祥、湖北枣阳，安徽合肥、芜湖、巢湖等地建立电磁环境长期监测站，开展可听噪声、无线电干扰、气象参数等指标的长期测试。前三个站的监测对象为单回路，后两个站监测对象为同塔双回线路。

为获得特高压线路的无线电干扰和可听噪声变化规律和分布特性，测试线路边相正下方、边相导线投影外 10m、边相导线投影外 20m 处可听噪声和边相导线投影外 20m 处无线电干扰以及环境气象参数。

可听噪声测量采用多分析仪系统，能进行多通道实时快速傅里叶变换、常数百分比带宽、总级值等分析，对可听噪声的测试一般采用单倍频程、A 计权、1/3 倍频程进行测量。

气象站监测采用小型气象站，每分钟获取 1 组数据，全天 24h 连续测试，并对数据进行自动存储。

无线电干扰采用电磁干扰测量接收机和有源环状天线，电磁干扰测量接收机的测量数据通过 USB/GPIB 接口，传送至数据采集系统，并通过计算机进行时钟同步和定时存储。

（1）河南焦作观测站。河南焦作观测站处，海拔 85m。地处平原地区，地势平坦，测试区域位于农田中，测量现场如图 2-35 所示。农田的主要农作物为小麦和玉米，每年 10 月至次年 6 月间种植小麦，7～10 月间种植玉米。观测站所在地焦作市全年降雨较少，大雨天气非常稀少。

（2）湖北钟祥观测站。湖北钟祥观测站处，海拔高度 30m。测试区域位于农田中，该区域每年 10 月至次年 5 月间种植小麦，6～10 月间种植水稻，测量现场如图 2-36 所示。

图 2-35　河南省焦作观测站　　　　　　　图 2-36　湖北省钟祥观测站

（3）湖北枣阳观测站。湖北枣阳观测站的测试区域位于农田中，该区域每年 10 月至次年 5 月间种植小麦，6～10 月间种植玉米和花生，测量现场如图 2-37 所示。

（4）安徽芜湖观测站。安徽芜湖观测站位于安徽省芜湖市无为县襄安镇，海拔高度约 8m，测试区域位于民居附近的农田中。观测站测试现场如图 2-38 所示。

（5）安徽巢湖观测站。安徽巢湖观测站位于巢湖市盛桥镇铁山村附近，海拔高度 25m，如图 2-39 所示。属北亚热带湿润季风气候。四季分明，冬寒夏热，春秋温和，阳光充沛，无霜期长，梅雨特征显著，多年平均气温 7 月最高，1 月最低。测试区域位于农田中，4～10 月种植水稻。

图 2-37　湖北省枣阳观测站

图 2-38　安徽省芜湖观测站

图 2-39　安徽省巢湖观测站

电晕损失与臭氧

输电线路上因电晕造成的功率损失，被称为电晕损失，这是在早期发展交流高压输电时就发现的第一类电晕影响。实际上，电晕损失对功率传输效率的降低有显著的作用，这也反过来导致对电晕的尽早研究。本章介绍交流电晕损失所涉及的物理过程，描述用于实际交流输电线路导线结构的电晕损失计算的理论和经验方法。讨论线路周围天气条件和导线表面不规则对电晕损失的影响。最后，简要介绍了与电晕损失相关联的臭氧和氮氧化物的产生。

3.1 电晕损失的物理现象

第 2 章描述了不同模式电晕发生时涉及的相关过程和复杂的电离情况。包括带电微粒的运动及其与中性气体分子的弹性和非弹性碰撞等许多过程，这些都需要消耗能量。导线电晕放电时，这些能量由与导线相连的高压电源提供。它在导体表面为电晕放电的发生创造了必要的高电场条件，大部分消耗的能量变为热能，加热了导体表面附近的空气，而一小部分能量转化为声能和包括可见光的电磁辐射，以及产生臭氧和氮氧化物所需的电化学能。电晕过程中，从电源消耗能量的速度称为功率，可定义为电晕功率损失或电晕损失。

如第 2 章所述，正负离子的产生和运动是造成电晕损失产生的主要原因。电晕放电中产生的电子存在时间短，由其快速运动引起的电流脉冲对电晕损失贡献不大。这些电流脉冲是造成电磁干扰的主要根源，这将在以后相关章节阐述。

3.1.1 导线电晕电流

解释交流输电线路产生电晕损失的所涉及的物理过程，以由地面上或接地圆导体内部的单根圆形导线组成的简单结构为例进行分析。如果导线与地之间的距离远大于导线半径，则导线附近的电场和电荷近似均匀分布。此外，从导线表面发出的空间电荷，在其被交变电场驱动返回导线之前所能达到的最远距离，也将比导线和地之间的距离短得多。因此，空间电荷大多被限制在导线附近而不能到达地面或接地圆柱导体。

在导线和地之间连接电源以施加高压交流电压，这时导线周围会产生一个非均匀的交变电场。如果导线上施加的电压为 $U = \hat{U}\sin\omega t$，$\hat{U}$ 为幅值，ω 为角频率，在达到电晕起始电压之前，从电源吸取的电流为 $I = \hat{U}\omega C\cos\omega t$，$C$ 为导线电容。这时电压与电流的波形如图 3-1 所示。如果电压增加使得导线表面电位梯度超过电晕起始电位梯度后，则导线上出现电晕放电，同时电流不再是单纯的容性电流。在交流正负半周产生的空间离子电荷的运动，引起电流中的一个附加分量，这个附加分量需由电源提供。与容性电流不同，这个电流分量几乎与电压同相，需由电源提供的功率是电晕损失。电晕电流容性分量也可能对该导线结构的容性电流的增加起一定的作用。下面描述导致电晕电流产生的过程。

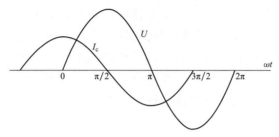

图 3-1　未起晕时的电压和电流波形

　　用一个完整的交流电压周期来解释电晕电流分量产生所涉及的物理过程。前述情形的导线电晕时，电压和电流波形如图 3-2 所示。对应电压周期中不同时刻的空间电荷的运动，如图 3-3 所示。

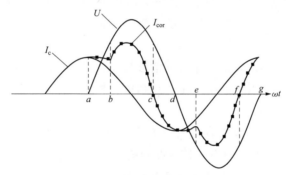

图 3-2　起晕后的电压和电流波形

I_c—容性电流；I_{cor}—电晕电流

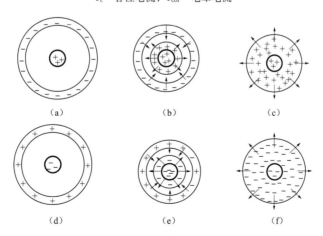

图 3-3　交流电晕不同时刻的空间电荷分布情况

注：图 (a)～(f) 对应图 3-2 中 a～f 的各个时刻。

电压周期起自 a 点，导线上的电压为零并沿正半周开始上升，前一个负半周期产生的一些残留的负极性空间电荷，位于导体外一定距离处，如图 3-3（a）所示。尽管导线上施加的电压为零，导体表面仍因残留的负极性空间离子的存在产生一个数值不大的电场。在 a 和 b 之间，随电压的增加，导线表面和导线附近区域的电场同时增加，那些负极性空间离子调转方向加速向导线运动。在电压周期的 b 点，导线表面电场等于正极性临界电晕起始电位梯度。超过这个电压后，导线表面产生电晕放电，放电中产生的正离子从导线表面向外运动，而电子快速向导线运动，并在与导线接触时被中和。因此导体起到正离子源的作用。随后向导线运动的残留负极性空间电荷与新产生的正极性空间电荷混合，一小部分正负离子之间发生复合，而大部分负极性离子在与导线接触时被中性化。在正极性电晕开始时的空间电荷分布如图 3-3（b）所示。

正极性电晕放电活动在电压达到峰值和接着下降过程中持续，直到电压周期的 c 点，此时电晕中止。因为导线附近有大量的正极性空间离子，降低导线表面的电位梯度，所以电晕停止时的电压比相应的电晕起始电压要高一些。导线表面正极性离子的发生在 c 点处停止，但已产生的正极性空间离子继续向离开导线的方向运动，如图 3-3（c）所示。自 c 点到电压变为零的 d 点，导线表面无电晕活动，因此无正离子向外发射。然而，剩余的大量正极性空间离子在 d 点或稍早一些到达距离导线最远的地方，如图 3-3（d）所示。

除极性变化外，负半周期的开始时的情形与在 a 点的相似。负半周期中随后的过程也相似，负极性电晕在 e 点时开始，在 f 点结束。相应的空间电荷分布如图 3-3（e）和图 3-3（f）所示。

在这个周期中流动的电流由容性电流 I_c 和叠加其上的电晕电流 I_{cor} 组成，如图 3-2 所示。在 ab、ce 和 fg 期间，只有一种极性的离子存在，而在 bc、ef 期间，与导线极性相同的离子占多数，因为它们由电晕放电不断地产生，剩余的相反极性的离子部分通过复合过程中和，大部分通过与导线的接触中和。在电压周期的 bc 和 ef 阶段，所产生的电晕电流较其他阶段的大得多。

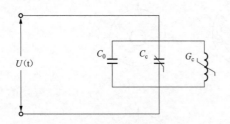

图 3-4　导线起晕后的等效电路
C_0—导线结构的几何电容；
C_c—因电晕而产生的附加非线性电容；
G_c—表示电晕损失的非线性导纳

3.1.2　等效电路

图 3-4 表示上述的电晕损失的物理过程和所考虑导线结构电容的等效电路。导线电压低于电晕起始电压 $\hat{U}_c$ 时，$C_c=0$，$G_c=0$。电压超过起始电压之后，G_c 快速增加，而 C_c 增加速度较慢。在超过电晕起始电压的任意给定电压时，导线结构等效为一个有损电容，其电容值为 $C_t=C_0+C_c$，G_c 则表示电晕损失的导纳。

3.2 电晕损失的理论分析

基于纯理论方法的电晕损失的预测或计算还不是很成熟。造成这种情况的主要原因是与时变、二维空间电荷电场相关问题的复杂性。这里给出对这个问题的数学描述，主要是深入了解所涉及的复杂物理现象的分析方法和过程。同时，给出了解决同心圆柱结构的一维情况电晕损失的计算方法。

首先给出常用的求解三维情况下交流电晕损失问题的数学方法。导线电晕时，其表面的离子产生、电极之间空间离子的运动与中和，可由连续方程表示。对于正负离子，其连续方程为

$$\frac{\partial n_+}{\partial t} + R_i n_+ n_- + \nabla \cdot (n_+ v_+) = 0 \tag{3-1}$$

$$\frac{\partial n_-}{\partial t} + R_i n_+ n_- + \nabla \cdot (n_- v_-) = 0 \tag{3-2}$$

式中：n_+ 和 n_- 分别为正负离子的密度，个$/\mathrm{m}^3$；v_+ 和 v_- 分别为正负离子的速度；R_i 为复合系数。连续方程主要说明了在考虑微粒产生与消失速度的守恒原理。在交流电晕情形中，在导线表面产生具有与电晕的导线相同极性的离子，而相反极性的离子在与导体接触时被中和。当两种极性的离子在同一处存在时发生复合。带入电荷密度 $\rho_+ = e \cdot n_+$ 及 $\rho_- = e \cdot n_-$，连续方程可写作

$$\frac{\partial \rho_+}{\partial t} + \frac{R_i}{e} \rho_+ \rho_- + \nabla \cdot (\rho_+ v_+) = 0 \tag{3-3}$$

$$\frac{\partial \rho_-}{\partial t} + \frac{R_i}{e} \rho_+ \rho_- + \nabla \cdot (\rho_- v_-) = 0 \tag{3-4}$$

电极之间的电场分布可由泊松方程给出，即

$$\nabla \cdot E = -\frac{\rho_+ - \rho_-}{\varepsilon_0} \tag{3-5}$$

离子的速度可由它们的迁移率 μ_+ 和 μ_- 来表示，即

$$v_- = \mu_- E \tag{3-6}$$

$$v_+ = \mu_+ E \tag{3-7}$$

同样的，正、负离子电流和总电流密度 j_+、j_- 和 j 可表示为

$$j_+ = \mu_+ \rho_+ E, \quad j_- = \mu_- \rho_- E, \quad j = j_+ + j_-$$

采用以下的边界条件，求解由式（3-3）～式（3-7）构成的方程组，可以确定随时间和空间变化的空间电荷和电场分布。随后可依据肖克利-拉姆理论计算从导体连接的电源中得到的对应的电晕电流。边界条件是：

（1）当电压超过电晕起始电压后，导体表面电场强度保持在起始场强水平；

（2）在任意时刻，极间电压由外加电压 $U(t) = \hat{U} \sin \omega t$ 确定。

针对圆柱导体，交流电晕的第一个边界条件的基础已通过试验确定，而针对圆柱导体的直流电晕的理论调整也已给出。第二个边界条件表明，在任意时刻对电极之间电场

的积分都等于外加电压。

上述的理论分析可应用于常用的三维情况，如点面结构的例子。为确定输电线路电晕损失，将这个分析方法用于同心圆柱结构是完全可以的。这里仍以图 2-29 进行分析，一个半径 r_c 导体放在半径 R 的外部同心圆柱的圆心处，组成同轴导体结构。由于存在角对称性，这个结构确定的方程可以减少一维。忽略电晕层的厚度，假定离子从导体表面发射出去，还假定正负离子的迁移率相同并由 μ 表示，同时忽略离子的复合。根据这些假定条件，式（3-3）～式（3-7）可简化为

$$\frac{\partial \rho_+}{\partial t} + \left(\frac{\partial j_+}{\partial r} + \frac{j_+}{r} \right) = 0 \qquad (3\text{-}8)$$

$$\frac{\partial \rho_-}{\partial t} + \left(\frac{\partial j_-}{\partial r} + \frac{j_-}{r} \right) = 0 \qquad (3\text{-}9)$$

$$\frac{\partial E}{\partial r} + \frac{E}{r} = -\frac{\rho_+ - \rho_-}{\varepsilon_0} \qquad (3\text{-}10)$$

$$j_+ = \mu_+ \rho_+ E, \quad j_- = \mu_- \rho_- E \qquad (3\text{-}11)$$

将式（3-11）对 r 求导，并与式（3-10）带入式（3-8）和式（3-9）中，可得到电荷密度的偏微分方程，即

$$\frac{\partial \rho_+}{\partial t} + \frac{\mu}{\varepsilon_0} \rho_+ (\rho_+ - \rho_-) - \mu E \frac{\partial \rho_+}{\partial t} = 0 \qquad (3\text{-}12)$$

$$\frac{\partial \rho_-}{\partial t} + \frac{\mu}{\varepsilon_0} \rho_- (\rho_+ - \rho_-) - \mu E \frac{\partial \rho_-}{\partial t} = 0 \qquad (3\text{-}13)$$

求解由式（3-10）、式（3-11）和式（3-12）构成的非线性偏微分方程组，考虑边界条件，可确定电荷和电场的分布 $\rho_+(r, t)$、$\rho_-(r, t)$ 和 $E(r, t)$。总的电晕电流 $I_{cor}(t)$ 可由这些分布和 S-R 理论计算得出。

即便是所考虑的最简单结构，求解这些方程的解析解也是不可能的，有必要采用数值方法解这些方程，而求解过程非常复杂。已经提出了考虑交流电场中离子产生和运动范围的近似计算方法。对于一个确定幅值的外加电压，可用数值方法求解连续正负半周期直至得到稳定结果。对于计算电晕损失，这种技术主要用于为试验提供一个理论基础，而不是一个纯粹的分析方法。

3.3　电晕损失的产生函数

在分析实际输电线路的电晕损失特性时，产生函数是非常有益的概念。因所有的理论模型的复杂性，输电线路电晕损失的预测方法通常是基于电晕笼或试验线段获得的试验数据。因此，定义一个不依赖于线路结构的电晕损失参数，以使得试验中获得的数据可以方便地用于预测任一导线结构电晕损失。为此，再次考虑如图 2-29 所示的同心圆柱体结构。如果在任意时刻 t，施加在导线和外围圆柱体的电压为 U_1，则导线表面电场强度为

$$E_c = \frac{U_1}{r_c \ln \dfrac{R}{r_c}}$$

在径向距离 r_p 的 P 点处的电场强度为

$$E_p = \frac{U_1}{r_p \ln \dfrac{R}{r_c}} = \frac{E_c r_c}{r_p}$$

电荷量为 e 的离子的速度为

$$v_p = \mu E_p = \mu \frac{E_c r_c}{r_p}$$

由于离子运动在导线中感应的电流为

$$i_c(t) = e \frac{1}{r_p \ln \dfrac{R}{r_c}} v_p = e \frac{1}{r_p \ln \dfrac{R}{r_c}} \mu \frac{E_c r_c}{r_p}$$

于是得出瞬时电晕损失功率 $p(t)$，为

$$p(t) = U_1 i_c(t) = e \frac{U_1}{r_p \ln \dfrac{R}{r_c}} \mu \frac{E_c r_c}{r_p} = e\mu \left(\frac{E_c r_c}{r_p}\right)^2 \tag{3-14}$$

式（3-14）表明，由离子运动造成的瞬时电晕损失，只与导线表面电位梯度和靠近导线表面的离子参数有关，而与导线结构的几何参数无关。换言之，如果上述推导过程用于地面上的导线，导线被施加电压为 U_2，且表面电位梯度为 E_c，则由在位于距导线表面径向距离 r_p 处的电荷运动产生的瞬时电晕损失功率可由式（3-14）给出。可将这个结论推广至电晕产生的所有带电微粒运动产生的电晕损失。然而，应强调的是，这个公式仅在电晕产生的空间电荷被限制在靠近导线表面的附近区域时有效，因为在这个区域的电场分布几乎与导体结构无关。在空间电荷区域扩散到较远的电极之间区域的情况下是不适用的。

电晕损失产生函数定义为单位长度的损失，单位为瓦特每米（W/m），它仅是导线半径和导线表面附近分布电场强度的函数。因此产生的电晕损失与导线实际结构无关。这个概念的好处在于，由诸如电晕笼的试验设施中单导线或分裂导线得到的试验数据，可以直接用于预测使用相同导线的实际输电线路的电晕损失。

如同下一节将要介绍的一样，根据线路附近天气状况，输电线路的电晕损失可能在一个较大的范围内变化，甚至可达到百倍或千倍。在这种情况下使用分贝（dB）来表示电晕损失比采用单位（W/m）更为方便。以 dB 表示的电晕损失为

$$P(\mathrm{dB}) = 10 \lg \frac{P(\mathrm{W/m})}{1} \tag{3-15}$$

式中：$P(\mathrm{dB})$ 为以 dB 表示的电晕损失，以 1W/m 为基准，其逆运算为

$$P(\mathrm{W/m}) = 10^{P(\mathrm{dB})} \tag{3-16}$$

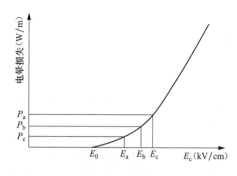

图 3-5 电晕笼测量的三相线路的电晕损失

例如，考虑大雨条件下，在电晕笼中半径为 r_c 的单根导线的电晕损失测量，以 W/m 为单位的电晕损失可表示为导线表面电位梯度 E_c 的函数，如图 3-5 所示。如果一个线路的三相导线采用与之相同的导线，三相导线表面电位梯度分别为 E_a、E_b 和 E_c，可由已知的线路电压和主要线路结构来计算。在大雨条件下，输电线路三相导线的电晕损失 P_a、P_b 和 P_c 可由图 3-5 查取。

3.4 电晕损失的影响因素

实际输电线路的电晕损失受到诸多因素的影响。从物理观点来看，运行在特定的导线表面电位梯度下的实际导线或分裂导线的电晕损失，通过两种方式受到影响：①改变电晕起始电位梯度；②引起电晕放电过程的改变。

任何能影响导线表面粗糙系数 m，或能影响空气相对密度 δ 的因素都属于第一类，如式（2-75）的经验公式，表明了这两种因素是怎样直接影响电晕起始电位梯度的。第二类因素影响空气中的基本电离特性，如电离系数 α、附着系数 η 和离子迁移率 μ。

如上所述，虽然许多因素都可能影响电晕损失，那些影响 m 值的因素可能更为重要（见 2.3 节）。输电线路导线基本上为铝绞线型，其电晕特性仅取决于导线外表面的形状，而不是其内部结构。对于干净的绞线，m 值为最外层单根股线的直径与整个导线直径之比的函数。在导线的制造、处理和在线路的架线施工过程中，可能在导线表面造成一些损伤，导致 m 值的进一步减小。

环境因素和附近的天气状况可能对 m 值有更大的影响。环境因素包括那些可能在导线表面引起有机或无机沉积的因素，如昆虫、草本物质、尘土、由工业污染导致的多种常见物质沉积。

可能改变导线表面状况并减小 m 值的天气条件有：高的相对湿度，大雾、雨、雪、冰和霜等。高的相对湿度、大雾等条件会在导线表面产生小水滴。流经导线表面的雨水也增加导线表面水滴的形成。在新架设的线路导线上，因为有一层薄的、使导线表面具有憎水性的油脂，所以由雨产生的水滴会分布在导体的表面。架设几天或几周后，导线逐步老化并在表面形成薄的氧化层。导线表面因具有亲水性，雨水将沿着导线表面流动，并在导线底部形成较大的水滴。导线表面电场的存在引起水滴形状的畸变，在电场方向上伸长。受到表面张力、重力和电场力的共同作用，本应为半球状的水滴，在从导线表面滴落之前，被拉长并分裂为小水滴。雨水会继续补充水量，在导线表面底部形成新的水滴。这样，水滴的出现大大降低电晕起始电位梯度和 m 值。此外，大量水滴在脱离导线不远时形成下落水珠和导线表面之间的微间隙放电，导致电晕损失和电磁干扰的增加。输电线路的电晕损失通常随雨量的增加而增加，并在大雨条件下饱和。所以最大的电晕损失出现在大雨条件下。

较低环境温度中的干雪，在导线表面形成沉积物，造成 m 值的降低。在温度接近 $0℃$ 时，降水可能为湿雪形式，它会黏在导线表面，甚至可能形成水滴。在这些条件下产生较高的电晕损失，有时可接近大雨条件下的电晕损失。冻雨形成的冰附着在导线表面，通常会导致在导线表面形成突出的冰柱，由于冰柱的出现，如同水滴一样，引起 m 值的降低。虽然冰的电晕较水滴电晕严重程度低，但它仍引起较通常高得多的电晕损失。另一种降水形式为白霜，是在导体表面温度低于 $0℃$、空气中的水蒸气直接凝结在导体上形成的。在冰和霜的条件下，m 值的降低和由此引起的电晕损失的增加取决于环境温度。已有专门研究白霜条件下的最大电晕损失。在温度刚好低于 $0℃$ 时，冰和霜均能形成固体突出物；而在接近 $0℃$ 时，形成水滴会导致更高的电晕损失。

影响导线电晕起始电位梯度的第二个因素是空气相对密度 δ，它是周围气温和压力的函数。在任意给定的区域，其环境大气压力不会有太大的变化。然而，大气压力随海拔的增高而显著的降低，因而相对密度 δ 随之减小。任意给定地点的大气温度随昼夜和季节而变化。因此，冬天的空气相对密度较夏天的大。其他条件保持不变，冬天的电晕起始电位梯度因而较夏天的高。

与上述的诸多因素对电晕起始电位梯度的影响程度相比，任何影响空气电离特性的因素都不太重要。上文已就周围大气压力、温度对参数 α、η 和 μ 的影响作了讨论，但是他们对电晕起始电位梯度和电晕损失的影响并不明显。

由于负载电流引起的输电线路导线的加热作用是另一个可能影响电晕起始电位梯度和电晕损失的因素。在没有负载电流时，导线的温度和周围空气的温度相同。流过导线电阻的负载电流产生阻性损耗 I^2R，这将加热导线并使其温度高于周围空气。作为这种加热的后果，围绕导线周围的一小层空气的温度会增加，并将引起这一层空气的 δ 减小，因而导致电晕起始电位梯度的降低。从导线到这一层空气的热量的传输过程，受到发生的电晕放电影响。电晕放电产生的离子快速运动引起空气的对流，形成所谓的电晕风。电晕风的流动可冷却导线，进而导致电晕层空气的平均温度降低。另一方面，电晕中消耗的能量促使导体附近的空气温度增加，电晕风对导体表面的降温作用和电晕损失对空气的加热作用，这两个相反的作用同时发生，电晕层的空气温度取决于两种作用相对的重要性。摩根和莫罗在实验室中通过小的黄铜管（$\phi7.95mm$），对这种现象进行了深入研究。然而，尚未对常用于输电线路上的大直径（$\phi1\sim4mm$）铝绞线进行过类似试验，以确定上述描述现象对导线加热作用的影响程度。

在实际线路上，坏天气条件下已观测到负载电流加热导线对电晕现象的影响，即引起导线表面不同形式水珠的附着。例如，在相对湿度高、大雾的条件下，负载电流对导线的加热作用可阻止导体表面小水滴的形成。这将使带有负载电流的输电线路的电晕损失低于没有负载电流的线路。导线的加热作用在正常或大雨条件下几乎没有差别。然而，一旦大雨停止，带有负载电流的线路电晕损失因导线表面加热变干而迅速降低。导线上的干雪和冰会因导线加热作用而变成水，导致电晕损失增加。而白霜的融化实际上减小电晕损失。

3.5 预测电晕损失的经验方法

为了达到可接受的电晕性能，输电线路设计一般会使得导线或分裂导线运行在导线表面电位梯度低于或接近正常好天气条件下导线的电晕起始电位梯度，在第9章将比较全面地介绍输电线路电晕设计标准。正常考虑设计的结果是，在额定运行电压和好天气下，电晕仅在沿线的少数点上产生。在诸如雨和雪的坏天气下，电晕将沿线扩散，几乎均匀分布于导线。相应的，好天气和坏天气下的导线电晕分别以"局部"和"全面"为特点。

3.5.1 基本考虑

实际输电线路在大雨条件下的电晕损失，可达到满负荷条件下线路的阻性损耗 I^2R 相同的水平。在好天气下，电晕损失一般为大雨条件下的 1/100 或 1/1000。在其他天气条件下，比如大雾、小雨或雪，电晕损失会比大雨条件下的小一些，但仍比好天气的大很多。因此，从工程实用考虑，好天气的电晕损失是可以忽略的。然而，当导线表面存在异常污染状况，好天气的电晕损失将变得和坏天气一样大。

从线路设计的角度看，最有用的电晕损失的参数是年平均电晕损失 P_{ma}，即

$$P_{ma} = \frac{1}{T_a} \sum_{i=1}^{n} P_i T_i \tag{3-17}$$

式中：$i=1$，$\cdots$，n；P_i 为已知不同的天气类型的平均电晕损失；T_i 为一年中第 i 种天气类型的持续小时数；$T_a=8760$，为一年的总小时数。为确定在特定区域的线路年平均电晕损失 P_{ma}，需要两类信息：

(1) 不同天气类型下，所使用的导线产生的电晕损失，它是导线表面电位梯度的函数；

(2) 线路所在地所发生的年天气类型。

第一类信息可由导线试验或从经验公式得到，而第二类信息可从年气象数据记录中获得。

为将输电电压从 400kV 推向更高电压等级，世界各国进行了大量的试验研究，以获得要实施的更高电压的输电线路的电气设计数据。在这些试验中，电晕损失是测量的参数之一，它是分裂导线中子导线的数量和半径，以及导线表面电位梯度的函数。这些测量是在不同天气条件下进行，并且需要持续较长时间。基于对这些试验数据的统计分析，提出了很多的经验公式，用于预测不同线路设计的电晕损失。这里详细介绍两种比较常用的方法。

3.5.2 两种预测方法

第一种半经验公式由法国电力公司（Electricite De France，EDF）的实验室提出，该公式综合了对空间电荷的产生和运动的理论考虑，以及户外电晕笼中不同天气条件下大量分裂导线试验的海量电晕损失测量数据。试验分析中特别注意雨量对电晕损失的影响。得到了雨量与导线表面粗糙系数 m 的经验关系式，并提出用于电晕损失的评估方

法。使用该公式计算电晕损失所需要的要素是简化损失的表格，以及不同导线表面系数 m 和雨量的修正曲线。电晕损失表示为

$$P = KP_n \qquad (3\text{-}18)$$

$$K = \frac{f}{50} \cdot (nr\beta)^2 \cdot \frac{\lg \dfrac{R}{r_{eq}} \times \lg \dfrac{\rho}{r_{eq}}}{\lg \dfrac{\rho}{r_{eq}}} \qquad (3\text{-}19)$$

$$\beta = 1 + \frac{0.3}{\sqrt{r}}$$

式中：P 为电晕损失，W/m；P_n 为标准化（亦称为简化）损失，单位 W/m，K 为简化因数；n 为子导线数目；r 为子导线半径，cm；r_{eq} 为分裂导线的等效半径（见式 2-50），cm；R 为等效零电位圆柱导体半径，cm；f 为电压频率，Hz；单导线时，$\rho = 18\sqrt{r}$，分裂导线时，$\rho = 18\sqrt{nr+4}$。

对线路的每一相导线，R 是为得到实际情况下与同心圆柱结构相同的电容而确定的。线路的电容矩阵 $[C]$ 可通过线路的几何参数来计算。如果 C_p 为任意给定相分裂导线的电容，则可得到等效零电位同心结构的圆柱导体半径 R 为

$$C_p = \frac{2\pi\varepsilon_0}{\ln \dfrac{R}{r_{eq}}}$$

或

$$R = r_{eq} e^{\frac{2\pi\varepsilon_0}{C_p}}$$

图 3-6 所示为作为 $\dfrac{E}{E_c}$ 函数、含有参数 m 的简化损失 P_n，E 为导线表面平均电位梯度（方均根，kV/cm），交流线路 E_c 在 δ 和 m 均为 1 时由式（2-75）给出。图 3-6 所示的简化损失 P_n 的曲线，是通过综合大量的试验数据和电晕损失的模型得到的。相似的，图 3-7 给出了作为雨量函数的导线表面粗糙系数 m 的曲线。

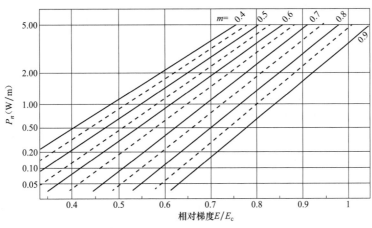

图 3-6　作为 $\dfrac{E}{E_c}$ 函数的简化损失

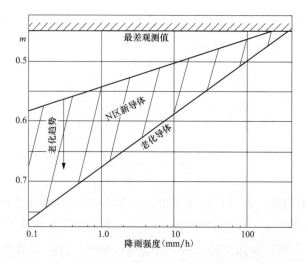

图 3-7　以雨量为参数的导体表面粗糙系数

　　在特高压输电工程研究中提出的半经验公式，是基于大量大雨条件下户外电晕笼电晕损失测试数据，并沿用了 EDF 采用的理论原则。还有一个由加拿大魁北克水电研究所（Institut de Recherche d'Hydro Québec，IREQ）提出的半经验公式，也是基于大量分裂导线的大雨条件下户外电晕笼电晕损失测试数据，并考虑了电晕损失产生函数的变化，这个变化是有分裂导线中电场随子导线变化的函数。

　　用于交流输电线路电晕损失的简单而常用的经验公式，是基于美国邦维尔电力局（Bonneville Power Administration，BPA）户外试验线段的测量数据，但也同时采用了其他实验室获得的试验数据。该公式使用这些数据对电晕产生函数和其他每一个参数对电晕损失的影响进行了系统的分析，公式包括了雨量和海拔的影响。电晕损失 P 计算式为

$$P(\mathrm{dB}) = 14.2 + 65\lg\frac{E}{18.8} + 40\lg\frac{d}{3.51} + K_1\lg\frac{n}{4} + K_2 + \frac{A}{300} \tag{3-20}$$

$$K_2 = 10\lg\frac{AR}{1.676}, \quad AR \leqslant 3.6\mathrm{mm/h}$$

$$K_2 = 3.3 + 3.5\lg\frac{AR}{3.6}, \quad AR > 3.6\mathrm{mm/h}$$

　　式中：n 为子导线数目；d 为子导线直径，cm，当 $n \leqslant 4$ 时，$K_1 = 13$，当 $n > 4$ 时，$K_1 = 19$；K_2 为雨量 AR 的电晕调整项；A 为海拔高度，m。

　　电晕损失可由式（3-16）转化为以 W/m 为单位的电晕损失。线路每一相导线的电晕损失可由式（3-20）计算得到，整个线路的电晕损失可由三相的电晕损失相加得到。为计算雨天的电晕损失平均水平，可假定雨量为 1.676mm/h，当然这个数据依地区不同而异。为计算好天气的平均电晕损失，可从雨天平均电晕损失中减去17dB。这个 17dB 的差距是从美国"苹果园"试验场中的好天气条件下的试验数据中得到的。

3.6 臭氧

空气中电晕的离子化学特性和臭氧产生的机理是非常复杂的，迄今为止尚未完全明确。在臭氧和氮氧化物的产生中涉及一系列的反应，在电晕放电中产生臭氧的主要阶段可能最需要是氧分子的裂解，这个过程需要吸收一定数量的能量。假定全部电晕损失的能量都用于这一阶段，可以估计到臭氧产生量的最高限值为 1.422kWh/kg。而实验室中对单导线和分裂导线臭氧产生量的测试显示，臭氧的产生效率远远低于这个最高限值的 1%，影响臭氧产生率的因素是：导线表面电位梯度、电晕模式、天气的变化。所谓天气变化即气温、湿度、降水和风。正极性流注电晕的出现增加臭氧的产生。研究发现电晕产生的氮氧化物，也基于相似的机理，但可以忽略不计，因为产生氮氧化物所需要的能量比臭氧高得多。

为确定电晕产生的臭氧是否形成对环境的危害，有必要测定线路附近区域不同天气条件下的臭氧浓度。考虑到输电线路构成的臭氧线源矩阵，并应用差量定理，可计算产生臭氧的浓度。影响离散度模型的最主要因素是风速和风向，以及空气中的紊流和相对线路的方向。线路附近的测量表明，输电线路电晕对环境臭氧的增加贡献仅为十亿分之几的数量级（ppb）。在北美地区，相关环境法规规定 80ppb 作为最大算术平均浓度，一年内不允许超过一次。由此可见输电线路电晕产生的臭氧不会构成环境危害。

电 磁 干 扰

由前述已知，电晕产生的无线电干扰是在输电电压超过 230kV 后才作为一个设计的限制因素。随着电压等级的继续提高，对架空输电线路的大量试验研究发现，电晕放电是调幅广播频带主要电磁干扰的根源，尤其在坏天气条件下，相应的电晕会比好天气条件下大得多。然而，输电技术发展到现在，几乎没有实际上的干扰结果，这种趋势主要是因为调频广播的普及，以及调幅广播频带易受大气电磁干扰而有静电噪声（尤其在信号强度不太强的地方更是如此）的缘故。研究发现，通常运行电压低于 66kV 的配电线路上发生的间隙放电是电视干扰的主要产生源，而不是输电线路导线的电晕放电。

本章描述了输电线路导线电晕电磁干扰的产生和传播的物理和理论方面知识。分析中考虑了单个电晕源产生的电流脉冲串的随机特性和这些源的沿导线分布，给出了多导线输电线路产生的电磁干扰的传播理论模型的应用和计算用电磁干扰的经验、半经验公式的研究。

4.1 电晕产生的电磁干扰

正常运行时，因导线电晕放电，高压输电线路会产生频率范围很广的电磁发射，覆盖从 50/60Hz 直到 1GHz，这些电磁发射可能影响输电线路附近的某些电磁设备的正常功能，也可能对环境产生物理或生态影响。当然，工频电场和磁场及其对环境可能的影响是输电线路设计中应考虑的重要因素，但不属于本书讨论的范围之内。本书只针对由电晕放电产生的高频电磁发射。

4.1.1 基本概念

在讨论各种不同的电磁发射及其对线路设计影响之前，有必要理解电磁兼容性的一些基础概念。随着人类现代生活方方面面使用的电气和电子设备的增加，确保所有这些设备完全正常的工作，特别是不同设备之间的兼容，是非常重要的。以下引用了 GB/T 4365《电磁兼容术语》的一些在讨论中经常遇到的术语，GB/T 4365 实际上是等同采用 IEC 60050（161）《国际电工词汇（IEV）第 161 章：电磁兼容》。

（1）电磁环境：存在于给定场所的所有电磁现象的总和。

（2）电磁发射：从源向外发出电磁能的现象，既包含传导发射，也包括辐射发射

（如整流器谐波，广播、雷达、微波等）。

（3）电磁骚扰：任何可能引起装置、设备或系统性能降低或对有生命或无生命物质产生损害作用的电磁现象。

（4）电磁干扰：电磁骚扰引起的设备、传输通道或系统性能的下降。

（5）电磁兼容（性）：设备或系统在其电磁环境中能正常工作且不对该环境中任何事物构成不能承受的电磁骚扰的能力。

（6）抗扰度：装置、设备或系统面临电磁骚扰不降低运行性能的能力。

（7）敏感度：存在电磁骚扰的情况下，装置、设备或系统不能避免性能降低的能力。

前述已知，输电线路的导线电晕产生的电磁发射主要在低于3MHz频段，可能的干扰主要在调幅广播的接收，即被称为无线电噪声或无线电干扰。间隙形式的放电，产生的0～1GHz频率范围的电磁发射，引起对频率范围在56～216MHz电视的干扰，即被称为电视干扰。如上所述，术语"干扰"应严格用于表征对设备运行效果的影响，但由于历史原因，通常在电晕文献中仍习惯用通用术语"电磁干扰"和专业术语"无线电干扰"、"电视干扰"来表示噪声和电磁骚扰，本书沿用了这一习惯。

本章将讨论输电线路电磁干扰的产生和传播以及无线电干扰和电视干扰计算方法，而其测量和试验方面的内容将在第8章进行讨论。无线电接收机的敏感度、电磁兼容性和无线电干扰的规范等将在第9章叙述。

4.1.2 物理描述

电晕沿输电线路导线随机分布。在好天气条件下，仅有少数电晕源出现，且彼此之间间隔较远的距离。而在诸如雨雪等坏天气条件下，导线上出现大量的电晕源，彼此相距较近。坏天气下的电晕强度通常较高。

导线上每一个电晕点的电晕放电均以第2章中所描述的不同电晕形式为特征。正常运行的实际输电线路的导线表面电位梯度在起晕电位梯度以下，特里切赫脉冲和起始流注模式的电晕在电压的负半周和正半周期间轮流出现。这两种模式的电晕均产生具有快速上升和短持续时间的脉冲电流，负极性电晕电流较正极性电晕电流具有更快的上升时间和更短的持续时间，而正极性脉冲电流的幅值通常比负极性的高得多。这些特性导致正极性电晕为输电线路无线电干扰的主要源头，负极性电晕可能在较高频段起作用，对产生电视干扰有一点作用。

每一个电晕源作为一个电流源，向导线注入随机电流脉冲串。注入的电流脉冲分成两个部分，每一个部分具有原脉冲一半的幅值，沿导线向相反的方向运动，如图2-32所示。在其传播过程中，两个方向的脉冲均会被畸变、衰减，直到在距离注入点一个特定距离处消失。这样，仅能在一个有限的范围内观察到每一个电晕源的影响，这取决于输电线路的衰减特性。因此，在导线任意给定的位置上，电流是由沿导线分布的不同电晕源产生的电流脉冲的合成，这些电晕源具有随机变化的幅值，并随时间随机分布，沿两个方向传播。而更加复杂的情形是，在一个多导线的线路的一相导线上的电晕，会在所有其他导线上感应出电流脉冲。处于较近距离的不同线路的相导线，也会增加沿线路电晕电流和与之相关的电压的电磁耦合和传播。

由输电线路电晕产生的高频电流，其产生和传输的理论分析非常复杂，需要应用较多的数学方法，在后续各节中，将讨论用于分析输电线路电晕产生的电磁干扰的方法和工具。

4.2 电晕脉冲的频域分析

对具有随机变化的脉冲幅值和脉冲间隔时间的电流脉冲串传播的时域分析，在数学上是可行的，但其过程是极其复杂和麻烦的。而在频域进行这样的分析却简单得多。在进行输电线路的电磁干扰传播特性的分析和计算之前，先介绍一些基本定义和工具。

第 2 章中描述了间隙放电和电晕放电产生脉冲电流的一些大概的特性。尽管定义正负电晕和间隙放电产生的脉冲波形的参数差异较大，但电流脉冲的基本波形与图 2-17 所示的类似。表 4-1 给出了定义不同脉冲的主要参数。

表 4-1　　　　　　　定义电晕和间隙放电产生的电流脉冲的主要参数

脉冲类型	幅值（mA）	上升时间（ns）	持续时间（ns）	重复率（p/s）
正极性电晕	10～50	50	250	$10^3 \sim 5 \times 10^3$
负极性电晕	1～10	10	100	$10^4 \sim 10^5$
间隙放电	500～2000	1	5	$10^3 \sim 5 \times 10^3$

在时域中，与图 2-17 所示波形相似的脉冲可表示为双指数形式，即

$$i(t) = K i_p (\mathrm{e}^{-\alpha t} - \mathrm{e}^{-\beta t}), \quad t \geqslant 0 \tag{4-1}$$

式中：i_p 为电流幅值，mA；K，α 和 β 为由波形信息确定的经验参数。例如，由正、负晕和间隙放电产生的典型电流波形可定义为

正电晕电流脉冲波形：$i(t) = 2.335 i_p (\mathrm{e}^{-0.01t} - \mathrm{e}^{-0.0345t})$

负电晕电流脉冲波形：$i(t) = 1.3 i_p (\mathrm{e}^{-0.019t} - \mathrm{e}^{-0.0258t})$ $\qquad$ (4-2)

间隙放电电流脉冲波形：$i(t) = 2.334 i_p (\mathrm{e}^{-0.51t} - \mathrm{e}^{-1.76t})$

式中，t 的单位为 ns。

4.2.1 电晕脉冲的傅里叶分析

任意脉冲的时域和频域表达式可通过傅里叶变换表示为

$$F(\omega) = \int_{-\infty}^{\infty} f(t) \mathrm{e}^{-j\omega t} \, \mathrm{d}t \tag{4-3}$$

$$f(t) = \frac{1}{2\pi} \int_{-\infty}^{\infty} F(\omega) \mathrm{e}^{j\omega t} \, \mathrm{d}\omega \tag{4-4}$$

式中：ω 为角频率；f 为频率，$\omega = 2\pi f$。通常，$F(\omega)$ 为复变量的函数。对于实函数 $f(t)$，有 $F(\omega) = F^*(\omega)$，其中，$*$ 表示复共轭。此时，$f(t)$ 简化为

$$f(t) = \frac{1}{\pi} \int_{-\infty}^{\infty} |F(\omega)| \cos[\omega t + \alpha(\omega)] \mathrm{d}\omega \tag{4-5}$$

式中：$|F(\omega)|$ 为 $F(\omega)$ 的幅值；$\alpha(\omega)$ 为角频率 ω 下的相角。

对于式（4-1）定义的电晕电流脉冲，通过傅里叶变换可得到其频域的表达式，即

$$F(\omega) = \int_{-\infty}^{\infty} f(t)\mathrm{e}^{-j\omega t}\,\mathrm{d}t = \int_{-\infty}^{\infty} Ki_p[\mathrm{e}^{-\alpha t} - \mathrm{e}^{-\beta t}]\mathrm{e}^{-j\omega t}\,\mathrm{d}t = Ki_p \frac{\beta - \alpha}{(\alpha + j\omega)(\beta + j\omega)} \quad (4\text{-}6)$$

于是，可得到频谱的幅值$|F(\omega)|$，即

$$|F(\omega)| = Ki_p \frac{\beta - \alpha}{\sqrt{(\alpha^2 + \omega^2)(\beta^2 + \omega^2)}} \quad (4\text{-}7)$$

对于式（4-2）所给出的脉冲波形，根据表（4-1）所列正、负电晕和间隙放电，分别取 20mA、5mA 和 750mA 的典型幅值，通过式（4-7）计算其频谱，$|F(\omega)|$是脉冲幅值和持续时间的函数，最大值出现在 $\omega=0$ 处。这在图 4-1 中可以清楚地看出，幅值为 20mA、持续时间几百纳秒的正电晕脉冲电流，在 $\omega=0$ 处与 750mA 幅值、持续时间只有几纳秒的间隙放电，$|F(\omega)|$具有相近的幅值。仔细分析式（4-7），可获得脉冲频谱的更多信息。变量$|F(\omega)|$作为 ω 的函数，可在不同区域分别考虑如下

$$|F(\omega)| = Ki_p \frac{\beta - \alpha}{\alpha\beta}, \quad \omega \ll \alpha, \beta \quad (4\text{-}8)$$

$$|F(\omega)| = Ki_p \frac{\beta - \alpha}{\sqrt{2}\beta\omega}, \quad \omega = \alpha, \omega \ll \beta \quad (4\text{-}9)$$

$$|F(\omega)| = Ki_p \frac{\beta - \alpha}{\sqrt{2}\omega^2}, \quad \omega \gg \alpha, \omega = \beta \quad (4\text{-}10)$$

$$|F(\omega)| = Ki_p \frac{\beta - \alpha}{\omega^2}, \quad \omega \gg \alpha, \beta \quad (4\text{-}11)$$

由式（4-8）给出的$|F(\omega)|$在包括 0 的低频段的值，实际上等于对式（4-1）给出的脉冲波形在积分限 0 和∞之间的积分。随着 ω 的增加，频谱的幅值仍保持在这个数值，直到 ω 接近 α，然后，幅值开始如式（4-9）所示，几乎按照角频率 ω 的反比减小。第二个临界点发生在 $\omega=\beta$ 处，随后，幅值$|F(\omega)|$开始按照 ω^2 的反比减小。在高频段，如式（4-11）所示，幅值按照 ω^2 的反比减小。这样，定义脉冲波形的常数 α、β，也同样确定了频谱的转折点。对于式（4-2）所定义的不同脉冲波形，可得到其临界频点 $f_\alpha = \alpha/2\pi$，$f_\beta = \beta/2\pi$，即

正电晕脉冲电流：

$f_\alpha = 1.59\text{MHz}$，$f_\beta = 5.49\text{MHz}$

负电晕脉冲电流：

$f_\alpha = 3.02\text{MHz}$，$f_\beta = 45.36\text{MHz}$

间隙放电脉冲电流：

$f_\alpha = 81\text{MHz}$，$f_\beta = 280\text{MHz}$

在调幅广播这样的低频段，正极性脉冲是主要的电磁干扰源。如图 4-1 所示，由负极性电晕在低频段产生的电磁干扰较正极性几乎低

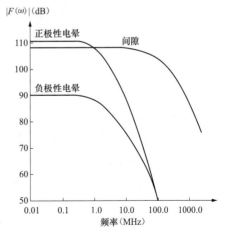

图 4-1　电晕和间隙放电脉冲的频谱

20dB。频率大约高于 50MHz 后，由负极性电晕产生的电磁干扰超过由正极性电晕产生的。电视频段的电磁干扰主要根源是间隙放电，而不是正极性或负极性电晕。

如果电晕源产生周期性的脉冲串，则可得到脉冲的频谱为

$$G(\omega) = \frac{2\pi}{T} \sum_{-\infty}^{\infty} F(n\omega) \cdot \delta(\omega - n\omega_0) \qquad (4-12)$$

式中：$F(\omega)$ 为单个脉冲信号的频谱；T 为脉冲重复的周期；ω_0 为周期性脉冲串的角频率，且 $\omega_0 = 2\pi/T$（通常假定周期 T 比脉冲持续时间大得多，以保证脉冲之间不重叠）；n 为谐波阶数；$\delta(\omega - n\omega_0)$ 为 δ 函数。该函数具有如下的特性 $\delta(x-y)=1$，$x=y$；$\delta(x-y)=0$，$x \neq y$。

应该注意的是，单个脉冲变换为连续的频谱，而周期性的脉冲则变换为离散的频谱。

以上所述的傅里叶分析，将输电线路导线电晕产生的脉冲串的传播和产生电磁干扰的确定简化到一定的程度。然而在实际的输电线路上，电晕源产生的是脉冲幅值和持续时间均为随机变量的随机脉冲，而不是周期性的脉冲串。直流电晕产生连续脉冲串，而交流电晕产生几乎所有的周期性脉冲群的随机脉冲，如图 4-3 所示。在交流电晕中，在交流电压正、负峰值附近的 T_{c+}、T_{c-} 时间间隔内产生正极性脉冲和负极性脉冲。在这两种情况下，正极性脉冲是主要的电磁干扰源。脉冲的幅值服从正态分布而间隔时间服从指数分布。对于此类脉冲的分析最好采用功率谱密度的方法。

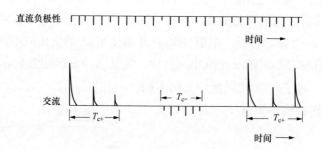

图 4-2 交流和直流电晕产生的脉冲群

4.2.2 功率谱密度

诸如电晕或间隙放电产生的随机信号最好的频谱表达方法是功率谱密度，它是与信号均方根值而不是瞬时幅值有关的量。以下给出与功率谱密度相关的概念和定义。

考虑随机变量 $f(t)$，信号的平均功率为

$$P = \lim_{T \to \infty} \frac{1}{T} \int_{-T/2}^{T/2} f^2(t) \, dt \qquad (4-13)$$

$|t| > T/2$ 之外的区域截断，由此得到的信号 $f_T(t)$ 的傅里叶变换定义为 $F_T(\omega)$。

信号 $f_T(t)$ 的能量 E_T 为

$$E_T = \int_{-\infty}^{\infty} f_T^2(t)\mathrm{d}t \qquad (4\text{-}14)$$

由帕塞瓦尔定理可知

$$E_T = \int_{-\infty}^{\infty} f_T^2(t)\mathrm{d}t = \frac{1}{2\pi}\int_{-\infty}^{\infty} \mid F_T(\omega) \mid^2 \mathrm{d}\omega \qquad (4\text{-}15)$$

但是，依照定义有

$$\int_{-\infty}^{\infty} f_T^2(t)\mathrm{d}t = \int_{-T/2}^{T/2} f^2(t)\mathrm{d}t \qquad (4\text{-}16)$$

将式（4-15）和式（4-16）带入式（4-13），可得平均功率为

$$P = \mathop{\mathrm{Lim}}_{T\to\infty} \frac{1}{T} \int_{-T/2}^{T/2} f^2(t)\mathrm{d}t = \frac{1}{2\pi}\int_{-\infty}^{\infty} \mathop{\mathrm{Lim}}_{T\to\infty} \frac{\mid F_T(\omega) \mid^2}{T} \mathrm{d}\omega \qquad (4\text{-}17)$$

在式（4-17）可以看出，随着 T 的增大，信号 $f_T(t)$ 的能量 $\mid F_T(\omega) \mid^2$ 也增加。在 $T\to\infty$ 的极限过程中，数值 $\mid F_T(\omega) \mid^2/T$ 将逼近一个极限。假定这个极限存在，则信号 $f_T(t)$ 的功率密度谱 $\Phi(\omega)$ 定义为

$$\Phi(\omega) = \mathop{\mathrm{Lim}}_{T\to\infty} \frac{\mid F_T(\omega) \mid^2}{T} \qquad (4\text{-}18)$$

从而得出信号的平均功率 P 为

$$P = \overline{f^2(t)} = \mathop{\mathrm{Lim}}_{T\to\infty} \frac{1}{T} \int_{-T/2}^{T/2} f^2(t)\mathrm{d}t = \frac{1}{2\pi}\int_{-\infty}^{\infty} \Phi(\omega)\mathrm{d}\omega = \int_{-\infty}^{\infty} \Phi(f)\mathrm{d}f \qquad (4\text{-}19)$$

式中，$\omega = 2\pi f$。应该指出的是，因为 $\mid F_T(\omega) \mid^2 = F_T(\omega)F_T^*(\omega) = F_T(\omega)F_T(-\omega)$，所以，$\Phi(\omega)$ 是 ω 的偶函数。式（4-19）可改写为

$$P = \overline{f^2(t)} \frac{1}{\pi}\int_{0}^{\infty} \Phi(\omega)\mathrm{d}\omega = 2\int_{0}^{\infty} \Phi(f)\mathrm{d}f \qquad (4\text{-}20)$$

从式（4-18）可以看出，功率密度谱只保留了频谱 $F_T(\omega)$ 的幅值信息，而相位信息则丢失了。式（4-20）中的 $\Phi(f)$ 定义为功率谱密度，它清晰地表示了信号 $f(t)$ 在频率 f 处的平均功率。

下面给出了后续章节将要用到的功率密度谱的一些特性：

（1）具有功率谱密度 $\Phi_i(\omega)$ 的随机信号 $f_i(t)$，通过由传递函数 $H(\omega)$ 定义的线性滤波器，则合成输出信号的功率谱密度 $\Phi_0(\omega)$ 定义为

$$\Phi_0(\omega) = \mid H(\omega) \mid^2 \Phi_i(\omega) \qquad (4\text{-}21)$$

（2）具有功率谱密度 $\Phi_1(\omega)$，$\Phi_2(\omega)$，$\cdots$，$\Phi_n(\omega)$ 的若干个随机信号 $f_1(t)$，$f_2(t)$，$\cdots$，$f_n(t)$，通过由传递函数 $H(\omega)$ 定义的线性滤波器，则合成的输出信号的功率谱密度 $\Phi_0(\omega)$ 定义为

$$\Phi_0(\omega) = \sum_{i=1}^{n} \mid H(\omega) \mid^2 \Phi_i(\omega) \qquad (4\text{-}22)$$

（3）具有功率谱密度 $\Phi_i(\omega)$ 的随机信号 $f_i(t)$，通过具有单位增益、通带宽度为 Δf，调谐频率为 f_0 的理想带通滤波器，则合成输出信号的均方根值 U_{rms} 为

$$U_{\text{rms}} = \sqrt{2\overline{\Phi_i(f_0)\Delta f}} \qquad (4\text{-}23)$$

式中：$\Phi_i(f_0)$ 表示输入信号在调谐频率 f_0 处的功率谱密度。

上述特性（3）和式（4-23）提供了一个利用具有测量均方根值能力的无线电干扰测量仪测量随机信号功率谱密度的方法。

4.3 无线电干扰激发函数

输电线路附近的无线电干扰水平主要取决于两个因素：①导线电晕的产生；②线路上电晕电流的传播。

对电晕产生正确的定性可以极大地简化传播的分析。从理论和实践的角度看，通过这样一个物理量来定性电晕的产生是有益的，即考虑了电晕电流的天然随机性和脉冲性的物理量，这个量仅取决于导线附近的空间电荷和电场分布，与导线或线路的实际结构无关。

英国人亚当斯推荐了这样的一个量，他定义了在传播分析中使用的产生函数的谱密度。随后，法国人加里精练了亚当斯的推荐，提出了激发函数的概念，它可以通过试验测量，并在实际线路结构的传播分析中使用。以下给出单导线和分裂导线结构的激发函数的推导过程。

对于地面上一根圆导体构成的单导线输电线路，如图 2-18 所示，电晕产生的电荷在导体附近的运动，由此在导体内感应出电流，感应电流可由肖克利—拉姆定理计算，如同在 2.4 节所述，电流为

$$i = \rho \cdot \frac{C}{2\pi\varepsilon_0} \cdot \frac{1}{r} \cdot v_r \qquad (4\text{-}24)$$

式中：C 为单位长度的导体电容；r 为电荷 ρ 所处位置的径向距离；v_r 为其径向速度。

式（4-24）可重新表示为

$$i = \frac{C}{2\pi\varepsilon_0}\left(\frac{\rho}{r}v_r\right) = \frac{C}{2\pi\varepsilon_0}\Gamma \qquad (4\text{-}25)$$

在式（4-25）中，变量 $\Gamma = \dfrac{\rho}{r} \cdot v_r$，是一个仅与导线附近空间电荷运动有关的函数。因此，导体中的感应电流可只考虑两个方面的影响因素：①导线的电容，仅由导线结构决定；②导线附近的空间电荷的密度和运动，仅由导线附近的电场分布决定。

把式（4-25）中的变量 Γ 定义为激发函数。在讨论无线电干扰的产生时，I 为导线中感应出的随机电流脉冲串，或者，在频域中为给定频率的电流有效值，它可由无线电干扰测量仪依据式（4-23）进行测量。因而，激发函数 Γ 可用频谱密度的形式表示。无

线电干扰激发函数概念的主要优点在于它与导线或线路的几何尺寸无关。这样，可以通过在诸如同心圆柱形电晕笼中对简单几何结构测量 Γ，用于预测实际线路结构的无线电干扰特性。

在多导线结构情形中，如图 2-19 所示，导线 k 上的电晕放电，不仅在导线 k 自身，而且在整个线路结构中其他所有的导线中感应出电流来，由于其附近的电晕在导体 k 内产生的感应电流可由肖克利—拉姆定理计算，设定 $U_k = 1.0$，$U_j = 0$，且 $j \neq k$，则导体上的电荷可表示为

$$
\begin{bmatrix} q_1 \\ q_2 \\ \vdots \\ q_k \\ \vdots \\ q_n \end{bmatrix} = \begin{bmatrix} C_{11} C_{12} \cdots C_{1k} \cdots C_{1n} \\ C_{21} C_{22} \cdots C_{2k} \cdots C_{2n} \\ \cdots \\ \cdots \\ C_{k1} C_{k2} \cdots C_{kk} \cdots C_{kn} \\ C_{n1} C_{n2} \cdots C_{nk} \cdots C_{nn} \end{bmatrix} \cdot \begin{bmatrix} 0 \\ 0 \\ \vdots \\ 1.0 \\ \vdots \\ 0 \end{bmatrix} \tag{4-26}
$$

式中：C_{jk} 为导线 j、k 之间的电容。

由式（4-26）可得

$$
q_j = C_{jk}, \quad j = 1, 2, \cdots, n \tag{4-27}
$$

在导线 k 附近，距离圆心径向距离 r，电晕产生的电荷 ρ 所处的位置的电场强度为

$$
E(r) \approx \frac{q_k}{2\pi\varepsilon_0} \cdot \frac{1}{r} = \frac{C_{kk}}{2\pi\varepsilon_0} \cdot \frac{1}{r} \tag{4-28}
$$

利用式（4-28）计算电场 $E(r)$ 时，忽略了导线 k 以外的其他导线的电荷的影响。如果电荷的以径向速度 v_r 运动，则在导体 k 内产生的感应电流为

$$
i_k = E(r) \cdot \rho \cdot v_r = \frac{C_{kk}}{2\pi\varepsilon_0} \cdot \frac{\rho}{r} \cdot v_r
$$

式中 $\frac{\rho}{r} \cdot v_r$ 项表示因导线 k 电晕的激发函数 Γ_k，所以

$$
i_k = \frac{C_{kk}}{2\pi\varepsilon_0} \Gamma_k \tag{4-29}
$$

相似地，因导线 k 上的电晕而在导线 j 中产生的感应电流可由下式得到

$$
i_j = \frac{C_{kj}}{2\pi\varepsilon_0} \Gamma_k \tag{4-30}
$$

将式（4-29）和式（4-30）通用化，得

$$
[i] = \frac{1}{2\pi\varepsilon_0} [C]^{\mathrm{T}} [\Gamma]
$$

式中：$[i]$ 为线路 n 根导线中的感应电流的列向量；$[C]^{\mathrm{T}}$ 为线路电容矩阵的转置；$[\Gamma]$ 为激发函数的列向量；而 $[C]^{\mathrm{T}} = [C]$，于是

$$
[i] = \frac{1}{2\pi\varepsilon_0} [C] [\Gamma] \tag{4-31}
$$

在无线电干扰传播分析中，通常每次只考虑一根导线，即 $\Gamma_j = \Gamma_k$，$j = k$；$\Gamma_j = 0$，

$j \neq k$。

4.4 传播分析

传播分析的目的是确定沿线路不同点因导线上产生电晕引起的电流和电压，并最后计算线路附近由此引起的电场和磁场。如在 1.3 节所述，为计算电场和磁场，需要采用合适的线路电磁模型。在所有模型中，电晕将由激发函数表示，在多数情况下，传播分析采用式（1-22）和式（1-23）表示的频域线路模型。更为精确的计算应直接采用麦克斯韦方程，这将在稍后阐述。

在单导线的传播分析表达式之后，本节将讨论采用简化的多导线线路模型分析。还将讨论基于传输线模型和麦克斯韦方程的更为精确的分析方法。

4.4.1 单导线线路

考虑单位长度的电晕电流注入量均为 J 的无限长单导线输电线路。对于单位长度的线路等效电路（见图 4-3），从考虑图 4-3 所示的电压和电流的角度，可得到如下微分方程

$$\frac{\mathrm{d}U}{\mathrm{d}x} = -zI \tag{4-32}$$

$$\frac{\mathrm{d}I}{\mathrm{d}x} = -yV + J \tag{4-33}$$

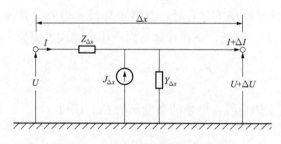

图 4-3 单位长度线路的等效电路

由于电晕电流以脉冲串的形式注入导线，因而 J、I 和 U 为给定频率的均方根值。参数 z、y 分别为单位长度线路相同频率下的串联电抗和并联导纳。从基本的传输线理论可知，$Z_c = \sqrt{\frac{z}{y}}$ 为线路的特征阻抗，$\gamma = \sqrt{zy} = \alpha + \mathrm{j}\beta$ 为线路的传播系数。α 为衰减常数，而 β 为相位常数。衰减常数 α 的单位为奈培每米，即 Np/m；而相位常数 β 的单位为弧度每米，即 rad/m（实际上弧度没有单位）。通常用 dB 表示 α 较为方便。若信号 S_0 在距离 x 上衰减为 S，则

$$S = S_0 \mathrm{e}^{-\alpha x} \quad \text{或} \quad \alpha = \frac{1}{x}\ln\frac{S_0}{S} \tag{4-34}$$

式（4-34）中，α 的单位为奈培每米，它也可以表示为分贝每单位长度，即 $\alpha(\mathrm{dB}) =$

$\frac{1}{x}20\lg\frac{S_0}{S}$。而 $20\lg\frac{S_0}{S}=20\lg e^{\alpha}=\alpha20\lg e=8.69\alpha$，所以

$$\alpha(\mathrm{dB/m})=8.69\alpha(\mathrm{Np/m}) \tag{4-35}$$

输电线路的串联阻抗由电阻和感抗组成，可表示为 $z=r+\mathrm{j}\omega L$，式中，r 为线路单位长度的电阻，L 为线路单位长度的电感，ω 为电压和电流的角频率。r 和 L 的数值取决于线路的导线中、大地中，以及线路的地线中的电流的形式。这些将在随后讨论。并联导纳可表示为 $y=g+\mathrm{j}\omega C$，式中，g 为单位长度线路的导纳，C 为单位长度线路的电容。导纳项 g 仅在有泄漏电流流过空气绝缘或绝缘子表面时出现，而在实际线路中，这两种泄漏电流均可以忽略不计，因而可假定 $g=0$。同样，对于实际线路，$r\ll\omega L$，在这些条件下，线路的特征阻抗为

$$Z_{\mathrm{c}}=\sqrt{z/y}=\sqrt{\frac{r+\mathrm{j}\omega L}{\mathrm{j}\omega C}}\approx\sqrt{\frac{L}{C}} \tag{4-36}$$

电磁能量的传播速度为

$$v=\frac{1}{\sqrt{z/y}}\approx\frac{1}{\sqrt{LC}} \tag{4-37}$$

传播常数 γ 为

$$\gamma=\alpha+\mathrm{j}\beta=\sqrt{z/y}=\sqrt{(r+\mathrm{j}\omega L)\cdot\mathrm{j}\omega C}\approx\frac{r}{2Z_{\mathrm{c}}}+\mathrm{j}\frac{\omega}{v}$$

即

$$\alpha=\frac{r}{2Z_{\mathrm{c}}},\quad\beta=\frac{\omega}{v} \tag{4-38}$$

角频率为 ω 的正弦电流 $i_0(\omega)$ 注入线路的某特定点后，如图 4-4 所示平分（假定线路在注入点两侧无限延伸）且向两个方向传播。则在注入点两侧距离 x 处的电流 $i_x(\omega)$ 为

$$i_x(\omega)=\frac{1}{2}i_0(\omega)\mathrm{e}^{-\gamma x} \tag{4-39}$$

这样可定义传输函数 $g(x,\omega)$，即

$$g(x,\omega)=\frac{i_x(\omega)}{i_0(\omega)}=\frac{1}{2}\mathrm{e}^{-\gamma x} \tag{4-40}$$

因为注入电流的随机特性，均匀的电晕产生可由具有单位长度频谱密度为 $\phi_0(\omega)$ 的注入电流来表示。依据图 4-5，在 x 点处的 $\Phi_0(\omega)\mathrm{d}x$ 的注入，在观察点 O 处产生的电流的频谱密度为

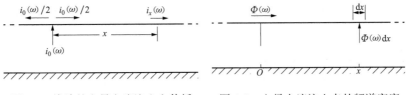

图 4-4　线路的电晕电流注入和传播　　图 4-5　电晕电流注入点的频谱密度

$$\Delta\Phi(\omega) = |\ g(x,\omega)\ |^2 \Phi_0(\omega) \cdot \mathrm{d}x = \frac{1}{4}\mathrm{e}^{-2\gamma x}\Phi_0(\omega) \cdot \mathrm{d}x \qquad (4\text{-}41)$$

则在图 4-5 中 O 点流过的总电流的频谱密度可通过在线路长度上的积分获得，即

$$\Phi(\omega) = \frac{\Phi_0(\omega)}{4}\int_{-\infty}^{\infty}\mathrm{e}^{-2\gamma x}\,\mathrm{d}x = \frac{\Phi_0(\omega)}{2}\int_{0}^{\infty}\mathrm{e}^{-2\gamma x}\,\mathrm{d}x = \frac{\Phi_0(\omega)}{4\alpha} \qquad (4\text{-}42)$$

式（4-42）的结果可以按照相应的电流 I、J 的方均根来表示，用无线电干扰测量仪测量得到，如式（4-43）所示，此式可与式（4-23）比较

$$I = \frac{J}{2\sqrt{\alpha}} \qquad (4\text{-}43)$$

这样，式（4-43）为微分方程组（4-32）和式（4-33）的必然解。上述得到的结果，尽管形式简单，但对多导线线路无线电干扰传播的分析具有重要意义。应该注意式（4-41）和式（4-42）中导线的电流频谱密度的单位是 A^2/m。因此注入电流 J 的单位为 $A/m^{\frac{1}{2}}$，而导体中电流的单位为 A。在实际输电线路的无线电干扰分析中，注入电流 J 和激发函数 Γ 的单位通常采用 $\mu A/m^{\frac{1}{2}}$，而电流单位则采用 μA。严格来讲，根据式（4-23）使用无线电干扰测量仪测得的激发函数 Γ，应按 $\mu A/m^{\frac{1}{2}}\,Hz^{\frac{1}{2}}$ 表示，以考虑仪器的带宽。然而，通常的做法是规定仪器的带宽而不再在 Γ 的单位中包含带宽。I、J 和 Γ 这三个量也经常以 dB 为单位来表示。以通用的参数 A 来表示为：$A(\mathrm{dB}) = 20\lg\dfrac{A}{A_r}$，式中 A_r 为参考值。这样，J 和 Γ 的参考值为 $1\mu A/m^{\frac{1}{2}}$，而 I 的参考值为 $1\mu A$。

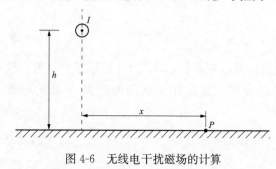

图 4-6　无线电干扰磁场的计算

在单导线传输线的传播分析中，最后一步由式（4-43）计算得到的是导线中的电流，以及由此在地面上产生的电场和磁场。如图 4-6 所示，假定大地为良导体，地面上任一点 P 的磁场由安培定律得

$$H_x = \frac{1}{2\pi} \cdot \frac{2h}{h^2 + x^2} \qquad (4\text{-}44)$$

式中：h 为导线的地面高度。假定电磁波传播的准 TEM 模式，如 1.3 节所表述，对应的电场为 $E_x = Z_0 H_x$。式中 Z_0 为自由空间的波阻抗。因 $Z_0 = \sqrt{\dfrac{\mu_0}{\varepsilon_0}} = 120\pi \approx 376.8$，所以电场为

$$E_x = 60 \cdot I \cdot \frac{2h}{h^2 + x^2} \qquad (4\text{-}45)$$

无线电干扰的电场 E_x 以单位 $\mu V/m$ 表示，或者用以 $1\mu V/m$ 为参考值的 dB 表示。上述所述计算方法的精度取决于两个因素：

（1）使用的衰减常数 α 数值的精度；

（2）假定电磁波传播的准 TEM 模式的准确性，即使用 $E_x = Z_0 H_x$ 的准确性。

为准确地确定衰减常数 α，就要考虑全部的损耗，包括导线中的集肤效应以及因有

限的电导率引起的大地的损耗。准 TEM 模式的假设，是采用传输线模型进行传播分析所必须要采用的，而基于麦克斯韦场方程的直接分析将不采用这一假设。

4.4.2 多导线线路的简化分析

实际多导线输电线路的传播分析是非常复杂的，因为它包含着求解形如式（4-31）和式（4-32）的多组互耦的微分方程。微分方程的组数与线路的导线数相同。为解决这个问题通常采用矩阵方法，以及自然模理论获得解耦方程组。以下对多导线输电线路进行简化的传播分析，这是基于假设：

（1）电晕产生的频谱密度沿导线均匀分布，输电线路的每一导线的频谱密度的幅值可以不同；

（2）采用无损传输线模型和自然模理论，根据已知的无线电干扰激发函数，计算不同导线的注入电晕电流分量；

（3）接着考虑因损耗而产生的衰减来计算导线中的电流分量；

（4）假定大地为良导体来计算地面的磁场，假定准 TEM 模式传播来得出相应的电场。

与式（4-32）和式（4-33）类似，对沿导线分布电晕放电的多导线输电线路，列出的无线电干扰传播方程可以写成矩阵形式，即

$$\frac{\mathrm{d}}{\mathrm{d}x}[U] = -[z][I] \tag{4-46}$$

$$\frac{\mathrm{d}}{\mathrm{d}x}[I] = -[y][U] + [J] \tag{4-47}$$

式中：$[U]$、$[I]$ 为输电线路上任一点 x 处的电压和电流列向量；$[J]$ 为注入导线的电晕电流密度的列向量，$[z]$、$[y]$ 为线路单位长度的串联电抗和并联导纳的矩阵。因为导线之间存在感抗和容抗耦合，阻抗和导纳矩阵由自阻抗或导纳和互阻抗或导纳组成，所以式（4-46）和式（4-47）表示 n 相导线输电线路上的 n 个电流和电压方程，这 n 个方程是互耦的，直接解这些方程组是极其困难的。

自然模态，或通常称为模分析的理论，用于把式（4-46）和式（4-47）简化为多个解耦的方程组，这样就可以像前述的单导线情况的那样求解这些方程组。因为分析的第一步假定是无损线路，阻抗和导纳矩阵均由无功元件组成，所以可采用实数矩阵而不是复数矩阵来分析。为简化分析，输电线路的几何矩阵表示为 $[G]$，其矩阵元素定义为

$$g_{ii} = \ln \frac{2h_i}{r_i}, \quad i = 1,2,\cdots,n; \quad g_{ij} = \ln \frac{D_{ij}}{d_{ij}}, \quad i = 1,2,\cdots,n, i \neq j \tag{4-48}$$

式中：h_i 为导线地面高度；r_i 为第 i 根导线的半径；d_{ij} 为第 i 根导线和第 j 根导线之间的距离；D_{ij} 为第 i 根导线和第 j 根导线的对地镜像导线之间的距离。阻抗和导纳矩阵因此可写为

$$[z] = \omega[L] = \frac{\omega\mu_0}{2\pi}[G] \tag{4-49}$$

$$[y] = \omega[C] = \omega \cdot 2\pi\varepsilon_0[G]^{-1} \tag{4-50}$$

式中：ω 为电压和电流的角频率；$[L]$、$[G]$ 为线路的电感和电容矩阵。同样，由

式（4-30）可得

$$[J] = \frac{1}{2\pi\varepsilon_0}[C][\Gamma] = [G]^{-1}[\Gamma] \tag{4-51}$$

式中：$[\Gamma]$ 为导线激发函数的列向量。

因为 4.2 节中所述正、负电晕脉冲的不同特性，在交流输电线路上，正半周期发生电晕为主要的无线电干扰源，而考虑到正极性电晕产生的无线电干扰不会在所有导线上同时发生，而是每次一根导线，彼此间隔几毫秒，所以，用于传播分析计算的激发函数列向量 $[\Gamma]$ 只有一个非零元素 Γ_i，i 是发生电晕的那根导线编号。在分析线路每一相电晕的导线后，适当的组合计算结果，可确定线路总体的无线电干扰特性。将式（4-49）～式（4-51）代入式（4-46）和式（4-47）得

$$\frac{\mathrm{d}}{\mathrm{d}x}[U] = -\frac{\omega\mu_0}{2\pi}[G][I] \tag{4-52}$$

$$\frac{\mathrm{d}}{\mathrm{d}x}[I] = -\omega \cdot 2\pi\varepsilon_0[G]^{-1}[U] + [G]^{-1}[\Gamma] \tag{4-53}$$

n 阶耦合方程组式（4-52）和式（4-53）通过模变换转换为 n 个去耦合的方程，这些方程可通过类似单导线的方法求解。假定 $[M]$ 为矩阵 $[G]$ 的模变换矩阵，即

$$[M]^{-1}[G][M] = [\lambda]_\mathrm{d}, \quad [M]^{-1}[G]^{-1}[M] = [\lambda]_\mathrm{d}^{-1} \tag{4-54}$$

式中：$[\lambda]_\mathrm{d}$ 为矩阵 $[G]$ 的对角谱矩阵，即该矩阵的对角线元素为 $[G]$ 的特征根。电压、电流和激发函数的模元素可按照 $[M]$ 阵的方式定义为

$$[U] = [M][V^m] \tag{4-55}$$

$$[I] = [M][I^m] \tag{4-56}$$

$$[J] = [M][J^m] \tag{4-57}$$

$$[\Gamma] = [M][\Gamma^m] \tag{4-58}$$

应对上述定义的模变换有一个清楚物理意义的理解。以电流为例，电流列向量 $[I]$ 表示注入线路 n 相导线的电流 I_1，I_2，$\cdots$，I_n，列向量 $[I^m]$ 表示 n 个虚构的模分量 I_1^m，I_2^m，$\cdots$，I_n^m，类似于三相电路分析中的系统分量。

这些量中的每一个模分量 $I_j^m (j=1, 2, 3, \cdots, n)$，可考虑为在线路中全部 n 相导线中流过的、其幅值由矩阵 $[M]$ 中第 j 列，或者第 j 个特征向量确定的。换言之，因模 j 引起的在导线中流过的电流分别为 $M_{1j}I_j^m$，$M_{2j}I_j^m$，$\cdots$，$M_{nj}I_j^m$。类似地，第 k 相导线中流过的全部电流为在该导线中流过的所有模电流之和即

$$I_k = M_{k1}I_1^m + M_{k2}I_2^m + \cdots + M_{kn}I_n^m$$

同样的解释可以应用于电压 $[U]$、注入电流 $[J]$ 和激发函数 $[\Gamma]$。

将式（4-55）～式（4-58）和式（4-51）代入式（4-52）和式（4-53），得

$$\frac{\mathrm{d}}{\mathrm{d}x}[M][U^m] = -\frac{\omega\mu_0}{2\pi}[G][M][I^m] \tag{4-59}$$

$$\frac{\mathrm{d}}{\mathrm{d}x}[M][I^m] = -\omega \cdot 2\pi\varepsilon_0[G]^{-1}[M][U^m] + [G]^{-1}[M][\Gamma^m] \tag{4-60}$$

整理得

$$\frac{\mathrm{d}}{\mathrm{d}x}[U^m] = -\frac{\omega\mu_0}{2\pi}[M]^{-1}[G][M][I^m] \tag{4-61}$$

$$\frac{\mathrm{d}}{\mathrm{d}x}[I^m] = -\omega \cdot 2\pi\varepsilon_0[M]^{-1}[G]^{-1}[M][U^m] + [M]^{-1}[G]^{-1}[M][\varGamma^m] \tag{4-62}$$

用式（4-53）对式（4-60）和式（4-61）进行简化，得

$$\frac{\mathrm{d}}{\mathrm{d}x}[U^m] = -\frac{\omega\mu_0}{2\pi}[\lambda]_\mathrm{d}[I^m] \tag{4-63}$$

$$\frac{\mathrm{d}}{\mathrm{d}x}[I^m] = -\omega \cdot 2\pi\varepsilon_0[\lambda]_\mathrm{d}^{-1}[U^m] + [\lambda]_\mathrm{d}^{-1}[\varGamma^m] \tag{4-64}$$

因 $[\lambda]_\mathrm{d}$ 和 $[\lambda]_\mathrm{d}^{-1}$ 为对角阵，式（4-63）和式（4-64）表示 n 个解耦的微分方程。以上叙述的模分析将 n 相导线的线路转换为 n 个各自独立的"等效单导线线路"。式（4-63）、式（4-64）与式（4-32）、式（4-33）在数学形式上相似，其主要的差别是，式（4-63）和式（4-64）每一个模表示的"等效单导线线路"，实际上由整个线路的 n 相导线共同作用组成。换言之，n 相导线对每一个模电压和模电流都有作用，其作用大小由 $[G]$ 的对角阵确定，这在后面的内容中会继续讨论。某特定模式的电压和电流的传播，在导线之间不存在多重耦合，所有导线同时发挥作用。

每一模式的传播由特征阻抗一个数值来确定，因为在这种简化分析中，将 z 的阻性分量忽略，所有模式的传播速度都相同，即为 $v = \dfrac{1}{\sqrt{\mu_0\varepsilon_0}}$。在更为精确的分析方法中，包含阻性分量的特征阻抗 z 将导致不同模式的传播速度不同。通过比较式（4-63）、式（4-64）与式（4-32）、式（4-33），可得线路的特征阻抗模的矩阵为

$$[z_c^m] = \sqrt{\frac{\omega\mu_0}{2\pi} \cdot \frac{1}{2\pi\omega\varepsilon_0}}[\lambda]_\mathrm{d} = \frac{1}{2\pi}\sqrt{\frac{\mu_0}{\varepsilon_0}}[\lambda]_\mathrm{d} = 60[\lambda]_\mathrm{d} \tag{4-65}$$

电晕注入电流的模分量是通过激发函数并利用式（4-51）和式（4-58）计算得到的，如

$$[J^m] = [M]^{-1}[G]^{-1}[\varGamma] \tag{4-66}$$

由式（5-43）类似地得到导线中的电流模分量，如

$$[I_m] = \begin{bmatrix} J_1^m/2\sqrt{\alpha_1} \\ J_2^m/2\sqrt{\alpha_2} \\ \vdots \\ J_n^m/2\sqrt{\alpha_n} \end{bmatrix} \tag{4-67}$$

式中：α_1、α_2，…，α_n 为模衰减常数。确定这些常数的方法将在之后讨论。

上述计算得到任一个模分量在线路所有导线中流过的电流。例如，由模 k 在线路所有导体中引起的电流可由式（4-56）决定，如

$$\begin{bmatrix} I_{1k} \\ I_{2k} \\ \vdots \\ I_{3k} \end{bmatrix} = \begin{bmatrix} M_{1k} \\ M_{2k} \\ \vdots \\ M_{3k} \end{bmatrix} I_k^m \tag{4-68}$$

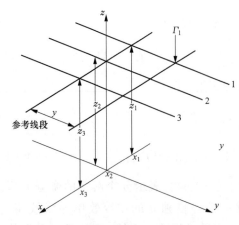

图 4-7 三相导线的线路计算示意图

知道由任意模式 k 引起的在线路各导线中流过的电流，对应于图 4-6，在任意一点 $p(x, 0)$ 处地面产生的相应的磁场的水平分量，以垂直于导线方向的 x 轴为参考，沿导线方向为 y 轴，垂直于地面为 z 轴（如图 4-7 所示）。类似式（4-44）可计算得到

$$H_k^m(x) = \sum_{i=1}^{n} F_i(x) I_{ik} \qquad (4\text{-}69)$$

式中：I_{ik} 为由式（4-68）计算得到的电流；$F_i(x)$ 为线路每一相导线的场系数。由于假定大地为良好导体，所以由安培定律可得场系数为

$$F_i(x) = \frac{1}{2\pi} \cdot \frac{2z_i}{z_i^2 + (x_i - x)^2} \qquad (4\text{-}70)$$

式中：(x_i, z_i) 为第 i 相导线的坐标。假定电磁波以准 TEM 方式传播，则相应的电场垂直分量可计算得到

$$E_k^m(x) = Z_0 H_k^m(x) \qquad (4\text{-}71)$$

式中，自由空间波阻抗为 $Z_0 = 120\pi\Omega$。

在确定每一模在 p 点的电场分量后，所有模的电场合成量可由式（4-72）确定，即

$$E(x) = \left[\sum_{i=1}^{n} \{E_i^m(x)\}^2 \right]^{\frac{1}{2}} \qquad (4\text{-}72)$$

假定所有模式的电流传播速度是相同的，并同时由此使得任一模电流均与其他所有模电流同相，则式（4-72）中模分量的均方根值相加是正确的。

式（4-66）～式（4-72）的计算，是对线路中的每一相导线的电晕进行的。在计算了因每一相导线电晕在 p 点产生的电场分量后，最后一步是将这些分量相加以得到由线路所有相导线电晕产生的无线电干扰场。当然，分量相加的方法取决于所使用的无线电干扰测量仪的自身特性。关于无线电干扰测量仪和测量方法的内容将在第 8 章讨论。如果仪器测量的是方均根值，则不同相导线电晕产生的场分量的频谱密度可直接相加。由此得到合成的场为各分量的有效值（方均根值）之和。而对于准峰值（quasi peek，QP）仪器的测量，用 dB 表示结果，各分量应采用所谓的"CISPR 加法"（CISPR 是国际无线电干扰特别委员会的缩写）。在这种方法中，如果某一相产生的场分量较其他相的分量大 3dB，则合成的场等于该相产生的最高场分量；否则，按下式计算

$$E_t = \left(\frac{E_1 + E_2}{2} \right) + 1.5 \qquad (4\text{-}73)$$

式中：E_t 为合成场；E_1、E_2 分别为第一、第二高的相分量，dB。

4.4.3 带有地线的线路

为防止直接雷击，输电线路需要采用架空地线。一般采用一或两根地线，在图 1-2 和图 1-3 所示的相导线上方对称布置，并与铁塔电气相连。在上述模传播分析中，地线

的出现一般只和其他导线一样考虑。除使相关矩阵增加一阶或二阶外，包括与杆塔相连的地线使得分析复杂。由于这个原因，采取以下的数学方法，以维持矩阵的阶数与导线相数相同，并确定等效阻抗和导纳矩阵。

如果输电线路有 n_c 相导线和 n_g 个地线组成，导、地线上的电压和导线中的电流由以下阻抗矩阵相关联

$$\begin{bmatrix} Z_{cc} & Z_{cg} \\ Z_{gc} & Z_{gg} \end{bmatrix} \begin{bmatrix} I_c \\ I_g \end{bmatrix} = \begin{bmatrix} V_c \\ 0 \end{bmatrix} \tag{4-74}$$

式中：Z_{cc}、Z_{gg} 分别为导线和地线自阻抗子矩阵；Z_{cg}、Z_{cg} 为导线和地线互阻抗子矩阵；I_c、I_g 分别为导线和地线的电流列向量；U_c 为导线电压列向量。地线电压假定为 0。式（4-74）可分解成以下两个联立矩阵方程

$$Z_{cc} I_c + Z_{cg} I_g = V_c \tag{4-75}$$

$$Z_{gc} I_c + Z_{gg} I_g = 0 \tag{4-76}$$

由式（4-76），I_g 可由 I_c 得到，即

$$I_g = - Z_{gg} Z_{gc} I_c \tag{4-77}$$

将式（4-77）代入式（4-75），得

$$[Z_{cc} - Z_{cg} Z_{gg}^{-1} Z_{gc}] I_c = V_c \tag{4-78}$$

由此可见，式（4-74）有（$n_c + n_g$）个联立方程，而式（4-78）减少到只有 n_c 个方程。简化系统的等效阻抗矩阵可由下式给出

$$Z_{eq} = Z_{cc} - Z_{cg} Z_{gg}^{-1} Z_{gc} \tag{4-79}$$

假定导纳矩阵仅由容抗构成，可采用相似的过程将其简化到 n_c 阶。对于无损传输线，简化矩阵 G 可用于 z 矩阵和 y 矩阵的计算。

4.4.4 模衰减常数

式（4-67）中的模衰减常数是用于因电晕电流 J_m 注入引起的导线电流 I_m。如果对包括复杂的阻抗、导纳和模转换矩阵的有损线路模型进行分析，模衰减常数将自动计算。这在后面将予以讨论。而对于这里给出的简化分析，模衰减常数必须通过计算或测试的方式单独获得。

电磁波经历的衰减是发生在线路上损耗的一个结果。实际上，在损耗仅由导线电阻引起的单导线线路情况下，衰减常数可由式（4-38）获得。而对于实际的多导线线路，确定损耗是一个较为复杂的过程。引起损耗的三个主要原因为：

（1）由电流流经导线的阻性材料引起的损耗；

（2）由电流流经通常比导线具有更高的电阻和磁导率材料构成的地线引起的损耗；

（3）由电流流过通常有均质或非均质层、具有变化的电阻、介电常数和磁导率的物质构成的大地引起的损耗。

任一特定传播模式的衰减常数 α_i（$i = 1, 2, \cdots, n$）都由三个分量组成，即

$$\alpha_i = \alpha_{ci} + \alpha_{gwi} + \alpha_{gi} \tag{4-80}$$

式中：α_{ci}、α_{gwi}、α_{gi} 分别表示模 i 的由导线、地线和大地引起的衰减常数。有研究

得出了考虑某些假设简化的、可计算这些不同分类的方法，这里给出结果

$$\alpha_{ci} = \frac{1}{4\pi n r Z_{ci}} \sqrt{\frac{\mu_c \pi f}{\sigma_c}} \tag{4-81}$$

式中：n 为相导线中的子导线数目；r 为子导线半径；Z_{ci} 为模 i 的特征阻抗；f 为频率；μ_c 和 σ_c 分别为导线材料的磁导率和电导率，通常 $\mu_c = \mu_0$，于是

$$\alpha_{gwi} = \frac{R_g}{2Z_{ci}} \sum_{i=1}^{n_g} I_{gi}^2 \tag{4-82}$$

式中：R_g 为频率 f 下的大地电阻；n_g 为地线根数；I_{gi} 为由式（4-77）计算出的地线中的电流。而大地引起的衰减系数为

$$\alpha_{gi} = \frac{1}{2Z_{ci}} \sqrt{\frac{\mu \pi f}{\sigma_s}} \int_{-\infty}^{\infty} \{H_i^m(x)\}^2 \,\mathrm{d}x \tag{4-83}$$

式中：σ_s 为假定均质土壤的电阻率；$H_i^m(x)$ 为由式（4-69）给出的模 i 下沿地面的磁场分量的分布。

由此看出，即便是衰减常数的一个近似计算都如此复杂。在法国、美国和加拿大，大量衰减常数的测量结果表明了与上述计算结果较为合理的一致性。测量结果还表明由一种线路结构到另外一种线路结构的变化并不会使得衰减常数发生明显的变化。表 4-2 列出了土壤电阻率为 $\rho_0 = 100\Omega \cdot \mathrm{m}$，频率为 $f_0 = 0.5\mathrm{MHz}$ 的三相水平和三角形导线结构线路的衰减常数的平均值。

对于其他频率 f 和土壤电阻率 ρ 情况下的衰减常数，以 Np/m 表示的衰减常数 α，可由因子 $\left(\dfrac{f}{f_0}\right)^{0.8}$ 和 $\left(\dfrac{\rho}{\rho_0}\right)^{\frac{1}{2}}$ 修正。

表 4-2　　　　　单回路平均模衰减常数（$\rho_0 = 100\Omega \cdot \mathrm{m}$，$f_0 = 0.5\mathrm{MHz}$）

模数 i	导线结构			
	水平		三角形	
	α_i (dB/km)	α_i ($\times 10^{-6}$Np/m)	α_i (dB/km)	α_i ($\times 10^{-6}$Np/m)
1	0.1	11.1	0.2	21.5
2	0.5	54	0.2	21.5
3	3	342	3	342

4.4.5　更精确的多导线线路的方法

上述用于多导线线路传播分析的简化方法所给出的结果总是不能很好地符合在实际线路的无线电干扰测试结果。主要差异在于测量与计算的无线电干扰横向衰减，特别是在距离线路较远的时候。引起差异的主要原因为假设：①对于磁场计算大地为良好导体；②传播的准 TEM 模式。

于是提出了基于传输线理论的更为精确方法，用于多导线线路的暂态和高频电压和电流的传播分析。这些方法考虑了复杂的导线串联电阻，包括在具有有限电阻率的大地中流动的任何电流。已有研究结果推荐了几种基于复杂矩阵运算的模分析的方法，专门用于评估线路的无线电干扰特性。以下给出其中的一种的方法。

式（4-46）和式（4-47）给出了包括导线电晕产生的电流的、多导线线路的给定频率下的电压和电流的传播的基本方程，即：$\frac{d}{dx}[U]=-[z][I]$；$\frac{d}{dx}[I]=-[y][U]+[J]$。

对于电压和电流的传播，可分别复制这些方程来构成以下的微分方程组

$$\frac{d^2}{dx^2}[U]=[z][y][I] \tag{4-84}$$

$$\frac{d^2}{dx^2}[I]=[y][z][U] \tag{4-85}$$

式（4-84）和式（4-85）表示 n 阶耦合微分方程，其求解过程通常使用自然模理论。

因为一般情况下有损线路的 $[y][z]\neq[z][y]$，需要单独的模变换矩阵 $[M]$ 和 $[N]$，而不是如同前一节所讲的无损线路的那样只需要一个模变换矩阵。电压和电流的模分量 $[U^m]$ 和 $[I^m]$ 表示为

$$[U]=[M][U^m] \tag{4-86}$$
$$[I]=[N][I^m] \tag{4-87}$$

将式（4-86）和式（4-87）代入式（4-84）和式（4-85），可得到以模分量表示的传播方程，即

$$\frac{d^2}{dx^2}[U^m]=[M]^{-1}[z][y][N][I^m] \tag{4-88}$$

$$\frac{d^2}{dx^2}[I^m]=[N]^{-1}[z][y][M][U^m] \tag{4-89}$$

式（4-88）和式（4-89）表示 n 阶解耦微分方程的条件是

$$[M]^{-1}[z][y][M][U^m]=[P^m]_d \tag{4-90}$$
$$[N]^{-1}[z][y][N][I^m]=[Q^m]_d \tag{4-91}$$

式中：$[P^m]_d$、$[Q^m]_d$ 为对角矩阵。

尽管模变换矩阵不同，但可以证明 $[P^m]_d$、$[Q^m]_d$ 是唯一的，可表示为

$$[P^m]_d=[Q^m]_d=[\gamma^2]_d \tag{4-92}$$

式中 $[\gamma^2]_d$ 为模传播系数的对角阵。每一种模的传播系数可以如同在单导线线路情况下那样用衰减常数和相位常数表示，即

$$\gamma_i=\alpha_i+j\beta_i \tag{4-93}$$

可以看出，尽管不同的模式下有不同的传播速度和不同的衰减常数，但在特定模下的电压和电流以相同的速度和衰减常数传播。模传播也可以用模特征阻抗矩阵来定义，即

$$[Z_c^m]_d=[\gamma]_d^{-1}[M]^{-1}[z][N] \tag{4-94}$$

分析的下一步是，对给定的无线电干扰激发函数确定线路所有导线中流过的电流。如同简化分析方法中的一样，在任一时刻只考虑一相导线上产生电晕。激发函数列向量

$[\Gamma]$ 中只有一个非零元素 Γ_i，i 为所考虑的电晕相的序号。用于注入电流 $[J]$ 的模变换矩阵与电流 $[I]$ 的一致，于是

$$[J] = [N][J^m] \tag{4-95}$$

如图 4-8 所示，线路因在 x 点处电晕电流注入 $[J_k^m(x)]$ 而在 O 点处产生的模电流列向量的第 k 个分量 $[i_k^m(x)]$ 是相关的，如图 4-8 所示，类似式（4-40）可表示为

$$[i_k^m(x)] = g_k^m(x)[J_k^m(x)] \tag{4-96}$$

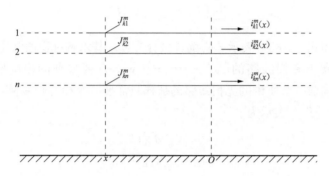

图 4-8   多导线线路的模式 k 的电晕电流注入和传播

式中：$g_k^m(x)$ 为模变换函数的对角矩阵 $[g_k^m(x)]_d$ 的第 k 个元素，对于无限长线路，其定义为

$$[g^m(x)]_d = \left[\frac{1}{2}\mathrm{e}^{-\gamma x}\right]_d \tag{4-97}$$

式中 γ 由式（4-92）和式（4-93）给出，为模传播系数。由式（4-87）、式（4-95）、式（4-96）和式（4-51），可得到以激发函数表示的导线电流，即

$$[i(x)] = [N][i^m(x)] = [N][g^m(x)]_d[N]^{-1}[G]^{-1}[\Gamma] \tag{4-98}$$

式（4-98）可简写为

$$[i(x)] = [T(x)][\Gamma] \tag{4-99}$$

$$[T(x)] = [N][g^m(x)]_d[N]^{-1}[G]^{-1} \tag{4-100}$$

应当指出，在这些公式中，$[\Gamma]$ 和 $[i(x)]$ 分别为相电流和激发函数的 n 维列向量，$[T(x)]$ 为 $n \times n$ 维矩阵算子。

现在只考虑在第 i 相导线上发生电晕，式（4-99）可简化为

$$[i_i(x)] = \Gamma_i \cdot [T_i(x)] \tag{4-101}$$

式（4-101）中，列向量 $[i_i(x)]$ 的元素 $i_{1i}(x)$，$i_{2i}(x)$，…，$i_{ni}(x)$ 表示因第 i 相导线上的激发函数 Γ_i 在线路所有 n 相导线上产生并流过的电流。类似的，$[T_i(x)]$ 的元素为 $[T_{1i}(x)]$，$[T_{2i}(x)]$，…，$[T_{ni}(x)]$。假定电晕沿第 i 相导线均匀分布，即，Γ_i 沿线路长度为常数，可得到导线中电流的频谱密度 $[\Phi_i]$ 为

$$[\Phi_i] = \Gamma_i^2[S_i] \tag{4-102}$$

式中：$[S_i]$ 为 $[S]$ 的矩阵的第 i 列。$[S]$ 的元素为

$$S_{ji} = \int_{-\infty}^{\infty} | T_{ji}(x) |^2 \mathrm{d}x = 2\int_0^{\infty} | T_{ji}(x) |^2 \mathrm{d}x \qquad (4\text{-}103)$$

第 j 相导线中的电流 I_{ji} 的有效值由谱密度 Φ_{ji} 给出：$I_{ji} = \sqrt{\Phi_{ji}}$。这样，求取矩阵 $[S]$ 的元素，引出所有导线中无线电干扰电流为

$$I_{ji} = \sqrt{S_{ji}} \cdot \Gamma_i \qquad (4\text{-}104)$$

为求得矩阵 $[S]$ 的元素 S_{ji}，为简化计，定义以下矩阵

$$[\Omega] = [N]^{-1}[G]^{-1} \qquad (4\text{-}105)$$

将式（4-105）代入式（4-100）得

$$[T(x)] = [N][g^m(x)]_{\mathrm{d}}[\Omega] \qquad (4\text{-}106)$$

因为式（4-106）的右边中间出现了对角矩阵，T 矩阵的元素的一般形式可写为

$$T_{ji} = \sum_{k=1}^{n} g_k^m(x) \cdot N_{jk} \Omega_{ki} \qquad (4\text{-}107)$$

式中，$g_k^m(x)$ 为模 k 下的变换函数。

为确定式（4-103）中矩阵 $[S]$ 的元素 S_{ji}，首先必须计算 $|T_{ji}(x)|^2$，然后求其积分。由式（4-97）给出的函数 $g_k^m(x)$ 和矩阵元素 N_{jk} 和 Ω_{ki} 均为带有实部和虚部的复变量和复数的函数。因此，$T_{ji}(x)$ 也是复变量的函数，且其积分中的模可表示为 $|T_{ji}(x)|^2 = T_{ji}(x) \cdot T_{ji}^*(x)$，这里 $T_{ji}^*(x)$ 表示 $T_{ji}(x)$ 的共轭。复变函数 $T_{ji}(x)$ 是已知的，而且所涉及的积分可通过分析法求得。但是所涉及的代数处理方法和积分的求解却是非常繁杂，这里不作赘述。经过冗长的计算，可得到矩阵 $[S]$ 的元素 S_{ji}，即

$$S_{ji} = \sum_{m=1}^{n} \frac{| N_{jm}\Omega_{mi} |^2}{4\alpha_m} + \sum_{k=1}^{n}\sum_{l=k+1}^{n} \{F(N\Omega_{kl})\} \cdot \frac{\alpha_k + \alpha_l}{(\alpha_k + \alpha_l)^2 + (\beta_k - \beta_l)^2} \qquad (4\text{-}108)$$

$$F(N\Omega_{kl}) = \mathrm{Re}(N_{jl}\Omega_{li})\mathrm{Re}(N_{jk}\Omega_{ki}) + \mathrm{Im}(N_{jk}\Omega_{ki})\mathrm{Im}(N_{jl}\Omega_{li}) \qquad (4\text{-}109)$$

将矩阵 $[S]$ 的元素 S_{ji} 代入式（4-104），通常在大多数情况下，在线路所有导线中流过的无线电干扰电流 I_{ji} 作为以激发函数 Γ_i 为特性的第 i 相导线电晕的结果。计算过程考虑了每种模下传播速度的影响，且因为矩阵 $[M]$ 和 $[N]$ 均为复数矩阵，它自动考虑了不同模电流在线路上传播时它们之间的相位差异。

知道了线路所有导线中流过的电流，可采用与式（4-70）相似的场因数来计算地面附近产生的场。然而，较为精确的地电流的表达式可以修正这些场参数。相关的电场分量是通过与简化分析相似的假定准-TEM 模式传播来计算的。对线路每一相导线的电晕进行重复计算，采用上述均方根值或 CISPR 加法来计算总的合成场。

除了上述复数矩阵的模分析之外，精确方法同时要求：

（1）考虑损耗串联复阻抗矩阵 $[z]$ 的计算；

（2）大地中感应电流的产生的磁场水平分量的计算。

两种计算都需要分析沿着在无损均质地面上方理想的圆柱形线路结构中高频电流的传播分析。卡松的经典复数分析给出了一种用于有损大地的矩阵 $[z]$ 的修正因子矩阵。

矩阵 $[z]$ 表示为四个矩阵之和，即

$$[z] = [R_c]_d + [R_g] + j\omega([L_0] + [L_g]) \tag{4-110}$$

式中：$[R_c]_d$ 为导线电阻的对角阵；$[R_g]$ 为反映大地损耗的自阻抗和互阻抗的矩阵；$[L_0]$ 为无损线路串联电抗矩阵，参见式（4-49）；$[L_g]$ 为反映大地损耗的自感抗和互感抗的矩阵。对于通常线路中采用的 n 分裂铝导线，其电阻可用类似推导 α_{ci} 的式（4-81）得到

$$R_{ci} = \frac{1}{2\pi nr} \sqrt{\frac{\mu \pi f}{\sigma_c}} \tag{4-111}$$

也可以用每一导线的直流电阻 R_{0i} 来表示，假定 $\mu = \mu_0$，则

$$R_{ci} = \sqrt{R_{0i} \cdot \pi f \cdot 10^{-7}} \tag{4-112}$$

$[R_g]$ 和 $[L_g]$ 矩阵完全是因为有限的大地电阻造成的，可以写为

$$[R_g] = \frac{\mu_0 \omega}{\pi} [P_c] \tag{4-113}$$

$$[L_g] = \frac{\mu_0}{\pi} [Q_c] \tag{4-114}$$

$[P_c]$ 和 $[Q_c]$ 的元素为卡松校正因子。

对具有有限电阻的大地中感应电流的磁场分量的计算，也需要求解定义在有损大地上传播的电磁场方程。考虑了将导线中流过的电流镜像，不是像对作为良导体的大地那样以大地平面作为镜像平面，而是以位于地面下的对称平面为镜像平面，因为磁场可以穿入导体表面。镜像平面在地面以下的深度取决于地电阻和电流的频率。这个平面位于地下的深度为

$$P = \sqrt{\frac{2}{\mu \omega \sigma_g}} \tag{4-115}$$

考虑这一对称平面，如图 4-9 所示，式（4-70）给出的场因数可改写为

$$F_i(x) = \frac{1}{2\pi} \cdot \left[\frac{z_i}{z_i^2 + (x_i - x)^2} + \frac{z_i + 2p}{(z_i + 2p)^2 + (x_i - x)^2} \right] \tag{4-116}$$

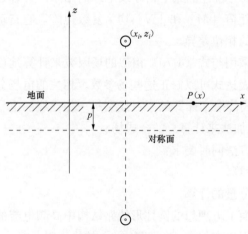

图 4-9　有损大地情况下的无线电干扰磁场的计算

上述传播分析的精确方法，实际上是对含有对本章前面给出的简化方法的有诸多改进。然而，它却受到传输线理论的内在限制，因为它是基于电路理论的。所涉及的假设，包括准 TEM 传播模式，可能引起较为显著的误差，尤其是在距离线路超过所考虑电流频率的 1/10 波长的地方。为了克服这些限制，有研究推荐了直接基于电磁场理论的更为精确的分析方法。采用这种方法计算线路导线和地中电流产生的电场和磁场分量，而不用使用准 TEM 模式的假设。该方法所涉及的数学方法非

常复杂，需要对电磁场理论有更深入的理解。

4.5 输电线路无线电干扰特性及影响因素

输电线路因导线电晕产生的无线电干扰，受到很多因素的影响，包括一些取决于线路设计自身的因素和诸如环境天气条件、大地电阻率等外部影响。所以合理确定输电线路的无线电干扰特性应考虑多方面的因素。对输电线路的无线电干扰特性的描述，一般包括频谱、横向分布和统计规律三个方面。

4.5.1 频谱特性

无线电干扰频谱描述了无线电干扰在频域的变化，在输电线路导线附近任一点处给定频率的无线电干扰的水平主要取决于导线中作为干扰源的电晕电流的脉冲波形，这已在 4.2 节讨论过，频谱如图 4-1 所示。电晕电流在线路导线中的传播和衰减也会影响无线电干扰的频谱特性。

（1）电晕电流脉冲。因电晕放电而在导线中产生的电流脉冲，表现出一种取决于脉冲形状的特殊的频谱。对于这种类型的放电，所测得的无线电干扰水平随频率增加而降低。在正极性放电起主要作用的调幅广播频率范围内，无线电干扰频谱与导线直径无关。

（2）沿线衰减。沿线路传播的无线电干扰水平衰减随频率增加而增加。这一作用之所以改变无线电干扰频谱是由于随频率增加而无线电干扰水平进一步降低。

通过实际测量得到的无线电干扰频谱通常是很不规则的，这是因为有如转角塔、终端塔或地面突然变化之类的不连续性引起驻波。此外，在测量过程中，无线电干扰也会产生变化。

采用"标准谱"有助于预测计算。经验表明，所有谱可分为两类：一类适用于水平导线布置，另一类适用于双回路以及三角形或垂直的导线布置。这两类谱之间的差别是由上述（2）提到的衰减现象造成的，无线电干扰传播根据线路类型稍有不同。然而，由于这一区别与这种计算的精确度相比并不是主要的，所以只提供一种用相对值表示的标准频谱，并取 0.5MHz 为参考频率。因为无线电干扰水平是对应于某种特定天气、线路边相导线外 20m（国外有标准定为 15m）处，采用准峰值检波器、在 0.5MHz 频率下测得的水平。

式（4-117）能很好地代表无线电干扰频谱

$$\Delta E = 5[1 - 2(\lg 10 f)^2] \tag{4-117}$$

式中：ΔE 为与参考频率 0.5MHz 时无线电干扰水平的偏差，dB；f 为给定频率的数值，MHz。式（4-117）对 0.15~4MHz 频段内是有效的。

应当指出，还有研究推导出了一些可得出同样结果的不同公式，比如在 20 世纪 80 年代，中国就有研究推荐如下形式的频谱公式：$\Delta E = 20 \lg \dfrac{1.5}{1 + f^{1.75}}$。但该式的 ΔE 是相对于 1MHz 的水平偏差，频率 f 仍然以 MHz 为单位。该式适用的频率范围可扩展到 10MHz，对比该式与式（4-117）的结果，排除基准频率的差距后，基本是一致的。而在高频段，无线电干扰频谱更难以预测。图 4-10 为输电线路无线电干扰"标准频谱"。

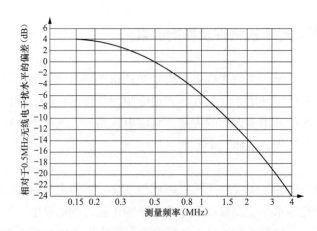

图 4-10　输电线路无线电干扰"标准频谱"

4.5.2　横向分布

横向是相对于线路走向而言的，横向分布即垂直于线路走向的截面分布。它表示的是无线电干扰水平随着与线路距离的增加而逐渐减少的情况。线路导线的实际几何布置，对从线下到边相外 20m 处之间无线电干扰水平横向分布的形状起着重要的作用。例如，单回线路的导线水平布置或垂直布置，其无线电干扰水平横向分布的形状就不同。

在一定距离内，离测量点最近处的线路导线高度对无线电干扰水平随距离减小的快慢有影响，线路导线高度越低，衰减越快。而在较远的地方，横向分布的形状就与线路的几何尺寸无关了。至于什么是"一定的距离"和"较远的地方"，则决定于测量的频率。无线电干扰横向衰减的速率是一个复杂的函数，与频率和离干扰源的距离均有关系。对于甚低频（very low frequency，VLF，3～30kHz）和低频（low frequency，LF，30～300kHz）频带来说，测量用天线会处在近场或感应场之内，无线电干扰的衰减速率为 $\frac{1}{R^2}$（R 为导线到天线的距离）。对于中频（middle frequency，MF，300～3000kHz）频带来说，随着天线逐渐远离线路，电晕脉冲形成的电场，逐渐由感应场向离导线径向距离达 $\frac{\lambda}{2\pi}$（λ 为波长，m）处的表面波场转变。表面波场的衰减速率为 $\frac{1}{R}$。频率在 3～30MHz 时，所产生的电场是表面波场和辐射场的组合。频率在 300MHz 以上时，其电场是直接波，但是，离导线很远处，又将是直接波和地面反射波的组合。

要通过测量获得实际线路无线电干扰横向分布，应选择在线路档距中央进行，这个档距应尽量接近该实际线路的平均档距。还应避开变电站、线路转角形成锐角处、附近有其他线路以及地面高低起伏变化太大处等。无线电干扰的横向分布可用直线距离 R 或水平距离 x 确定，由此约定如下：

（1）为了便于比较获取的无线电干扰横向分布，该分布应在距地面高度 2m 处，距离边相导线的 R 或 x 不超过 200m。超出了这一距离，线路的无线电干扰水平一般可忽略不计；按 CISPR 出版物规定进行测量的参考频率是 0.5MHz。

（2）横向分布图涉及直线距离 R，这个距离是离线路最近的导线到测量天线中心的距离。为了比较，认可不同线路的无线电干扰横向分布最终收敛在直线距离 R_0 为 20m 的参考距离（如图 4-11 所示）。

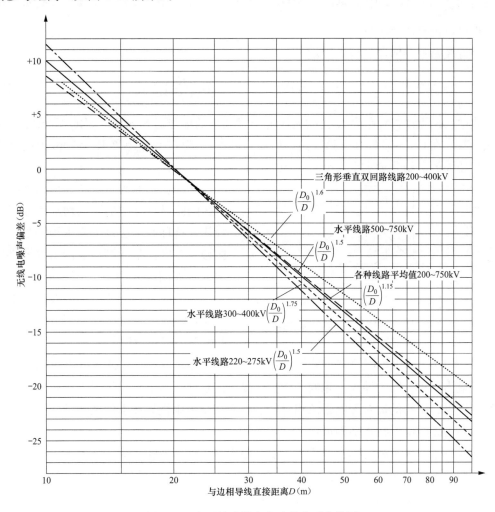

图 4-11　高压线路横向衰减的典型曲线图

（3）横向分布图涉及水平距离 x，这个距离是输电线路的最外侧子导线垂直投影到地面［参考点（x，y，z），即 x 为 0m，y 为测点沿着线路相对位于两塔之间的档距中央的距离，z 为 2m］。同样为了比较，认可不同线路的无线电干扰横向分布最终收敛在水平距离 x_0 为 15m 参考距离。

应当注意，不要混淆测量结果是测量于直接距离和/或水平距离的；当输电线路电压提高到 750kV 和特高压时，以上约定则不能适用了，因为线路导线的高度已超过了20m。

实测横向分布通常是不规则的，一方面是因为在进行一系列测量时无线电干扰不断波动，另一方面的原因则是有时避免不了的线路转角塔处或终端塔处，以及地形变化处等。

通过对大量的不同线路的测量，对横向分布图已有充分的试验经验，并形成经验公式可计算确认，如式（4-118）所示。但经过分析，横向分布的距离不宜超过100m（准确的是约$\frac{300}{2\pi f}$m处，其中f单位是MHz），横向距离超过100m后，无线电干扰水平通常低得难以进行可靠测量。

靠近线路处的横向衰减可表示为

$$E = f(R) = E_0 + 20k\lg\left(\frac{R_0}{R}\right) \tag{4-118}$$

式中：E为在直线距离R处的无线电干扰场强的电场分量水平，dB(μV/m)；k为衰减系数，在$0.5\sim1.6$MHz频段内，k为1.65；E_0为在参考距离$R_0=20$m处的无线电干扰场强的电场分量水平，dB(μV/m)。

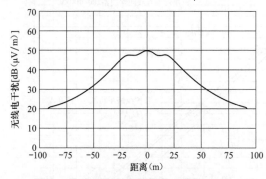

图4-12 无线电干扰典型的横向分布

横向分布的表示方法，说明无线电干扰随距最近导线的距离增加而递减的规律，这种表示法也可用来预测受干扰区域的宽度。某一频率下测得的典型横向分布如图4-12所示。图中横坐标0m表示线路的中相导线（中心线）对地垂直投影处。

4.5.3 统计规律

导线电晕产生的无线电干扰在大雨情况下最为严重，因为导线上布满了作为电晕源的水滴；在好天气情况下则较低，此时导线上昆虫、植物的颗粒等电晕源相对较少；而在暴风雨把导线上的杂物冲刷干净又变干之后，其无线电干扰水平则最低。

无线电干扰水平随时都在变化，主要是随天气条件而变化。天气条件从大雨到好天气，相应的无线电干扰水平的变化会高达$25\sim30$dB，甚至在某个特定的天气类别内（如好天气），只是因为电晕源的不时改变，无线电干扰水平的变化也会高达$10\sim15$dB，如图4-13所示。因此，只能用统计的手段，例如，用出现率的累计频度分布曲线，来描述无线电干扰的变化。这些曲线显示了低于某干扰水平的时间百分比。总体时间可以指所有的天气条件，也可以指某类特定的天气条件，像雨天、雪天或者好天气等。例如，说到无线电干扰雨天的95%水平，就意味着在整个下雨期间，有95%的时间，无线电干扰低于这个水平。

图1-9已表示了电晕效应的全天候统计分布曲线通常呈倒S形。各拐点分别是各天气条件出现的百分比的函数。倒S形曲线是好天气和坏天气（包括湿导线情况）两种状态下统计分布的总和。该全天候累积分布也可以认为是由两条正态分布曲线，即一条好天气的、一条坏天气的分布相组成的，倒S形曲线的拐弯处表示好天气和坏天气的转换。

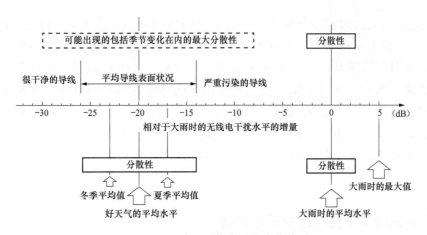

图 4-13　无线电干扰水平的变化范围

研究输电线路的无线电干扰水平的变化情况时，至少需要在一年时间里在线路附近的一个固定距离并以固定频率进行连续测量记录。按照统计方法来分析和以直方图的形式或按照累积分布来表示。累积分布表示该段时间内无线电干扰水平低于设定值的概率。

测量记录的无线电干扰水平产生变化的最主要原因：

（1）这种现象具有随机性质。

（2）在测量点和产生局部干扰的几十千米电力线路沿线一带气象条件的变化。

（3）导线表面情况的变化，如雨、雪和霜等，而且受到积灰、昆虫和其他杂物的影响。

在具有倒 S 形的全天候分布曲线上，通常定义以下几个特性水平：

（1）99％水平实际上就是线路上可能出现的最高水平。

（2）大雨时平均水平，最稳定且能重现，所以常选择大雨时平均水平作为计算无线电干扰的参考水平。一般认为每小时降雨量达 0.6mm 或以上时是大雨。实际上，大雨时平均水平为 95％水平，低于 99％水平约 5dB。

（3）好天气平均水平，对应于导线干燥条件，这在实际使用中很重要，因为好天气测量比在大雨时测量更为容易，但由于分散性较大，必须在全年多次测量以获得可靠结果。

（4）50％水平可在倒 S 形曲线上读出，50％水平不能与上面所定义的好天气平均水平相混淆，因为不仅在干燥天气条件下会出现这个水平，而且在长时期连续测量中，各种气候条件下也会经常出现这种水平。不论是好天气水平还是 50％水平，都在很大程度上取决于导线表面的情况，50％水平的变化不会超过 10dB。

（5）倒 S 形曲线上表示的 80％水平被选作特性值，并用于作为限值的基础。这个 80％水平介于好天气水平和大雨时平均水平之间，与 50％水平相比，受到不稳定性影响的可能性较小。测量研究表明，95％水平与 80％水平两者相差 5～12dB。

4.5.4　其他影响因素

上述所有三个参数是评估一个输电线路无线电干扰特性所必需的。3.4 节中讨论的很多影响电晕损失的因素，会以同样的方式影响输电线路的无线电干扰特性。此外，影响无线电干扰传播和衰减的因素对表征无线电干扰特性的参数具有重要影响。在这方面，大地电阻率可能是一个重要的影响因素。大地通常由电阻率和磁导率变化很大的物质组成，除非一些如矿床、甚至是铁质结构等铁磁物质的出现，可假定大地具有与空间相同的磁导率。大地也可由具有不同电阻率的完全不同的几个物质层构成。大地的有效电阻率也可能随时间和不同的天气情况发生变化，这取决于土壤的含水量。因此，大地电阻率的这种变化可能影响描述无线电干扰特性的所有三个参数的变化。

4.6　预测无线电干扰的经验和半经验法

完全基于分析方法来确定无线电干扰特性是十分困难的，但是 4.2 节讨论的理论分析的基本原理，对提出用于预测输电线路电晕产生的无线电干扰的方法是很有用的。同时，随着理论方法的发展，在过去的几十年中进行了大量的试验研究，也获得了不同电压等级线路、不同天气条件下的无线电干扰水平的大量试验数据。采用这些研究所得到的试验数据，提出了计算无线电干扰的经验和半经验方法。

经验法和半经验法之间存在着显著的差别。经验法，也叫比较法，是从在运行的线路及全尺寸试验线段上得到的试验数据中推导而来的。半经验法，有时也叫半分析法，是结合了试验确定的激发函数和无线电干扰传播特性的分析技术来预测新建线路结构的无线电干扰特性。无线电干扰激发函数所采用的经验公式，通常是由短的试验线段或户外电晕笼获得的试验数据推导而来的，第 8 章将讨论这些试验方法和实际操作方面的问题。

4.6.1　经验法

经验法或比较法，是对无线电干扰试验数据作为诸如导线直径、导线表面电位梯度、与线路的横向距离等多个变量的统计和回归分析的结果，并形成经验公式。不受其他影响的有效试验数据，是经验法的重要前提条件，这种方法可以精确地预测新导线结构的输电线路的无线电干扰水平。经验公式通常由全球范围的多个线路的测量推导而来的。而关于电晕性能评估的不同天气类型的定义已在 1.5 节中给出。以世界上某个地方的数据为基础而得出的经验公式，不可能总是准确的预测另一个地区的线路无线电干扰，因为各区域的天气年分布规律可能是不同的。通常，经验公式的准确性受限于最初得到的试验数据的参数范围，例如，从具有 2～4 根子导线的分裂导线、子导线直径在 1～2cm、导线表面电位梯度在 15～25kV/cm 的导线的试验数据推导的经验公式，不能准确预测一个有 6 根、直径为 3cm 子导线构成的分裂导线的线路无线电干扰，也不能预测一个由单根导线构成、表面电位梯度为 12kV/cm 的紧凑型导线结构线路的无线电干扰。相似地，在有降雪的寒带区域的线路上得到公式不适合于热带区域的线路。

对全球范围的输电线路的无线电干扰水平的统计，并用计算结果与所有测量结果相比较的方法对用于预测无线电干扰的不同经验公式做了评估。比较结果表明，各种公式的计算结果与测量结果之间的差距可能为 5～10dB。而将一个国家提出的公式应用于另一个国家线路时，甚至会出现更大的差距。

以下讨论由国际大电网会议（CIGRE）和美国邦维尔电力局（BPA）提出的两种最为常用经验公式。用于计算输电线路任一相电晕产生的无线电干扰的经验公式的通用形式为

$$E = E_0 + E_g + E_d + E_R \qquad (4-119)$$

式中：E 为要计算的新线路的无线电干扰值，$dB(\mu V/m)$；E_0 为参考线路结构的相应值。其余各项分别对应所考虑导线或分裂导线的表面电位梯度 g、导线直径 d、与线路横向距离 R 等参数的影响的修正项。参考线路的这些参数通常以 g_0、d_0 和 R_0 来表示。而分裂导线的子导线数影响的修正在多数经验公式中没有出现，可能是因为这个参数的影响很小或是可以忽略的。

注意，在分析电晕产生的无线电干扰和可听噪声时，各种文献或标准通常采用 g 表示导线表面电位梯度，而不是 E，如 g_0、g_m 和 g_{max} 等，本书延用这种习惯。

经验公式一般适用于特定的天气类型。若需考虑不同的测试频率、海拔高度和天气类型，在式（4-119）中也可以增加这些影响的修正项。还可以增加诸如测量仪带宽、检波功能等测试仪器不同的修正项。使用 CISPR 标准的（9kHz 带宽，测试频率0.5MHz）或美国 ANSI 标准的（5kHz 带宽，测试频率 1MHz）仪器，都能得到准峰值（QP）结果。现在 ANSI 标准已经修改与 CISPR 标准相同，但有些文献的经验公式是基于旧的 ANSI 标准的。对于三相导线的输电线路，采用式（4-119）的经验公式计算每一相导线的无线电干扰值，所有三相的贡献可按 4.3.4 节讨论的方法相加。

符合 CISPR 标准的、大雨条件下的 GIGRE 公式为

$$E = 3.5 g_m + 6d - 33\lg\left(\frac{R'}{20}\right) - 10 \qquad (4-120)$$

式中：g_m 为分裂导线的最大平均最大电位梯度（方均根值），kV/cm，d 为子导线直径，cm；R' 为地面测量点距离导线的距离，m。式（4-120）已隐含了 g_0、d_0 和 E_0 的参考值，且 $R_0 = 20m$。距离 R' 可表示为导线离地面高度 h 和横向距离 x 平方和的开方，即 $R' = \sqrt{h^2 + x^2}$。若要获得非 0.5MHz 的结果，可按式（4-117）修正。

BPA 的经验公式用于计算线路任一相在横向距离 15m 处无线电干扰值，它符合旧的 ANSI 标准，表示在平均好天气下的结果，即

$$E = 48 + 120\lg\left(\frac{g_m}{17.56}\right) + 40\lg\left(\frac{d}{3.51}\right) \qquad (4-121)$$

将符合旧的 ANSI 标准的值变换为符合 CISPR 标准的、在 1MHz 时的值，可从式（4-121）的计算结果减去 2dB 而得。基于运行线路的大量测试数据，建议在式（4-121）的计算基础上增加 25dB，以得出平均稳定坏天气的无线电干扰值。稳定坏天气类型是从全部坏天气类型中，除去诸如雾、霭等只使导线变湿而不形成水滴的情形。在某种程度上，稳定坏天气类型与定义为降雨率大于 1mm/h 的大雨条件类似。应该指出的是，这与 1.4 节中定义的不同，用于电晕笼的人工大雨通常比这个阈值大得多。

同样可在式（4-121）中增加其他修正项，以考虑与参考值不同的测量频率、海拔高度和横向距离等因素。为获得非1MHz计算结果的频率修正项为

$$E_f = 10[1 - (\lg 10f)^2] \qquad (4\text{-}122)$$

采用这一修正项，得到0.5MHz频率的无线电干扰值，需要在式（4-122）的计算值上增加5.1dB。

式（4-121）的参考海拔高度为海平面，即0m，在海平面以上任一拔高度A（单位为km）的建议修正项为

$$E_A = \frac{A}{0.3} \qquad (4\text{-}123)$$

4.6.2 半经验法

半经验法是采用由试验取得的无线电干扰激发函数Γ与前述的传播和衰减理论结合的方法。国际上已有若干研究机构基于大量的试验数据，已经提出了多个用于无线电干扰激发函数的经验公式。这些试验数据的大部分都是在可产生最高无线电干扰水平的人工大雨条件下进行的，即$1\sim20$mm/h。以下列出部分公式。在这些公式中，Γ为符合CISPR标准的无线电干扰的激发函数，单位为dB（$\mu A/\sqrt{m}$），g_m为分裂导线的平均最大电位梯度（方均根值），单位为kV/cm。

法国电力（EDF）得出的大雨条件下无线电干扰激发函数公式为

$$\Gamma = \Gamma'(g_m, r) + A \cdot r - B(n) \qquad (4\text{-}124)$$

式中：$A = 11.5 + \lg n^2$；n为分裂导线的子导线数；r为子导线半径，cm。A、B为n的函数，其值在表4-3中给出。激发函数中的$\Gamma'(g_m, r)$部分如图4-14所示。

表4-3　　　　　　　　　EDF激发函数中的A、B常数

n	1	2	3	4	6	8
A（dB/cm）	11.5	12.1	12.5	12.7	13.0	13.3
$B(n)$（dB）	0	5	7	8	9	9.5

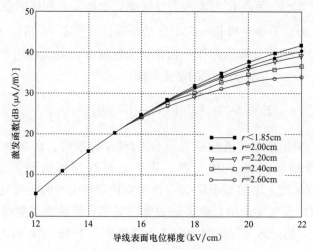

图4-14　大雨条件下的激发函数

加拿大魁北克电力研究院（IREQ）在人工大雨条件下，基于大量不同分裂导线试验的基础上，提出的经验公式为

$$\Gamma = \frac{C_s}{C_b} \left[\sum_{1}^{n} \frac{1}{2\pi} \int_0^{2\pi} \Gamma_s^2(g,d) \mathrm{d}\phi \right]^{\frac{1}{2}} \tag{4-125}$$

式中：Γ_s 为单根直径为 d、表面电位梯度为 g 的导体的无线电干扰激发函数。对有 n 根子导线构成的分裂导线，电位梯度 g 随着沿子导线表面的角度 ϕ 变化。C_s，C_b 分别为单根导线和分裂导线的单位长度的电容。对单根导线，Γ_s 由经验公式给出，即

$$\Gamma_s = -90.25 + 92.42 \lg g - 43.03 \lg d \tag{4-126}$$

因为激发函数取决于单导线的 g 和 d，对分裂导线的每一根子导线沿表面一周积分，并对所有子导线求和，将得到式（4-126）中的分裂导线的激发函数。可通过数值积分来估算 Γ。

$$\Gamma = \Gamma_s(g_m, d) - B(n, s) \tag{4-127}$$

式中：函数 $B(n, s) = 0$，当 $n = 1$ 时；$B(2, s) = 3.7\text{dB}$；$B(n, s) = 6\text{dB}$，当 $n \geq 3$ 时。

美国电力科学研究院（EPRI）同样基于大雨下的大量不同分裂导线试验，得出的经验公式为

$$\Gamma = 81.1 - \frac{580}{g_m} + 38 \lg \frac{d}{3.8} + K_n \tag{4-128}$$

式中：$K_n = 0$，当 $n \leq 8$；$K_n = 6$，当 $n > 8$。

有研究人员对经验法（CIGRE 和 BPA）以及上述用于激发函数的经验公式与输电线路的长期试验数据比较，得出了优化的经验公式。所谓优化是通过减小计算值和测量值之间均方差实现的。转化为以同一单导线为公共基础，亦即不对分裂导线的子导线数进行修正，用于不同无线电干扰激发函数的最终优化经验公式，优化的公式是符合 CISPR 标准在地面进行测量的、在海平面以上 0m 的海拔高度、频率为 0.5MHz 的情况。表 4-4 列出了这些公式。

表 4-4 优化的无线电干扰激发函数

提出的机构	激发函数公式	适用条件
CIGRE	$\Gamma = -40.69 + 3.5 g_m + 6d$	大雨
BPA	$\Gamma = 37.02 + 120 \lg \frac{g}{15} + 40 \lg \frac{d}{4}$	稳定坏天气平均值
EDF	$\Gamma = -7.24 + \Gamma'(g_m, r) + A \cdot r$	大雨
IREQ	$\Gamma_s = -93.03 + 92.42 \lg g - 43.03 \lg d$	大雨
EPRI	$\Gamma = 76.62 - \frac{580}{g_m} + 38 \lg \frac{d}{3.8}$	大雨

上述评估的结果表明，稳定坏天气的平均值（与大雨的值相似）与好天气平均测量值之间的平均差为 21.6dB，且具有 5.1dB 的有效值偏差。

2010 年的第 2 版 CISPR 18-3《架空线路和高压电器设备的无线电干扰特性 第三

部分：减小无线干扰产生的实践导则》正式推荐一种大雨条件下的无线电干扰激发函数公式，即

$$\Gamma = 70 - \frac{585}{g} + 35\lg d - 10\lg n \tag{4-129}$$

式中：Γ 为无线电干扰激发函数，$\mathrm{dB}(\mu\mathrm{A}/\sqrt{\mathrm{m}})$；$g$ 为子导线平均最大表面电位梯度，$\mathrm{kV/cm}$；d 为子导线直径，cm；n 为分裂导线数。CISPR 18-3 指出，当分裂导线的分裂间距 s 与子导线直径 d 之比 $\frac{s}{d}$ 大于 $10\sim15$ 时，式（4-129）可以给出比较满意的计算结果；但是，若 $\frac{s}{d}$ 变得较小，则实际的激发函数会比计算的高出很多，尤其是当分裂导线的子导线数大于 10 或更高时。

4.7　电晕产生电视干扰的预测

在正常以及大雨条件下的输电线路导线上发生的电晕，可以在电视信号的超高频（EHF）和甚高频（UHF）的频率范围内产生足够高幅值的电磁干扰，以致引起电视干扰。在稍高的电视频率（56～216MHz）电磁波的波长与铁塔的尺寸，以及其他一些相关的距离大小相当。电视干扰传播特性的理论分析和预测是极其复杂的，很难定义一个类似于无线电干扰激发函数的、用于电视干扰的激发函数。尽管到目前为止尚无足够实际测量数据，但也有研究通过求解电磁场方程，分析了输电线路电晕放电所致电视干扰的辐射和传播，并尝试提出了预测电视干扰的经验公式。

4.7.1　基本原理分析

由于频率高于 30MHz，其波长就小于 10m，此时电磁干扰的测点会距导线至少有一个波长，所以，也就是在"辐射"占主导地位的范围之内。

由前述可知，单个电晕源在导线上感应的电流是一对行波，这种电流产生的电磁场表现得就像是一个"行波天线"。这种感应电流的"辐射模式"如图 4-15 所示，辐射场在与导线成 45°角的方向最大，而在与导线正交的方向为零。这一解释成立是因为辐射模式的概念只是在源的远场时，在中频和高频范围内，场源点与测点的距离通常比波长小。

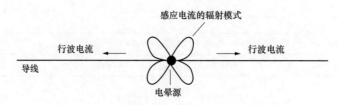

图 4-15　在导线上感应的行波的辐射模式

现在来考虑导线上有若干个电晕源的情况，如图 4-16 所示。总的电磁干扰场是各个源产生的电磁干扰场的叠加。注意到每个脉冲源电流的起始时间是"随机的"，脉冲是"紊乱的"，而在任何方向上的总辐射能量却是各个源的辐射功率密度之和。

导线电晕所产生的、这些频率下的电磁干扰有某些特性可以用测量时所用天线的输出来说明,比如方向性天线,这种天线的两端的信号正比于入射信号的幅值,且正比于信号入射方向上天线自身辐射方向图的幅值。该幅值与天线中心至入射方向上电晕源辐射模式边界线的距离成反比。所以,在图 4-16 中最大的信号应是由从方向图的顶端入射的信号感应出来的,此时天线的方向图朝着导线方向,这意味着的最大入射是指向导线上电晕源③。

图 4-16(a)中方向性天线两端的总信号可按如下方式确定。首先,考虑位于中心的电晕源③,由于该电晕源在天线的这个方向上辐射为零,所以尽管天线对该方向上入射信号的感应为最大,但是该电晕源给接收天线两端并没有带来信号。其次,考虑电晕源②和电晕源④,根据电晕源的辐射模式,在接收天线的这个方向上,它们仅入射很小的信号,所以即使在该方向上方向性天线的感应接近最大,但是这两个电晕源仅给天线两端带来很小的信号。再说电晕源①和电晕源⑤,这两个电晕源向接收天线辐射了非常

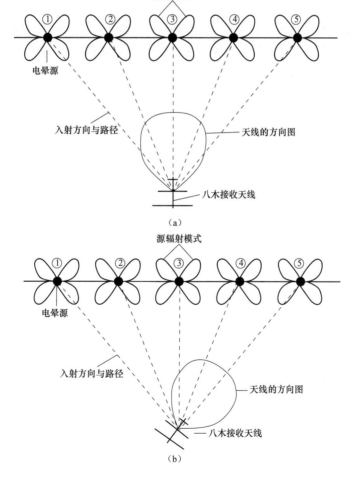

图 4-16 导线上多个电晕源的辐射情况
(a)正对导线的八木天线接收电磁干扰;(b)八木天线方向与导线成 45°角接收电磁干扰

大的能量，而由于入射路径的距离使抵达时信号的幅值已经衰减了，还有入射方向偏离接收天线的方向角，结果是在接收天线中只感应了一个小的信号。总之，在方向性天线两端引入的所有信号总数虽然不是零，但是很有限。

考虑图 4-16（b）所示的情况，这时方向性天线转动了 45°角，天线两端总的信号可按如下方式确定。首先考虑电晕源①，该电晕源向接收天线发射了最强信号，然而，由于天线的方向角偏转，在其两端的信号本质上还是为零。对于电晕源②来说，向接收天线辐射的信号和天线的感应都小，其结果在天线的两端仅仅有很小的信号。电晕源③几乎没有向接收天线发射信号。电晕源④向接收天线发射了一些能量，由于入射方向接近天线方向图最大方向，所以在天线两端感应了一个中等的信号。电晕源⑤向天线的方向上有最大的辐射，而正好也是接收天线方向图最大方向，所以，尽管电晕源⑤与接收天线较远，但天线所收到的电磁干扰却是相当大。

综上所述，当方向性天线正对着导线时，电磁干扰却最小；而当天线转离该方向时，测得的电磁干扰增大。

4.7.2 经验公式

基于有限数量的试验数据，BPA 提出了用于预测实际线路结构产生的电视干扰的经验公式。公式基于 ANSI 标准、具有 120kHz 带宽和准峰值，给出了以 75MHz 为参考频率、由线路每一相导线产生的电视干扰，单位用 $dB(\mu A/\sqrt{m})$ 表示，即

$$TVI = 10 + 120\lg \frac{g_m}{13.6} + 40\lg \frac{d}{3.04} + 20\lg \frac{75}{f} + F_2(x) + K_A \qquad (4\text{-}130)$$

$$F_2(x) = 20\lg \frac{x_0}{x}, \quad x < x_0$$

$$F_2(x) = 20\lg \frac{x_0}{x_c} + 40\lg \frac{x_c}{x}, \quad x \geqslant x_c, \quad x_0 \leqslant x_c \qquad (4\text{-}131)$$

$$F_2(x) = 40\lg \frac{x_0}{x_c} + 20\lg \frac{x_c}{x}, \quad x \leqslant x_c, \quad x_0 \geqslant x_c$$

$$F_2(x) = 40\lg \frac{x_0}{x}, \quad x > x_0$$

式中：$x_0 = 61m$，为参考横向距离；$x_c = \frac{12h_c h_a}{\lambda}$；$K_A$ 为海拔修正系数，当 $A \geqslant 0.3km$ 时，$K_A = \frac{A}{0.3}$；h_c 为导线高度，m；h_a 为天线高度，m；f 为频率，MHz；λ 为波长，m。应当指出的是，如同无线电干扰的情形，其他相的附加电视干扰影响没有考虑，但线路的电视干扰只考虑最高水平的一相，这是与无线电干扰不同的。

5

可 听 噪 声

噪声是机械振动在空气中的传播，其频率在 20Hz～20kHz 范围内，能够为人类感知的，称为可听噪声。电晕放电过程中的能量消耗会在瞬间加热放电点的局部空气，使得该局部空气压力骤增，产生压力波并向外传播，进而形成可听噪声。

尽管早期的电晕研究中已对不同模式电晕放电声音的发射特性进行了观测并形成研究报告，然而还是在 500kV 及以上电压等级的输电线路出现后，可听噪声才作为一个线路的设计因素凸显出来。虽然电晕损失、无线电干扰和可听噪声都需要专业的仪器进行测量，但是前两者是人无法直接感知，而可听噪声则可被人耳直接感知并能形成主观评价，所以公众对来自高压输电线路电晕产生的可听噪声给予了很大的关注，也促进了对电晕噪声的大量研究。这些研究描绘了噪声的特性，提出了不同线路设计的噪声预测方法，评估了人耳对这类环境噪声的响应。本章给出了交流线路的可听噪声的特性分析和预测方法。

5.1 噪声的基础知识

现代生活中采用的诸多先进技术带来的结果之一就是增加了大量的环境噪声源。在过去几十年中，随着大量噪声源的出现和总体环境噪声水平增加，公众对新噪声源的意识和反映变得非常敏感。在 20 世纪 60 年代后期的北美地区，随着一些 500kV 和 750kV 线路的运行，居住在线路走廊附近的居民开始抱怨电晕产生的噪声。

输电线路电晕产生的可听噪声与其他公众可能听到的环境噪声有很大不同，特别是道路交通和飞机飞行噪声。通常电晕噪声的水平较低，但频谱较宽。同时，因电晕在很大程度上受天气条件的影响，所以噪声波动变化较为明显，其结果是，用于判定公众感觉和接受这类噪声的标准不同于其他的环境噪声的标准。因此，对输电线路噪声开展理论和试验研究，以获得其产生和传播特性和提出有助于线路设计的合适的预测方法。

为讨论输电线路电晕产生的噪声，首先简要介绍噪声的相关度量单位和方法。噪声的量度可分为两类，一类是描述声波的客观特性的物理量，即噪声的物理量度；另一类是考虑噪声对人听觉的刺激，从人耳的听觉特性出发，对噪声进行量度，即噪声的主观量度。

5.1.1 噪声的物理量度

对于噪声的衡量主要从噪声强弱的量度和频谱分析两个方面进行。噪声的强弱量度反映声音的大小，常用的物理参量包括声压、声强、声功率等，其中声压和声强反映声场中声的强弱；声功率反映声源发射噪声能力的大小。噪声的频率特性采用频谱分析的方法来描述，用这种方法可以对不同频率范围内噪声的分布情况进行分析，并反映出噪声频率的高低，即噪声音调高低的程度。

5.1.1.1 声压

声压是指声波传播时，在垂直于其传播方向的单位面积上引起的大气压的变化，亦即大气压强的余压，相当于在大气压强上叠加了一个声波扰动引起的压强变化。

声压用符号 P 表示，单位为 Pa 或 N/m² （1Pa＝1N/m²）。声压的大小反映了声波的强弱。声波存在使局部空气被压缩或发生膨胀，形成疏密相间的空气层，被压缩的地方压强增加，膨胀的地方压强减少。声压的大小与物体的振动状况有关，物体振动的幅度越大，即声压振幅越大，所对应的压力变化越大，因而声压也就越大。声压是研究噪声时能够测量的量，对于空气中稳定的声音，传播时会造成空气压力微小的变化，通常用该变化幅值的均方根来表征噪声的大小。

5.1.1.2 声强

在单位时间内，通过垂直声波传播方向单位面积的声能量称为声强，用符号 I 表示，单位为 W/m²。声波的传播除引起大气压力的变化外，还伴随着声音能量的传播，声强表征的是声波的能量。

当声波在自由声场中以平面波或球面波传播时，声强与声压的关系为

$$I = \frac{P^2}{\delta v}$$

式中：I 为声强，W/m²；P 为声压，N/m²；δ 为空气密度，kg/m³；v 为声速，m/s。

5.1.1.3 声功率

声源在单位时间内向外辐射的总声能量叫做声功率，用符号 W 表示，单位为 W。声功率是描述声源本身的性质的，与声波传播的距离以及声源所处的环境无关，而声压却是随离开声源的距离加大而减小。

在自由声场中，声强与声功率之间的关系为：$I = \frac{W}{S} = \frac{W}{4\pi r^2}$。式中：$I$ 为距离声源 r 处的声强，W/m²；W 为声源辐射的声功率，W；S 为声波传播的面积，m²；r 为离开声源的距离，单位为 m。

5.1.1.4 声压级

人耳能察觉到的压力变化范围是极广的。表 5-1 所列是常见的一些噪声源的声压。从表 5-1 可以看出，人耳能感知千差万别的声压水平。很响的声音与很弱的声音的声压之比可达 1000000 倍之多。

表 5-1	通常的噪声水平	

声压（Pa）	声压级〔dB（A）〕	环境条件
200	140	疼痛的阈值
	130	风铲
20	120	响的汽车喇叭声（1m）
	110	市（纽约）内地铁

声压（Pa）	声压级［dB（A）］	环境条件
2	100	
	90	公共汽车内
0.2	80	马路边通常的交通
	70	高声对话
0.02	60	典型的商务办公室
	50	郊外的起居室
0.002	40	图书馆
	30	晚上的卧室
0.0002	20	广播电台的演播室
	10	能听到的阈值
0.00002	0	

由于声压的变化范围很大，为方便使用，将声压 P 与基准声压 P_0 的比值用分贝（dB）表示，称为声压级，数学表达式为

$$L_p = 10\lg \frac{P^2}{P_0^2} = 20\lg \frac{P}{P_0} \tag{5-1}$$

式中：L_p 为声压级，用 dB 表示；P 为声压，单位为 Pa；P_0 为基准声压，$P_0 = 2 \times 10^{-5}$ Pa。

5.1.1.5 声强级

以听阈声强值 $I_0 = 10^{-12}$ W/m² 为基准，声强 I 与基准声强 I_0 的比值 L_1 定义为声强级，即

$$L_1 = 10\lg \frac{I}{I_0} \tag{5-2}$$

5.1.1.6 声功率级

声源的声功率级等于这个声源的声功率与基准声功率的比值，并用 dB 表示。其表达式为

$$L_w = 10\lg \frac{W}{W_0} \tag{5-3}$$

式中：L_w 为声功率级，dB；W 为声源的声功率，W；W_0 为基准声功率，$W_0 = 10^{-12}$ W。

分贝（dB）是一个相对单位，它没有量纲，其物理意义表示一个量超过另一个量（基准量）的程度，单位为贝尔（Bel）。由于 Bel 的量纲太大，为了使用方便，便采用 dB，1Bel＝10dB。

5.1.2 噪声的表示方法

噪声可看成不同频率分量的合成。在使用声级计（或噪声计）测量噪声时，声级计接收的信号是噪声的声压。如果对接收信号不进行任何处理就予以输出，得到的将是我们常说的线性声级。

不同频率的声音，即使声压相同，人耳感觉的程度也会有不同。人耳对 1～

5kHz 的声音最敏感。人耳能听到的最小声音与频率相关：频率低，人耳的灵敏度差；频率高，人耳灵敏性好。含有低频到高频的声音进入人耳会失真，即被滤去了一部分低频成分，或者说被人耳计权了。因此，声音的不同频率分量和相应的强度不能凭人耳的听觉来测定。于是，在测量声音的声级计中，安装一个滤波器，使它对频率的判别与人耳相似，这个滤波器被称为 A 计权网络。这种经过 A 计权网络的声压级称为 A 声级。

现已有 A、B、C、D、E、SI 等多种计权网络，其中 A 计权和 C 计权最为常用，B 计权已逐渐被淘汰，D 计权主要用于测量航空噪声。E 计权和 SI 是近年来新出现的，E 计权是根据特定计算方法做出的，也叫耳朵计权，SI 是用于衡量噪声对语言干扰的。

A 计权网络的声压级一般记作 L_A，单位为 dB(A)，其特点是模拟人耳对低频噪声（<500Hz）不敏感，且衰减较大，对高频噪声则可不衰减或稍有放大。这样计权的结果，使得仪器的响应对低频声灵敏度低，对高频声灵敏度高。实践证明，A 声级基本上与人耳对声音的感觉相一致。此外，A 声级同人耳听力损伤程度也能对应得很好。因此，国内外在噪声测量与评价中普遍采用 A 声级。但是两个声源 A 声级大小一样时，其频谱特性可能相差很大，A 声级不能全面地反映噪声源的频谱特性，所以 A 声级不能完全代替其他的噪声评价标准。

C 计权网络的声级记作 L_C，单位为 dB(C)，其特点是只对人耳在可听声频范围内的高频段和低频段予以衰减，在大部分频域保持平直响应，让声音在不衰减的情况下通过。因此，可以认为 C 声级是对声音的客观量度。

A、B、C 和 D 加权网络的特性，以及人耳的平均特性如图 5-1 所示。噪声的 A 计权测量是最常用的。与 B 计权、C 计权和 D 计权相比，A 计权水平受输电线路可听噪声中 100/120Hz 分量的影响最小。

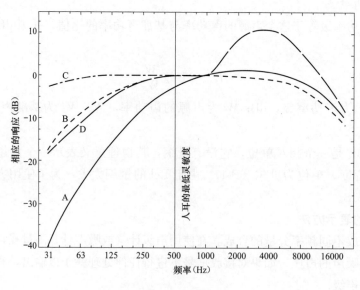

图 5-1　计权网络

5.1.3 等效连续 A 声级与统计声级

由于 A 计权声级将人耳对噪声的主观感觉与客观量度较好地结合起来，在评价一个连续的稳态噪声时，与人的感觉相吻合，所以得到了广泛的应用。人在同一噪声环境下所处的时间不同，所受到的影响不会一样。另外，噪声可能是稳态的，也可能是非稳态的。为了对不同噪声进行评价，引入了等效声级。

对起伏不定、间歇性的噪声影响作评价，最简单和普遍的方法是对某一段时间内声音大小作平均度量。在声场中一定位置，用某一段时间内能量平均的方法，将间歇的、多个不同 A 声级，以一个 A 声级表示该时间段内噪声的大小。这个声级为等效连续 A 声级，简称等效声级，用符号 L_{eq} 表示。

术语"等效"的意思是一个具有 L_{eq} 水平的稳定声音，其能量与具有该水平的多个起伏不定的声音能量相等。之所以用"能量"这个术语，是因为声音振幅在其有效压力平方的基础上是平均的，而压力平方又正比于能量。例如，有两个声音，一个的能量是另一个的 24 倍，但是，前者只持续了 1h，后者虽然能量小却持续了 24h，则这两个声音具有相同的等效声音水平。L_{eq} 评价不考虑夜间的噪声影响更烦人等情况。

等效连续 A 声级以 dB(A) 为单位，它反映了在噪声起伏变化的情况下，噪声受者实际接受噪声能量的大小，可表示为

$$L_{eq} = 10 \lg \Big(\frac{1}{n} \sum_{i=1}^{n} 10^{0.1 \times L_{Ai}} \Big), \quad L_{eq} = 10 \lg \frac{1}{T} \int_{0}^{T} 10^{\frac{L_{Ai}}{10}} \, dt \tag{5-4}$$

式中：L_{Ai} 为某一时刻 t 的噪声级；T 为测量的总时间。

对于随机噪声，如道路交通噪声、输电线路的可听噪声等，许多声音的声压并不是常量，一般不宜用单个声级值来表征，也不能简单地用 A 声级来评价。处理这种间歇性、起伏不定的声音，还有一种方法是把它们作为时间的函数，一般需要用统计方法来评价其声音水平，并以声级出现的概率或累积概率来表示。

使用统计方法，表征对噪声能量进行平均后的起伏变化情况，为统计声级。即在规定测量时间 T 内，有 T 时间中 $N\%$ 时间的声级超过某一声级值，该声级值叫做统计声级或累积百分声级，用 $L_{N,T}$ 来表示，单位为 dB(A)。通常简单地用 L_N 表示统计声级。

输电线路电晕噪声可采用统计声级作为评价量。将所测量的噪声由大到小顺序排列，找出 $N\%$ 处的数据，即为 L_N。通常采用 L_{10}、L_{50}、L_{90} 三个统计值，L_{10} 表示 10% 的时间超过此声级，相当于噪声的平均峰值；L_{50} 表示 50% 的时间超过此声级，相当于噪声的平均值；L_{90} 表示 90% 的时间超过此声级，相当于噪声的本底值。统计声级的标准偏差为

$$\sigma = \sqrt{\frac{1}{N-1} \sum_{i=1}^{N} (L_i - \overline{L})^2}$$

式中：L_i 为测得的第 i 个声级；$\overline{L}$ 为测得声级的算术平均值；N 为测得声级的总个数。

当输电线路电晕噪声测定数据足够多，数据呈正态分布时，可用统计声级计算等效连续 A 声级及标准偏差，即

$$L_{eq} \approx L_{50} + \frac{d^2}{60}, \quad \sigma \approx \frac{1}{2}(L_{16} - L_{84}) \tag{5-5}$$

$$d = L_{10} - L_{90}$$

在评价雨天条件下可听噪声水平会用以下值统计进行预测：

（1）L_5 值，即雨中测量时，测量时间的 5% 所超过的 A 声级值；

（2）平均值，雨中测量时，一段时间内噪声声级的平均值（如果测量时间较长，该值较接近 L_{50} 声级值）；

（3）大雨条件下的声级值，大雨条件下所测的 A 声级值（通常可近似代替雨天条件下测的最大声级值和 L_5 声级值）。

在昼间和夜间的规定时间内测得的等效连续 A 声级分别称为昼间等效声级 L_d 或夜间等效声级 L_n。昼夜等效声级为昼间和夜间等效声级的能量平均值，用 L_{dn} 表示。昼夜等效声级是在等效连续 A 声级的基础上发展起来的，用于评价城市环境噪声。考虑到噪声在夜间比昼间更烦人，故计算昼夜等效声级时，需要将夜间等效声级加上 10dB 后再计算，计算公式为

$$L_{dn} = 10\lg\left[\frac{1}{24}\left(16 \times 10^{\frac{L_d}{10}} + 8 \times 10^{\frac{L_n+10}{10}}\right)\right] \tag{5-6}$$

式中：L_d 为白天的等效声级；L_n 为夜间的等效声级。昼间和夜间的时间，可依地区和季节的不同按当地习惯划定。

5.2 输电线路电晕噪声的物理描述

与 4.2 节讨论的无线电干扰产生的情形相似，实际输电线路一般最可能发生的电晕放电模式，是交流电压正半周的起始流注放电和负半周期的特里切赫脉冲。如第 2 章所述，这两种电晕同时组成重复瞬态放电，期间发生在几百纳秒时长的很短时间间隔内的空间电荷的快速电离和运动。这种速度很高的运动，特别是放电中产生的电子的运动，导致动能在碰撞中转移到中性的空气分子。这种短时间内的能量突然转移可等效为在电晕点发生的爆炸，爆炸产生瞬态声波。就其结果而言，电晕放电表现为重复性暂态声脉冲的球面声源。

5.2.1 噪声的形成

每一个瞬态电晕放电在导体中产生感应电流的同时，也产生在空气中传播的声脉冲。由在距离电晕点 1m 处安装的麦克风测得的单个正极性电晕源产生的声脉冲的波形，如图 5-2 所示。如同感应电流脉冲的情形一样，声脉冲具有较规则的波形，主要表现为电压的函数。对应于负极性特里切赫脉冲的声脉冲波形与正极性的时域波形极为相似，但幅值大约为其 1/10。这清楚地表明，与无线电干扰类似，正极性电晕是交流或直流输电线路的主要可听噪声源。由正负极性电晕产生的双极性声压波与伴随集中能量快速释放的点爆炸产生的冲击波类似。图 5-2 中所示的典型脉冲噪声的频谱涵盖很宽的频谱宽带。

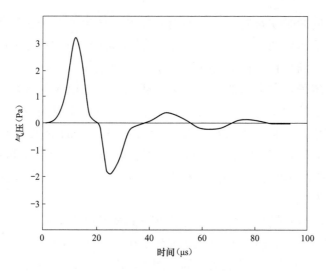

图 5-2　正极性电晕产生的声脉冲波形

　　输电线路导线上的每一个电晕源表现为一个声音的点源，即一个小的球面声源，这些声源发射出一系列具有随机幅值和随机时间间隔的声脉冲。电晕源本身沿输电线路的每一相导线随机分布。导线上单位长度的噪声源的数目在好天气下通常较少，但在诸如雨雪等恶劣天气下迅速增加。在交流输电线路上，电晕噪声只有在导线上因雨、雾形成水滴时才增大到超过周围噪声的水平。

　　导线上不同噪声源产生的声压波在空中传播不同的距离后才能到达位于地面的某个观测点。然而，由于电晕发生在时空上的天然随机性，声波到达观测点时其相位总体上是随机的，所以对可听噪声的产生和传播的分析是以声功率的形式进行的，声功率不含有关于相位的任何信息，类似于无线电干扰分析中的功率谱密度。

　　在交流输电线路上，每一相导线对可听噪声产生的贡献来自正电压半周期中峰值对应的时间为 T_{c+} 的短时间间隔内（见图 4-2）。因此，对于三相线路，不同相的可听噪声的产生周期为对应 $\omega t = 2\pi/3$ 的时间间隔，式中 ω 为交流电压的角频率。观测点的声功率是来自三相导线所有贡献的和。

5.2.2　电晕噪声的频率特征

　　电晕噪声表现为宽频噪声，包含有频率极高的分量，这使它有别于大部分一般的环境噪声；而且主要由导线表面上的正极性流注产生的。每个流注使空气压力局部发生突变，引起一个脉冲压力波传向四周。不同流注的压力波是在不同的瞬间出现的，所以，宽频噪声频谱的每一个频率分量都是由许多相互之间相位参差不齐的压力波分量共同作用的结果。许多毫无关联的压力波及其高频含量混合在一起，就使输电线路噪声具有爆裂声和"嘶嘶"声的特点。

　　除爆裂声和"嘶嘶"声外，交流输电线路电晕噪声还有可能出现一种"嗡嗡"声，它是叠加在宽带噪声之上的纯音，是交流线路在特定条件下的独特现象，它的频率为工频的两倍（即 100Hz，对应于 60Hz 工频时为 120Hz）及其谐波。嗡嗡声是空气离子由于受导线的电场吸引和排斥，交替运动而造成的压力波。当导线表面电场达到正临界值的时候，发生正极性电晕放电，产生的电子受导线吸引，而正离子在电场的推动下离导线而去。当电场的极性改变时，正离子又返回导线。同样，当导线表面电场达到负临界值的时候，发生负极性电晕放电，产生的电子附着在空气分子上形成负离子，在电场的推动下离导线而去。当电场的极性改变时，负离子又返回导线。离子的运动使空气密度和压力在每个工频周期中发生两次交替变化。于是就形成了频率为工频两倍的声压波。因为这种声压的变化并不纯粹是正弦的，而是正半周波的声压大于负半周波，所以在"嗡嗡"声中还会有工频及工频谐波的分量。当然，谐波分量的幅值比纯音要小得多。在所有谐波中，二次谐波（200Hz）常常比宽带噪声还要明显。

不是所有的交流电晕模式都会产生同样性质的宽带噪声和纯音的。宽带噪声主要是由正极性流注产生的，而辉光电晕会造成强烈电离从而有强纯音生成。在不同的天气条件下宽带噪声和纯音的相对大小会有不同。例如，雨天里宽带噪声占优势，结冰时纯音占优势。因此，源自交流输电线路的可听噪声的频谱由宽频带分量和纯音分量构成，而直流线路则不可能出现纯音。

如果不计因空气对声音能量的吸收而造成的衰减，那么宽带噪声和纯音的声压水平均随着离线路距离的平方根而减小，即与线路的距离每增加一倍，可听噪声就下降3dB。空气的吸收以及由树木、建筑物引起的衰减随频率的增加而增加，因此，它们对宽带噪声的影响比对纯音的影响要明显得多。大地反射的噪声对宽带噪声来说，其影响微不足道，而对纯音的影响却很大。

由于不同源生成的声压波之间相位关系互不相同，宽带噪声和纯音之间有着重要的差别。宽带噪声源，不管是在同一导线上还是在不同相导线上，它们所生成的声压波的相位是毫不相关的，它们的声压水平以随机的方式混合在一起，这种混合效应要用声功率来相加；而构成纯音的声压波相互之间却存在确定的时间关系。对于三相线路来说，各相产生的声压波与其导线上的电荷（也就是导线电压）的相位存在一个固定的相位角。因此，不同相导线产生的声压波，其相位角相差为120°。由不同相导线产生的声压波到达测点时按向量相加，总声压波的相位取决于产生各声压波的导线相位以及声压波从各相导线到测点的传播时间。同时，还有大地的反射波加入，它们的相位又是与本身相位相关。结果声压波水平与测点的位置，包括离地的高度密切相关。在有些点不同的声压波可能是同一个相位，于是就使声压水平有一个增值，而在另一些点它们又可能相互抵消。

下雨期间以及在潮湿的天气条件下，当导线底部挂有水滴而又无明显风力时，电晕会使导线以很低的频率振动。在导线底部的水滴悬挂处有电晕，电晕产生间歇性的空间电荷，从而导致这些电晕诱发的振动。同时，在振动中水滴要变形，这种变形又调制了电晕，也导致了这种振动。这是一种自激现象，会使导线以其自然频率振动，振幅不断增大，直到水滴的变形使电晕与这种运动丧失同步为止。因为电晕诱发的振动频率比较低（1～5Hz），峰对峰之间的幅值比较小（2～10cm），所以并不会使导线疲劳损伤。然而，它们会调制可听噪声，使之更加容易觉察到，而且有别于雨声。

5.3 可听噪声传播的理论分析

声压波不会像无线电干扰一样沿导线传播，与无线电干扰的计算分析相比，可听噪声水平的计算要简单得多，因为只需要考虑声波的产生和传播。可以应用声音的基本定理来分析输电线路导线电晕产生的可听噪声的传播。前述已知，交流输电线路的可听噪声由宽频带分量和纯音分量构成，当然直流输电线路噪声只表现为宽频带噪声。因此分析噪声的传播特性是按照宽频噪声和纯音分别讨论。

5.3.1 宽带噪声的激发声强及其传播

考虑位于地面上方、产生电晕放电的单导体情形。有必要在分析中采用一些简化的假设，这些假设对所得结果的影响将在稍后分析。分析中的假设条件包括：

（1）电晕沿导体均匀分布，以便在任意频率 f 下，用均匀分布的单位长度声功率级 $\alpha(f)$ 为特征来表示可听噪声的产生；

（2）不论入射波角度如何，用于可听噪声测量的麦克风对声压波具有相同的理想性能响应；

（3）声压波在空气中传播时无能量损失，即无衰减；

（4）地面对声波的反射是可以忽略不计的，也就是大地完全吸收了入射到其表面的全部声强。

考虑如图 5-3 所示单导线情况，要求计算由沿导线均匀分布且声功率密度为 $\alpha(f)$ W/m 的声源在距离导线径向距离为 R 的观测点 P 处产生的声压级。以导线上靠近 P 的 O 点为原点，导线在两个方向上延伸至 $-l_1$ 和 l_2。图中所示的单位长度的导线 Δx 所产生的声功率为 $\alpha(f)\Delta x$，这个单位长度可用声发射的点源来近似，该点源发出球面声波。由该点源（单位长度的导线）在 P 点处产生的声功率密度 $\Delta J(f)$ 可表示为

$$\Delta J(f) = \frac{\alpha(f) \cdot \Delta x}{4\pi r^2} \tag{5-7}$$

式中：r 为点源与 P 点之间的距离，可由 $r^2 = R^2 + x^2$ 求得。由整根导线上的电晕在 P 点产生的声功率密度为

$$J(f) = \frac{\alpha(f)}{4\pi} \int_{-l_1}^{l_2} \frac{\mathrm{d}x}{R^2 + x^2} = \frac{\alpha(f)}{4\pi R}\left(\tan^{-1}\frac{l_2}{R} + \tan^{-1}\frac{l_1}{R}\right) \tag{5-8}$$

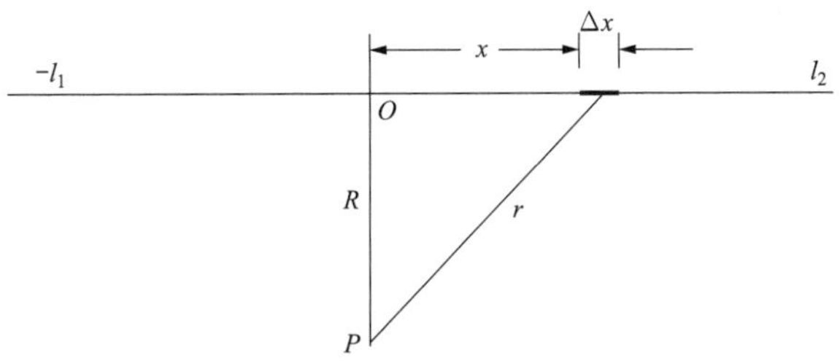

图 5-3　线声源声压级的计算

如果观测点 P 位于导体的中部，$l_1 = l_2 = \dfrac{l}{2}$，l 为整根导体的长度，则

$$J(f) = \frac{\alpha(f)}{2\pi R}\tan^{-1}\frac{l}{2R} \tag{5-9}$$

对无限长的导体，式（5-9）可简化为

$$J(f) = \frac{\alpha(f)}{4R} \tag{5-10}$$

根据声学理论可得到麦克风感应到的声 $p(f)$ 为

$$p(f) = \sqrt{v\delta J(f)} \tag{5-11}$$

式中：v 为空气中的声波传播速度；δ 为空气密度。海平面附近的空气密度随周围的温度变化，其值在夏天约为 $1.22\mathrm{kg/m^3}$，而冬天约为 $1.28\mathrm{kg/m^3}$。因此假定 $\delta = 1.25\mathrm{kg/m^3}$ 为其平均值。对正常条件下的空气，可假定 $v = 331\mathrm{m/s}$。

对于噪声测量，由麦克风感应的声压级先通过具有带通滤波性能的计权网络，即 A、B、C 或 D 等计权网络，接着被积分。这里用模拟人耳对低水平噪声平均响应的 A 计权网络。这种计权和积分得到的数值称为声压级（sound pressure level，SPL），测得该数值的仪器称为声压计（sound pressure meter，SPM）。如果用 $W_A(f)$ 表示 A 计权网络的幅频特性，则可得声压级 p 为

$$p = \int_0^\infty W_A(f)p(f)\mathrm{d}f \tag{5-12}$$

将式（5-11）代入式（5-12），得

$$p = \sqrt{v\delta}\left[\int_0^\infty W_A(f)J(f)\mathrm{d}f\right]^{\frac{1}{2}} \tag{5-13}$$

对于观测点为中心的短导线，将式（5-9）代入式（5-13），得

$$p = \sqrt{\frac{v\delta}{2\pi R}\tan^{-1}\frac{l}{2R}}\left[\int_0^\infty W_A(f)J(f)\mathrm{d}f\right]^{\frac{1}{2}} \tag{5-14}$$

将式（5-14）中的参数重写为：$A = \int_0^\infty W_A(f)J(f)\mathrm{d}(f)$。式中，$A$ 为 A 计权的声功率密度。这样定义的 A 仅与导线上发生的电晕活动有关，而与导线的几何尺寸无关。因此，它可作为可听噪声的产生量来考虑。变量 A 通常称作声功率密度的产生量，与电晕损失和无线电干扰的产生量类似。

对于短线，将 A 代入式（5-14），得

$$p = \sqrt{\frac{v\delta A}{2\pi R}\tan^{-1}\frac{l}{2R}} \tag{5-15}$$

而对于实际线路，将式（5-7）和式（5-10）代入式（5-13），得

$$p = \sqrt{\frac{v\delta A}{4R}} \tag{5-16}$$

声压级 p 的单位为帕斯卡（Pa），而声功率密度产生量 A 的单位为 W/m。通常它

们都用 dB 表示为

$$p[dB(A)] = 20\lg \frac{p}{p_{ref}}; \quad A[dB(A)] = 10\lg \frac{A}{A_{ref}} \tag{5-17}$$

式（5-17）中的参考值分别为 $p_{ref} = 20\mu Pa$ 和 $A_{ref} = 1pW/m$。由此，式（5-15）和式（5-16）以 dB 表示，可分别重写为

$$短线 \ p:dB(A) = A(dB) - 10\lg R + 10\lg\left(\tan^{-1}\frac{l}{2R}\right) - 7.82 \tag{5-18}$$

$$对于实际线路 \ p:dB(A) = A(dB) - 10\lg R - 5.86 \tag{5-19}$$

上述传播分析可容易地扩展到三相（多相）输电线路。如果三相导线的声功率密度产生量分别为 A_1、A_2 和 A_3，观测点 P 到三相导线的径向距离分别为 R_1、R_2 和 R_3，则观测点 P 处声压级的三相导线的单独贡献值为 $p_i = \sqrt{\frac{v\delta A_i}{4R_i}}$ （$i=1$，2，3）。可得观测点 P 的合成声压级 p_t 为

$$p_t = \sqrt{\sum_{i=1}^{3} p_i^2} \tag{5-20}$$

如同电晕损失和无线电干扰的情形，没有必要完全基于理论方法来计算输电线路电晕产生的可听噪声。只需将声功率产生量的知识用于上述方法，即可对任何线路结构的可听噪声进行预测。

现在来讨论前述不同的假设对所得结果的影响。电晕均匀分布的第一个假设应理解为统计平均功率。从严格意义上来讲，如果知道了作为 x 函数的激发声强（产生量）A，这个假设在分析中是不需要的。然而，对于一种给定的稳定天气情况，均匀分布的假定是成立的。在第 8 章中将详细分析关于麦克风响应特性的第二个假设。如果知道了麦克风的响应特性，在计算声压级的过程中可以利用校正系数来校正。

第三个假设意味着空气对声强的吸收作用是可以忽略的。然而，实际上在声音通过空气传播时，有一部分能量因空气分子的吸收而损失。吸收作用是声音频率以及周围空气的温度和相对湿度的复杂函数。因为涉及诸多的变量，由空气吸收作用而产生的衰减不易在传播分析中恰当的应用。式（5-19）表明，忽略空气的吸收，线声源的可听噪声按 $10\lg R$ 规律衰减。对输电线路 A 计权的声压级测量结果表明，横向衰减项的因数在 $10.3 \sim 12.3$ 之间变化，而不是理论上的 10，空气对声强的吸收就可以说明这一因数变大的原因。因此有研究认为，空气吸收导致的衰减，建议考虑修改这一项为 $11.4\lg R$。

第四个假设意味着大地是良好的吸收介质。但是依据大地特性和构成的不同，入射到地面的声波在一定程度上被反射，且麦克风会感应到直接和反射的声波。如果假设一个反射系数 K 用于长线的式（5-10），则可修正为

$$J(f) = \frac{\alpha(f)(1+K)}{4R} \tag{5-21}$$

对于反射良好的地面，$K=1$；对于吸收性能良好的地面，$K=0$。而对于实际的地面，K 值介于 0 和 1 之间。在高频段，大地是很好的吸收体，因而反射对 A 计权的声压级的综合影响是几乎可以忽略不计的。

5.3.2 纯音的激发声强及其传播

对于如二次谐波嗡嗡声的纯音的分析，与前述宽频带噪声的分析有一些不同。此外，已确认的"嗡嗡"声产生的两种可能的机理是：

(1) 在导体表面附近区域，由电晕产生的空间电荷的运动；

(2) 电晕产生的声脉冲被电压波形调制。

电晕产生空间电荷，正、负离子在导线周围交变电场的作用下，交替地被导线吸引或排斥，这种正、负离子运动的结果便生成了电晕噪声的 100Hz（50Hz 工频的 2 倍）纯音分量。如果电晕如假设的那样沿导线均匀分布，电场沿导线的变化是相同的，沿着导线长度空间电荷运动的相位也是相同的，那么，产生的声压波就按圆柱波的方式传播。如果用 A_h 来表示每单位长度导线产生的纯音能量，那么与导线距离为 R 处的声强就均匀地分布在以 R 为半径的圆柱面上，其声功率密度为

$$J = \frac{A_h \mathrm{d}x}{2\pi R \mathrm{d}x} = \frac{A_h}{2\pi R} \tag{5-22}$$

利用式（5-11）所给出的关系，可以得到纯音的声压为

$$P_h = \sqrt{\frac{\delta \upsilon A_h}{2\pi R}} \tag{5-23}$$

与宽带噪声一样，这个声压与距离的平方根成反比，即距离导线的横向距离每增加一倍，该声压就要降低 3dB。

对于像频率为工频两倍的"嗡嗡"声，各个声压波的相位必须要加以考虑。第 i 相的纯音声压是一个正弦函数，即

$$P_i = \sqrt{2}\sqrt{\frac{\delta \upsilon A_{hi}}{2\pi R_i}} \cos\left(\omega t - \Phi_i - \frac{2\pi R_i}{\lambda}\right) \tag{5-24}$$

式中：A_{hi} 是由第 i 相电晕产生的纯音激发声强的均方根值；Φ_i 是第 i 相电荷的相位角（实际上就是电压的相位角）；R_i 是测量点到该相的距离；λ 是纯音声压波的波长，在正常大气条件下的空气中，针对 100Hz 频率来说 λ 为 3.42m；δ 是空气密度；υ 是声速，正常大气条件时 $\sqrt{\delta\upsilon}=20.5$。除了纯音的直射波之外，可能还有反射波。该反射波也是一个正弦函数，可以表示为

$$P_{r,i} = K\sqrt{2}\sqrt{\frac{\delta \upsilon A_{hi}}{2\pi S_i}} \cos\left(\omega t - \Phi_i - \frac{2\pi S_i}{\lambda}\right) \tag{5-25}$$

式中：K 是反射系数，对 100Hz 的纯音来说，$K=1$；S_i 是从激发点经地面反射到测点的距离，如图 5-4 所示；所有其他各项均与式（5-24）相同。

有 N_p 相导线的线路所形成的总声压，只要求各直射波和反射波声压的相量和即可，或者按下式计算，即

$$P_{total} = \sum_{i=1}^{N_p} (P_i + P_{r,i}) \tag{5-26}$$

通常用来定量表示输电线路可听噪声的 A 计权声级不太受纯音水平的影响。500kV 及以上电压等级线路在下雨、结冰、湿雪或类似的天气条件下，"嗡嗡"声可能会特别

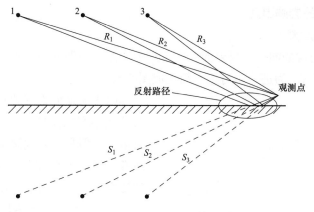

图 5-4　三相线路声波的直射和反射路径

引人注目，还伴随着有大量的电晕损失。事实上，造成电晕损失的物理现象，即空气离子以两倍工频的频率交变地被吸向或背离导线运动的现象，也正是空气压力交变变化的根源。

　　实验室中对不同布置方式分裂导线的试验发现，电晕损失与"嗡嗡"声之间有着紧密的关系，即：雨天，电晕损失增加 10 倍，"嗡嗡"声会有 14dB 的变化。在空气中，"嗡嗡"声碰到树、墙等只有少许衰减。所以，在离线路很远的地方或在房屋内，"嗡嗡"声会变得比高频噪声更加引人注目。

　　大雨条件下，"嗡嗡"声的激发声强可以用从单相线路和电晕笼试验得来的式（5-27）表示，即

$$A_{h} = 58.1 - \frac{41}{d} - \frac{505.5}{g_{max}} + k_1 - \frac{k_2}{n + k_3} \tag{5-27}$$

　　式中：A_h 为大雨下"嗡嗡"声的激发声强，dB（以 $1\mu W/m$ 为基准）；g_{max} 为导线表面最大电位梯度，kV/cm；d 为导线直径，cm；n 为分裂导线数；k_1、k_2、k_3 为常数，当 $d = 2.3cm$ 时，$k_1 = 47.4$，$k_2 = 1000$，$k_3 = 15$；当 $d = 4.63cm$ 时，$k_1 = 24.1$，$k_2 = 390$，$k_3 = 10$。对于其他直径，可以采用线性内插或外推的方法求出。

　　以 W/m 为单位的"嗡嗡"声声强可表示为

$$A(W/m) = 10^{\frac{A_h}{10}} \times 10^{-6} \tag{5-28}$$

　　直射波和反射波的声压分别由式（5-24）和式（5-25）给出。对大多数地形来说，式（5-25）中的反射系数 K 近似等于 1。总的声压是所有直射波和反射波声压之和，即由式（5-26）计算得出。最后，可用式（5-29）把"嗡嗡"声声压由以 Pa 单位表示转换为以 dB 表示，即

$$P(dB) = 20\lg\left(\frac{P}{20 \times 10^{-6}}\right) \tag{5-29}$$

　　"嗡嗡"声声压水平的横向分布可用式（5-24）～式（5-26）和式（5-29）计算。"嗡嗡"声声压水平随着离地高度的不同以及与线路距离的不同，会有很大的起伏。在某些地点压力波相互叠加，而在另一些地方它们又会相互抵消。

5.3.3　噪声传播的影响因素

5.3.3.1　大地的影响

大地起的作用就如同一个反射面一样，它为声波由声源向观测点的传播提供了另一条路径，参见图5-4。为进一步讨论，简化成图5-5。

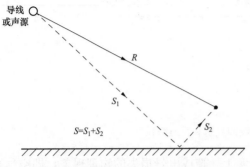

图5-5　由声源到麦克风的直接路径和地面反射路径

由于大地能很好地吸收高频波，所以对 A 计权测量的反射影响实际上可以忽略不计。但是，对线路电晕噪声的100Hz纯音分量，大地却是一个很好的反射体。到达麦克风的反射波声压可表示为

$$P_{ref} = KP(S) \qquad (5\text{-}30)$$

式中：K 是大地的反射系数，在100Hz 时，$K=1$；$P(S)$ 为声源传播了距离 S 后的声压。

对于地面上方 n 根导线的系统来说，有 $2n$ 个声波到达测点，即 n 个直射波和 n 个反射波。总的声压则是所有各声波压力的相量之和。由于纯音的声压波是相互相关的，所以，它们之间有可能产生相位叠加或相位抵消。这就使测得的声压曲线变得非常复杂。

5.3.3.2　空气的吸收作用

在无损介质中，声压水平只随着与声源的距离的增加而减弱，比如线声源的噪声会以圆柱体形状向外发散，由源产生的能量散布在逐渐增大的圆柱体区域中。实际上，声波通过空气传播时，由于空气分子的吸附要损失一些能量，因此会有衰减。这种吸收是频率、温度和相对湿度等的复杂函数。由于涉及几个变量，目前还很难把空气的吸收结合到输电线路噪声的计算中去。

由于吸收作用，距离线路100m 处的 A 计权水平降低了 1～2dB。按照这种方式，吸收的影响可近似为

$$吸收率 = -0.02R(\text{dB}) \qquad (5\text{-}31)$$

式中：R 是观测点到线路导线的距离。研究表明，频率较高时，空气的吸收较大，当频率低于 500Hz 时，其影响可忽略不计。所以，100Hz 纯音分量的衰减可以不考虑。

5.3.3.3　不同相声源的噪声叠加

每一相导线都可以看作一个独立的线声源。多相导线系统的声压可以通过对各相导线的作用求和来得到，分裂导线可以作为一个单线源来考虑。

对于噪声宽频带分量来说，由于各源无相关性，所以，要用二次求和（即平方和的开方）的方式求得。由 N_p 相可听噪声造成的总声压 P_{total}（dB）可由下式计算

$$P_{\text{total}} = 20\lg\Big[\sum_{i=1}^{N_p}(10^{\frac{P_i}{20}})^2\Big]^{\frac{1}{2}} = 10\lg\sum_{i=1}^{N_p}10^{\frac{P_i}{10}} \qquad (5\text{-}32)$$

式中：P_i 是第 i 相导线产生的可听噪声，dB。

5.4 输电线路电晕可听噪声的影响因素

输电线路可听噪声主要由电晕产生，因此影响电晕放电产生的因素都会影响可听噪声和其他电晕效应。这当中最重要的参数是导线表面电位梯度。由前述已知，线路导线的直径、分裂导线数、导线对地高度，以及相间距离都会影响到导线表面电位梯度。而由皮克公式可知，导线表面状况会影响电晕放电，进而影响电晕效应的水平。尽管如此，这些因素还是有影响可听噪声特别之处。

5.4.1 天气条件和负载电流的影响

总的来说，输电线路的可听噪声仅在坏天气下，且仅在比较清静的环境中才是可担心的问题。只要输电线路的无线电干扰水平在可以接受的范围内，好天气下的可听噪声通常都很低。即使如此，天气干燥时，导线在较高的表面电位梯度下运行，导线吸附如灰尘、昆虫等许多颗粒，此时的可听噪声还是足以让人耳觉察得到的。输电线路的最高可听噪声水平出现在坏天气条件下，因为这时导线表面会凝积水滴或雪花等，所以电晕可能会大量集中。

负载电流对坏天气下输电线路的电晕是有影响的。在有雾时，负载电流通过电阻的热效应会阻止水气在导线表面形成凝积。负载电流还会阻止水气在导线上形成霜，甚至可以使已经成形的霜溶化，可以使落在导线表面上的雪融化，也会加快导线在雨后的干燥速度。当然，这些都取决于负载电流的大小。

5.4.1.1 降雨

在降雨的整个过程中，输电线路的噪声水平会在较大的范围内变化。开始降雨时，导线还没有完全湿透时，噪声水平会随着雨的变化有相当大的起伏，但整体噪声水平较低；到了导线湿透并有水滴滴落时，噪声水平的起伏明显减弱，因为导线上作为电晕源的水滴始终处于饱和状态，这时的噪声水平最高；降雨结束后，导线表面变得洁净、水滴逐步滴落、电晕源减少，噪声水平逐步降低，直至恢复到、甚至低于雨前的水平。降雨期间噪声水平的变化与导线表面的状态，以及导线的表面电位梯度有很大的关系。电位梯度较高时，噪声水平对降雨强度的敏感程度比低电位梯度时要小些。电位梯度较高时噪声水平的离散性较小。图 5-6 所示为降雨时一个带电的空载三相试验线路的可听噪声的变化。可以看出，从 14：00 雨停到 15：30 之前，噪声没有降低到周围环境的水平，空载的导线用了较长时间恢复干燥。而导线带有负载电流时，这个干燥时间只有 5min 左右。一般的噪声规定是以等效声压级为基准的，即在某一个特定的时间段中 A 计权的平均值，如果这个特定的时间段包括各种天气条件，则负载电流对等效声压级的计算会有影响。

5.4.1.2 雾

有雾时，当输电线路空载或只有很小的电流时，可听噪声会因雾的强度达到一个很高的水平。美国有项试验研究，由于试验场地毗邻俄亥俄河，所以在浓雾天试验线路的可听噪声可达到大雨时的水平。负载电流的热效应阻止湿气在导线表面凝积，当负载电

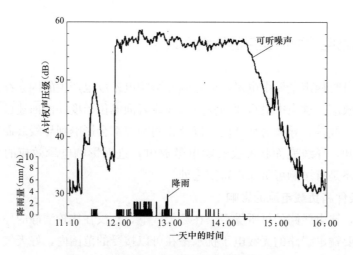

图 5-6　雨前、雨中和雨后可听噪声的变化

流足够大的时候，导线表面不会形成水滴，这时的可听噪声几乎不能听到。相反，如果湿气凝结，会出现较高的噪声水平。

5.4.1.3　降雪

降雪时的可听噪声水平根据雪的形态在很大的范围变化。空气温度接近 0℃时，降雪、雨夹雪和降雨时的可听噪声水平很好区分：中到大的湿雪时的噪声水平基本与下雨时相同。当气温低于 0℃时，降雪所造成的可听噪声水平很低。这时噪声水平取决于雪的干燥程度，对于负载电流很小的线路来说更是如此。大雪时气温非常低，噪声水平几乎没有增加。

如果降雪落到很热的导线上，就会融化为水并从导线上滴落，从而形成与降雨时相当的电晕放电，由此导致噪声水平与雨天相近。所以，如果负载电流足够大，即使雪很干，噪声也会达到下雨时的水平。

5.4.1.4　霜

霜是由许多尖锐的冰粒组成，这些锐点的电晕会形成辉光放电，或形成所谓的超电晕（ultra-corona）。这种电晕会造成很大的电晕损耗。

试验表明，当线路上没有电流或电流很小时，在线路导线上会凝积成霜，尤其在冬日的凌晨时分，导线和杆塔经常会被厚霜覆盖。空载时，导线产生的噪声是很强的、工频两倍的纯音，这是锐点处电晕的辉光放电造成的。霜与雾一样，是在气温低于 0℃时凝积而成。同样，较大的负载电流使导线发热，从而阻止了霜的凝积。一旦负载电流增大，原来电流较小时所凝结的霜很快会化为水。

5.4.2　绝缘子及金具引起的可听噪声

如果输电线路导线的金具、各种组件或绝缘子设计配置得不合适，它们会产生可以觉察到的、令人不快的可听噪声。一般情况下绝缘子本身几乎不产生可听噪声。绝缘子在干燥的污秽条件下，不会有绝缘子表面起弧的问题。导致绝缘子表面严重起弧的条件是雾、细雨和露，因为它们使绝缘子变潮湿，但又不足以洗去绝缘子表面的污秽。根据不同的污秽程度和电压等级，可听噪声有时会变得很大。这种问题可以用更换或清扫绝缘子的办法来解决。与合成绝缘子相比，瓷绝缘子和玻璃绝缘子产生可听噪声会更多一些。

线路导线的金具和各种组件则是另一回事。如同导线一样，如果它们的表面电场超过了临界电位梯度，就会发生电晕。下雨时，在组件上水滴的集聚处会出现电晕流注。但是这些电晕流注所产生的可听噪声不会成为问题，因为它们常常会被导线的大量电晕源所产生的噪声淹没。

好天气时，金具上电晕源所产生的可听噪声具有不稳定的特性。尽管如此，国外也有在线路杆塔附近的居民，因金具上不稳定电晕源产生的可听噪声而提出投诉的。

随着线路电压的升高和紧凑型线路的建设，好天气下金具电晕产生的可听噪声也会成为一个环境保护关注的问题。图 5-7 所示的国外一个 115kV 变电站由于升级到 230kV，各金具出现过多的电晕。图中右侧导线的电晕较弱是由于采用了比其他两相更好的导线夹具。

图 5-7　终端杆塔绝缘子串的夹具上产生的严重电晕

5.5　输电线路可听噪声的预测

前一章所讨论的已指出，由于电晕放电过程的极其复杂性和影响这一过程的诸多因素，基于纯理论分析电晕损失和无线电干扰等电晕效应是不可能的。这对于可听噪声也是成立的。因此，有必要提出一些经验或半经验方法来预测拟建输电线路导线结构的可听噪声特性。用于可听噪声预测的经验法通常限定于特定的线路类型，甚至是对特定的电压等级。所以，这些方法不能适用于任意的线路结构。半经验法较通用，可用于不同的线路结构和电压等级。半经验法给出的公式可用于确定设计参数范围较大的线路声功率密度产生量。对任意给定的线路结构，首先利用半经验公式对线路的每一相计算其可听噪声声功率密度产生量，然后利用分析方法确定线路在特定点的总可听噪声水平，或若干点的可听噪声水平，以获取横向分布。

5.5.1　典型天气条件下的计算模型

首先对降雨时的可听噪声给予定义。最普遍的计算方法是求出在可测雨条件下的中间值，即 L_{50} 值。除了雨天 L_{50} 值之外，有些方法也计算大雨期间的可听噪声。大雨的定义有不同，可以是在下雨期间可遇到的最大水平，或者说在可测雨期间 L_5 的超过水平。大雨的概念可能来自最初使用电晕笼进行试验时，用以弄湿导线的淋雨系统产生的雨，这是自然界少见的大雨密度。有研究表明，L_{50} 所对应的自然雨密度，约为 0.75mm/h，而 L_5 所对应的自然雨密度，则约为 6.5mm/h。

现有的可听噪声计算公式有两种类型：一种仅适用于特定几何参数和特定电压等级

的输电线路的可听噪声的计算；另一种则可以用来计算任意几何参数输电线路的可听噪声。后一种公式法是基于从单相或三相试验线路、户外电晕笼或者实际运行的输电线路获得试验数据推导出来的。输电线路每一相的可听噪声的声压级水平 L_A，通常表示为几个参数的函数，即导线表面电位梯度 g、子导线数 n、子导线直径 d，以及观测点与导线之间的径向距离 R，如

$$L_A = k_1 f_1(g) + k_2 f_2(d) + k_3 f_3(n) + k_4 f_4(R) + AN_0 + k \tag{5-33}$$

式中：$k_1 \sim k_4$ 为经验常数；$f_1 \sim f_4$ 分别为 g、d、n 和 R 的函数；AN_0 为 L_A 的参考值；k 为取决于各参数值的调整系数。

在计算了观测点处各相导线的噪声水平后，线路总的噪声水平可根据式（5-32）求其和得到

$$SPL = 10\lg\left[\sum_{i=1}^{N} 10^{\frac{L_{Ai}}{10}}\right] \tag{5-34}$$

式中：SPL 为观测点处的合成声压级，dB；L_{Ai} 为由式（5-33）计算得到的第 i 相的声压级；N 为线路相导线数目。这种计算方法也可以用于同塔双回线路，此时相数为 6。

这种方法比第一种方法应用得更普遍，因为它对线路的布置方式没有太多的限制。线路可以是单回路，也可以是同塔双回路；相导线排列可以是水平的、垂直的、也可以是三角排列的；或者可以有更高的相数，甚至不同相导线可以有不同的布置。交流输电线路的电晕噪声，人们关注的是坏天气时，或者说主要是雨天的情况。在好天气时，可听噪声的水平常常比雨天时低得多，几乎没有对好天气下可听噪声的投诉。目前所有预测 A 计权声压级的计算方法主要是针对降雨条件下的可听噪声。当然，有些方法可以对好天气下的水平作出估计。

交流输电线路可听噪声的最大值通常出现在大雨条件下，但此时的背景噪声一般也比较大，使得线路的噪声被淹没一部分，因此该天气条件下线路的可听噪声并不是主要关心的问题。而在小雨、中雨、雾、轻雾和雪天等天气条件下，导线是潮湿的，且在导线的底部挂满着水滴，因为此时的背景噪声相对较小，所以输电线路可听噪声显得较为突出，此种条件的可听噪声也会加深人们的烦恼程度。大部分预测输电线路可听噪声的公式，均考虑中雨（2.6～7.6mm/h）或大雨条件下的可听噪声值。而考虑降雨率所得到的计算模型则相对较少。

形如式（5-33）的几种经验公式如表 5-2 所列，有研究将其计算结果与从若干运行线路的实测试验数据比较进行了评估，很多公式的计算结果是十分接近的，与试验数据吻合得相当好。

表 5-2　　　　　　　　　　　各 国 计 算 公 式

计算方法	电场强度 g $k_1 f_1(g)$	分裂导线数 n $k_2 f_2(n)$	子导线直径 d $k_3 f_3(d)$	观测点距导线径向距离 R $k_4 f_4(R)$	常数，k_0	预测结果的使用条件
BPA	$120\lg g$	$26.4\lg n$	$55\lg d$	$-11.4\lg R$	-128.4	L_{50}
Westinghouse	$120\lg g$	$10\lg n$	$60\lg d$	$-11.4\lg R$	—	—
ENEL	$85\lg g$	$18\lg n$	$45\lg d$	$-10\lg R$	-71	HR

计算方法	电场强度 g $k_1 f_1(g)$	分裂导线数 n $k_2 f_2(n)$	子导线直径 d $k_3 f_3(d)$	观测点距导线径向距离 R $k_4 f_4(R)$	常数，k_0	预测结果的使用条件
IREQ	$72\lg g$	$22.7\lg n$	$45.8\lg d$	$-11.4\lg R$	-57.6	max
FGH（德国）	$2g$	$18\lg n$	$45\lg d$	$-10\lg R$	-0.3	max
GE	$-665/g$	$20\lg n$	$44\lg d$	$-10\lg R$	—	L_5、L_{50}
EDF	—	$15\lg n$	$4.5\lg d$	$-10\lg R$	AN_0	HR

注 L_{50}—全天候 L_{50} 值；HR—大雨；max—最大值；L_5—全天候 L_5 值。

表中美国西屋电力公司（Westing-house）计算公式中的 k_0 值尚无文献可查，EDF 计算公式中的常数 AN_0 值则需根据图 5-8 查取。

表中的 BPA 公式和 Westinghouse 公式，是根据各种不同电压等级、分裂方式的实际试验线路上长期实测数据推导出来的。ENEL（意大利电力公司）、IREQ 和 GE 公式则是在电晕笼试验所获数据的基础上总结得出。对比两种不同分析方式所得公式，区别最大的为 $k_1 f_1(E)$，即可听噪声

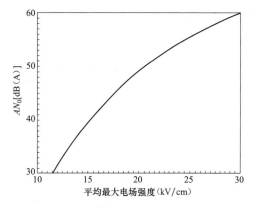

图 5-8 EDF 计算公式的 AN_0 曲线

产生量和导线表面电位梯度的关系。在试验线段上实测所得公式中，电位梯度的变化对可听噪声产生量的影响，明显大于由电晕笼试验所得公式中电位梯度的系数。

5.5.2 工程常用的预测公式

通过优化相关系数，并考虑了理论和试验数据而提出的 BPA 的公式可能是使用最为广泛的公式。该公式主要用来预测雨天条件下可听噪声的 L_{50} 值。通过许多国家的计算比较表明，该公式预测值与实测值之间的绝对误差绝大多数在 1dB 之内。因此，认为该公式具有较好的代表性和准确性。在中国的实际工程设计中，普遍采用该公式计算和预测输电线路的可听噪声。美国 EPRI 同样也给出了比较具体的计算参数及其条件，所以本节专门介绍了 BPA 公式和 EPRI 公式。

5.5.2.1 BPA 公式

BPA 公式主要是由实际运行线路和真型试验线路长期测量的统计数据归纳而来的，这些线路中大部分导线都已完成老化。BPA 方法计算的是可测雨条件下的 L_{50} 水平。对可听噪声的长期测量和降雨的测量表明，可听噪声的可测雨条件下 L_{50} 水平，一般出现在降雨密度约为 1mm/h 时。

BPA 并没有单独计算大雨时可听噪声的公式。正如前面所说，大雨难以定义。在各个电晕笼试验中所用的人工大雨并不是一样的，人工雨喷洒出来的雨的密度在自然界中也不普遍，而且也没有一个针对大雨的噪声规定。

如果需要知道大雨下的噪声水平值，BPA 的建议是，在可测雨条件下 L_{50} 的计算值

上再加 3.5dB 即可。BPA 公式假设，在所有天气条件下，各种线路在可测雨期间的 A 计权可听噪声水平的统计分布，在概率坐标纸上画出线条的斜率均是相同的。不管是潮湿或干燥的天气，对较大的导线表面电位梯度范围的不同交流线路在不同的海拔高度的测量，已经充分地证明了这个假设的合理性。图 5-9 所示为两相近的、不同电压的线路全天候 A 计权可听噪声水平的概率分布。曲线的上部（大约时间 10％左右的超过值）几乎是直线，它们表示了可测雨的分布，而且还可以看到，即使导线表面的电位梯度有很大不同，它们的斜率是完全一致的。图 5-9 中 1 为试验线路运行在 1160kV 时，导线表面的最大电位梯度为 15.9kV/cm；2 为带负荷的线路运行在 540kV 时，导线表面的最大电位梯度为 18.4kV/cm。

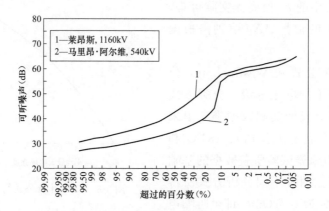

图 5-9　全天候 A 计权可听噪声水平分布的比较

每相的可测雨条件下 A 计权 L_{50} 激发声强 A 为

$$n < 3 \text{ 时，} \quad A = 55\lg d + 120\lg g_{\max} + \frac{Alt.}{300} - 229.7 \tag{5-35}$$

$$n \geqslant 3 \text{ 时，} \quad A = 26.4\lg n + 55\lg d + 120\lg E_{\max} + \frac{Alt.}{300} - 242.7 \tag{5-36}$$

式中：$Alt.$ 为高于海平面的高度，m。于是，雨天输电线路任意相导线的可听噪声平均值或 L_{50} 值为

$$L_{50} = 120\lg(g) + k\lg n + 55\lg d - 11.4\lg R + AN_0 \tag{5-37}$$

式中：g 为平均分裂导线最大电位梯度，kV/cm；n 为子导线数；d 为子导线直径，cm；R 为相导线到观测点的径向距离，m。

$n \geqslant 3$ 时，$k = 26.4$；

$n < 3$ 时，$k = 0$。

$n \geqslant 3$ 时，$AN_0 = -128.4$；

$n < 3$ 时，$AN_0 = -115.4$。

多相导线线路的总声压级水平可由式（5-34）计算得到。采用上述 BPA 公式，也可得到其他条件的声压级水平，推荐值如下：

（1）为得到好天气可听噪声的 L_{50} 值，应从雨天 L_{50} 值中减去 25dB；

（2）为得到雨天可听噪声的 L_5 值（大雨条件），在雨天 L_{50} 值中加上 3.5dB；

（3）为考虑海拔影响，在式（5-35）和式（5-36）中增加 $\dfrac{Alt.}{300}$ 项。

5.5.2.2 EPRI 公式

EPRI 公式用于计算大雨时可听噪声的数值和可测雨时可听噪声的 L_{50} 水平。这些经验公式是建立在电晕笼试验和各种布置方式的真型单相或三相试验线路的试验基础上的。

EPRI 公式给出的是大雨和所谓"湿导线"条件下的可听噪声。电晕笼试验时，在人工喷洒系统均匀地以自然雨的水滴特征直接喷洒出大雨时，测量其可听噪声水平。根据与自然雨下试验数据的比较，用电晕笼试验确定的大雨噪声等于自然雨条件下的 L_5 水平，即对应于可测雨量时，有 5% 的时间可听噪声的超过水平。相应的雨量密度约为 6.5mm/h。

电晕笼试验时，湿导线时的可听噪声定义为，在人工喷洒系统停止喷洒 1min 后，再也没有水滴落到导线上，但水滴仍然悬挂于导线时测得的可听噪声。根据与自然雨条件下试验的比较，用电晕笼试验确定的湿导线可听噪声等于自然雨条件下的 L_{50} 水平，即对应于可测雨量时，50% 时间可听噪声的超过水平。

"湿导线"概念似乎有点不清晰，一是因为湿导线是个不稳定且短暂的过程；二是因为它只是一个试验的方法。因此，为防止进一步的不清晰，"湿导线"可听噪声简称为可听噪声 L_{50} 水平。

为了计算在大雨条件下输电线路的可听噪声，采用下面的公式。由 n 根子导线组成的一相所产生的激发声强 A 为

$$n < 3 \text{ 时；} \quad A = 20\lg n + 44\lg d - \frac{665}{g_{\max}} + K_n - 39.1 \tag{5-38}$$

$$n \geqslant 3 \text{ 时；} \quad A = 20\lg n + 44\lg d - \frac{665}{g_{\max}} + \left[22.9(n-1)\frac{d}{d_{\text{eq}}}\right] - 46.4 \tag{5-39}$$

结合上式与各种因素，可以得到每相产生的声压级水平 L_A 为

$$n < 3 \text{ 时，} \quad L_A = 20\lg n + 44\lg d - \frac{665}{g_{\max}} + K_n + 75.2 - 10\lg R - 0.02R \tag{5-40}$$

$$n \geqslant 3 \text{ 时，} \quad L_A = 20\lg n + 44\lg d - \frac{665}{g_{\max}} + \left[22.9(n-1)\frac{d}{d_{\text{eq}}}\right] + 67.9 - 10\lg R - 0.02R$$

$$\tag{5-41}$$

式中：L_A 声压级水平（以 $20\mu Pa$ 为基准），dB；A 为激发声强（以 1W/m 为基准），dBA；n 为分裂导线的子导线数目；d 为子导线的直径，cm；$g_{\max}$ 为导线表面最大电位梯度，kV/cm；计算时导线对地高度为平均高度，即最低高度加 1/3 弧垂；d_{eq} 为分裂导线等效直径，cm；R 为观测点到该相的距离，m；当 $n=1$ 时，K_n 为 7.5dB，当 $n=2$ 时，K_n 为 2.6dB。

式（5-38）～式（5-41）适用的导线或子导线直径为 2～8cm 时，基本上覆盖了输电线路的适用范围。所有 N_p 相总的声压水平则用式（5-34）计算。

可听噪声 L_{50} 水平是按大雨水平加上一个修正因数算出的。为了算出该修正因数，必须先算出所谓 "6dB 电位梯度" g_c。"6dB 电位梯度" 是指可听噪声 L_{50} 水平低于大雨水平 6dB 时的电位梯度。g_c 的值在某种程度上取决于子导线的数目，可由式（5-42）和式（5-43）给出，即

$$n \leqslant 8 \text{ 时}, \quad g_c = \frac{24.4}{d^{0.24}} \tag{5-42}$$

$$n > 8 \text{ 时}, \quad g_c = \frac{24.4}{d^{0.24}} - 0.25(n-8) \tag{5-43}$$

式中：g_c 为 6dB 电位梯度，kV/cm；n 为子导线数；d 为子导线直径，cm。为了得到可测雨期间的 L_{50} 水平，对强激发声强进行修正的值 ΔA 为

$$n < 3 \text{ 时}, \quad \Delta A = 8.2 - \frac{14.2 g_c}{g_{max}} \tag{5-44}$$

$$n \geqslant 3 \text{ 时}, \quad \Delta A = 10.4 - \frac{14.2 g_c}{g_{max}} + \left[8(n-1) \frac{d}{d_{eq}} \right] \tag{5-45}$$

要计算可测雨期间的 L_{50} 水平，则应当：

(1) 按式（5-40）或式（5-41）计算大雨下每相的声压水平 L_5；

(2) 用式（5-42）或式（5-43）计算 6dB 电位梯度 E_c。

(3) 用式（5-44）或式（5-45）计算每相的 L_{50} 修正值

(4) 把 L_{50} 修正值加在第一步中算得的每相的 L_5 声压水平上。

(5) 用式（5-34）把前一步算得的声压水平累加在一起。

5.5.2.3 纯音的预测公式

国内外对 "嗡嗡" 声的纯音研究的非常少，目前对纯音的测量及其特性都没有明确的阐述，亦即整个认知尚处在研究阶段。

日本的田边一夫等人通过电晕笼试验，获得纯音和导线表面电位梯度以及降雨率大小的关系，并提出了降雨条件下纯音的预测公式，即

$$L_{PRE} = T_{wc} + (19.6 - 0.71 g_{ave}) \lg \frac{R_{50}}{R_{wc}} \tag{5-46}$$

式中：T_{wc} 为雨天条件下线路纯音的整体声压级水平，dB；R_{wc} 为瞬时的降雨率大小，mm/h；R_{50} 为线路经过区域年降雨率的 50% 值，mm/h；g_{ave} 为导线表面平均电位梯度，kV/cm。

$$T_{wc} = 10 \lg \left[\sum_{j=1}^{N_p} 10^{\frac{P_{wcj} - 10 \lg R_j}{10}} \right] \tag{5-47}$$

式中：P_{wcj} 为第 j 相 "湿导线" 产生的纯音声压级水平，dB；N_p 为导线相数；R_j 为第 j 相导线至计算点处的径向距离。

该预测公式的使用条件是，导线表面最大电位梯度 g_{max} 为 12～24kV/cm；分裂导线数为 6～10；子导线直径为 2.53～3.84cm。

在电晕笼中，采用实际运行线路的导线型式进行试验，获得 "湿导线" 条件下单相导线产生的纯音声压级水平和导线表面最大电位梯度以及起晕场强等的关系式，即

$$P_{wc} = 29.4\lg(g_{max} - g_0) + C \quad (5\text{-}48)$$

式中：g_{max} 为导线表面最大电位梯度，kV/cm；g_0 为"湿导线"条件下的起晕场强，kV/cm；C 为常数。g_0、C 均需在电晕笼试验中获得。图 5-10 所示为 8×3.84cm 型的导线在湿导线和大雨条件下电晕笼试验获得的曲线，从中可以求出该导线的 g_0 和 C 值。

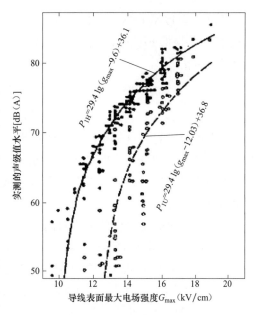

图 5-10 电晕笼试验所得纯音曲线

5.5.3 噪声计算中的影响因素

5.5.3.1 好天气条件下的可听噪声

假如输电线路的设计，在雨天时的可听噪声水平可以接受的话，那么通常在好天气下不会产生可感知的可听噪声。好天气时线路的电晕噪声，即使能被人耳觉察到，也往往都无法在环境噪声中被测量出来，除非环境特别安静，而且变化都很大。好天气时，高压输电线路电晕的声源数量每 100m 三相输电线路会在几十个范围变动。该最小的数量相应于冬月天，最高的数量相应于 8 月。可听噪声的电晕源也取决于天气，尤其与雨量密切相关，雨量大的暴风雨会把导线洗刷干净，而长期无雨会使导线上积满颗粒。由于这个原因，几乎没有好天气下的有效的可听噪声数据。当需要提供一个在正常的导线电位梯度下运行的线路可听噪声，习惯做法是在 L_{50} 的噪声水平中减去一个量，如减去 25dB 即可。只要导线表面电位梯度低于 15kV/cm、海拔高度不超过 1000m，它是完全可以安全适用的。

在绝大部分场合，好天气下的可听噪声都不太明显，但是，导线表面电位梯度达到某个临界点的时候，随着电位梯度的增加，它的水平会很快上升，达到甚至超过雨天时的噪声水平。雨天与好天气下噪声之间的差别并不是常数，它随着导线表面电位梯度的增加而减少。好天气下线路的噪声会由于灰尘、昆虫和其他悬浮微粒的存在而突然增高。

正如前面所述，好天气下的可听噪声在冬季里较低些，而在夏里则较高。这并不只是夏里电晕源数量增加的缘故，还有导线温度增加的因素。

5.5.3.2 降雨强度的影响

输电线路产生的可听噪声是随降雨强度变化的一个函数。降雨强度越大，可听噪声也越大。但是，由于可听噪声声压级的统计分析与降雨量的年分布有关，所以应该对线路所处地区的降雨量分布予以足够考虑。

EPRI 根据其试验研究，A 计权可听噪声与降雨强度的对数呈线性关系。激发声强与降雨强度的关系式为

$$A = A_0 + k_r\lg(RR) \quad (5\text{-}49)$$

式中：A 为激发声强，dB；A_0 为降雨强度 1mm/h 时的激发声能，dB；RR 为降雨强度，mm/h；k_r 为系数。

系数 k_r 可以用 EPRI 方法，按式（5-44）或式（5-45）给出雨中 L_5 水平与 L_{50} 水平的差别 ΔA，并根据 EPRI 所得出的 5% 降雨强度（6.5mm/h）、50% 降雨强度（0.75mm/h）来计算，因此

$$k_r = \frac{L_5 - L_{50}}{\lg\left(\frac{6.5}{0.75}\right)} = 1.07\Delta A \tag{5-50}$$

作为资料信息，这里参考了 IEEE Std 539—1990 中对与可听噪声相关的天气条件进行的划分。其划分的依据是降雨密度，单位为 mm/h。好天气时，降雨密度为零且输电线路导线是干燥的；坏天气时，有降雨或者能使输电线路导线变湿的物质，例如雾，以及湿雪。

其中，根据降雨密度的大小对雨天天气条件进行了详细的划分：雨的定义为直径大于 0.5mm 的液体水珠的形式或者较大范围分散的小直径液体水珠。

根据雨滴的密度可以将雨划分为几个等级，包括非常小或细雨、小雨、中雨和大雨等。这里再增加一个所谓"毛毛雨"，其显著的特点是水珠直径一般小于 0.5mm，数目非常众多，且明显比小雨蒸发快。

5.5.3.3 导线老化过程的影响

导线老化对电晕现象的影响之前讨论过。这里专门讨论它对可听噪声激发声强的影响。

大部分新导线表面都有一层油，这是制造工艺的一部分。当水落到这种憎水性导线表面时，会形成小水珠。在导线暴露一段时间之后，油会分解掉，水会流向导线的底部，在那里形成一条水滴线。油分解的速率取决于在一年中的哪一段时间。

EPRI 和其他一些研究机构的可听噪声测量表明，新导线的噪声比老化了的导线要高 8dB。水珠的成形不但增加了 A 计权可听噪声，而且还使 100Hz 的"嗡嗡"声有明显的增加。新导线上小水珠生成的电晕源比老化导线底部水滴线生成的电晕源要多很多。可以设想，由这些小水珠发出的辉光电晕产生密集的空间电荷，从而造成明显的"嗡嗡"声。当造成"嗡嗡"声的空间电荷充满导线表面区域时，就会抑制产生宽带噪声的正极性流注的形成。随着导线的老化、"嗡嗡"声的减弱，高于 500Hz 的噪声分量逐渐上升。在结冰状态下也会出现类似的效应，那时，"嗡嗡"声和电晕损失会明显高于雨天得到的值，而宽带噪声却大大低于雨天的值。

电晕笼试验时，在使用人工淋雨系统进行可听噪声测量过程中，有时会发现在停止喷水时可听噪声水平会有一个升高，这可能是大量的空间电荷对导线表面电场起到抑制作用，减弱了噪声的产生；雨停时这种抑制和减弱作用随之而降低，从而导致噪声的上升。同时，这种现象还可理解为，有水喷向导线时，向下喷出的水阻止了导线顶部水滴的形成。一旦停止喷水，水珠重新形成，可听噪声就会升高。另外，有迹象表明，提高运行中导线的表面电位梯度，导线因老化而带来的可听噪声降低会减少。

5.5.3.4 海拔高度的影响

空气密度既影响输电线路可听噪声的激发声强，又影响可听噪声的传播，但前者的影响似乎更大些，因为空气密度对正极性流注的起始和发展都有影响。

在海拔较高的地区，流注在导线表面电位梯度较低时就会发生，可以把流注的起始电位梯度和发展看成与标准空气密度是线性关系的，这样只要把相应的导线表面电位梯度乘以 $1/\delta$ 即可，该 δ 是相对于标准大气状态（25℃，760mm 汞柱）的空气相对密度。例如，在海拔为 1500m 时，若导线表面电位梯度为 15kV/cm，而那里的空气相对密度是 0.863，则对应于标准空气密度时的导线表面电位梯度应为 17.4kV/cm。

流注产生的噪声是一种压力波，它是在流注附近的空气压力突变产生的。噪声压力的突变形成的压力正比于空气密度，这样空气密度较低，反映到噪声，就是声压一定程度上的降低。例如，空气相对密度为 0.863 时（海拔为 1500m），噪声的减少为 1.3dB。此外，声音的传播也受空气密度的影响。

对于高海拔地区来说，这种影响可以归于式（5-11）中的 $\sqrt{\delta}$ 项。至于海拔高度对噪声传播的影响，可以在式（5-11）中加上一个等于 $10\lg\delta$ 的修正项来加以解决。这个修正项比较小（海拔为 1500m 时是 0.6dB），但它表示了海拔对噪声传播的影响，随着海拔的增加噪声有所降低。

综合上述海拔高度对激发声能和传播影响的几个方面可得，在海拔为 1500m 时，会造成噪声增加 5.9～6.4dB。然而，试验结果表明，实际增加要小些，约为 5dB。

BPA 进行的可听噪声测量表明，可听噪声随着海拔的增加而增加，其增加值约等于 $\frac{Alt.}{300}$ dB，其中 $Alt.$ 是海拔，单位是 m。这个修正项以前在无线电干扰的计算公式中曾经用过。按 BPA 的方法，通过与海拔为 1935m 的 500kV 双回线路的可听噪声测量结果的比较来看，这个修正项对可听噪声来说也是适用的。

5.5.3.5 分裂导线的排列定位的影响

为了减小子导线的振动，有时线路设计倾向于用垂直布置两分裂导线，而不用水平布置方式。同样，对四分裂导线束，倾向于用菱形布置而不是正方形布置。电晕笼试验表明，对于三分裂或更多分裂数的分裂导线来说，子导线定位对可听噪声的激发声强没有太大的影响。然而，对于垂直布置的两分裂导线，在计算其雨天可听噪声的 L_{50} 时要加上 1.5dB，因为预测公式都是在水平布置下得出的。

BPA 曾考虑在高海拔地区建第一个 500kV 线路时使用四分裂导线，设计人员希望知道菱形布置方式下比正方形布置时噪声是否会更大一些。为此，BPA 对不同类型的新、旧导线，在人工雨条件下进行了无线电干扰和可听噪声试验。试验时采用的布置方式有：两分裂导线有垂直布置和水平布置；三分裂导线正三角形布置和倒三角形布置；四分裂导线有正方形布置和菱形布置。结果发现，在人工淋雨条件下，无论哪种布置方式，其无线电干扰和可听噪声都没有稳定的差别。

5.5.4 各种统计值的关系

雨天条件下的可听噪声评价常采用的 L_{50}、L_5、平均值（Avg）、大雨条件下的声压级值 HR，以及雨天条件下测得的最大声压级值（Max）。通过长期的监测，上述几个值具有以下关系：$L_{50}\approx$ Avg，$L_5\approx$ HR $\approx$ Max。

BPA 在总结大量的实测数据的基础上，提出了统计声压级 L_N 之间的关系曲线，如

图 5-11 所示。

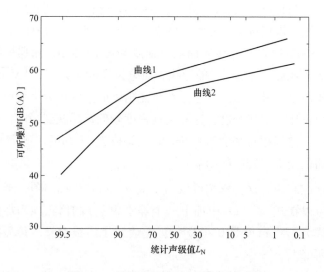

图 5-11   统计声级值之间的关系曲线

图 5-11 中，曲线 1 代表雨天条件下各统计值 L_N 之间的关系曲线，曲线 2 则代表雾、露以及雨后条件下的关系曲线。从图中可以查出，$L_5 = L_{50} + 3.5\text{dB}$。

一般的环境噪声标准中所给出的限值为 L_{eq}，对于输电线路电晕噪声，L_{eq} 与 L_{50} 之间的关系为

$$L_{eq} = L_{50} + 0.115S^2 \tag{5-51}$$

式中：S 为标准偏差，可由下式计算得到

$$L_5 - L_{50} = 16.4S \tag{5-52}$$

通过对输电线路晴天连续 24h 的大量测量数据表明，L_5 与 L_{50} 的差值大约为 3～6dB，由此可以得到

$$L_{eq} - L_{50} = 0.38 \sim 1.54\text{dB} \tag{5-53}$$

对于交流输电线路，雨天时的噪声比晴天时的大；对于直流输电线路，晴天时的噪声比雨天时的大。在线路设计时，一般使发生最大电晕噪声期间的 L_{50} 不超过限值。在线路发生最大电晕噪声期间，噪声测量数据稳定，其标准偏差比连续 24h 数据小，因此

$$L_{eq} - L_{50} < 0.38\text{dB} \tag{5-54}$$

$$L_{eq} \approx L_{50} \tag{5-55}$$

由上可见，按输电线路发生最大电晕噪声期间的 L_{50} 不超过限值与此期间的 L_{eq} 不超过该限值是一致的。

空 间 电 荷 及 其 影 响

电晕放电的形成机制因电极的极性不同而有区别，这主要是由于电晕放电时空间电荷的积累和分布状况不同所造成的。在直流电压作用下，负极性电晕或正极性电晕均在尖端电极附近聚集起空间电荷。在负极性电晕中，当电子引起碰撞电离后，电子被驱往远离尖端电极的空间，并形成负离子，在靠近电极表面则聚集起正离子。电场继续加强时，正离子被吸进电极，此时出现一脉冲电晕电流，负离子则扩散到间隙空间。

近几十年高压交直流电能变换技术发展迅速，先是汞弧阀，之后是晶闸管和其他高级的固体器件。这种技术的进步促进了高压直流输电（HVDC）线路在现代电力系统中的应用。线路电压决定了交直流导线附近的不同电场条件，凸显出所发生电晕放电模式的不同。同时，这也反映出线路不同导线之间以及导线和大地之间空间电荷的分布差异，进而从物理过程主导着线路的电晕损失。从可能的环境影响因素考虑，空间电荷的稳定流动引起的电流和电场，在直流线路的设计中起到重要作用。本章将讨论单极性和双极性直流输电线路不同导线结构的空间电荷环境及影响的分析方法。

6.1 交直流导线电晕的差异

输电线路导线的表面场强超过一定数值即产生电晕，空气在电场的作用下游离成带正电荷的正离子和带负电荷的负离子。交流输电线的电压是正负交变的，离子没有足够的时间远离导线。而直流输电的电压是恒定的，离子产生之后在电场力的作用下有足够的时间向远方移动（当然风和扩散也是移动的原因）。离子在移动过程中还会发生复合，因此，直流线路稳定运行时电荷处于动态的平衡之中，正极性导线附近的正电荷占多数，负极性导线附近负电荷占多数。

在第 1.2 节中定义了三种可能的直流输电线路模式，也就是单极性导线的单极线路、双极性导线的同极线路和双极性导线的双极线路。然而，从电晕特性的角度看，单极线路和同极线路没有本质差别，故而这里将讨论限定于单极线路和双极线路导线结构。

6.1.1 单极性电晕的物理描述

根据运行电压的不同，单极直流线路可由处于地面上方的单根导线或多分裂导线构成，当然可以工作在对地正极性，或者对地负极性。如同第 2 章所述，正极性或负极性导线的电晕可以产生正极性或负极性的离子。然而，与导线极性相反的离子被导线吸引并中和。所以，正极性导线在电晕过程中表现为正极性离子的源头，反之亦然。

对于如图 6-1 所示的单极直流输电线路的单根导线，在电晕之前导线和大地之间的空间电场分布，可利用第 2 章所述的方法来确定。在导线上的电压超过电晕起始电压之后，与导线电压极性相同的离子化空间电荷充满导线与地的空间。以离子迁移率来表征离子服从于电场分布的移动，这一电场由导线电压和空间电荷确定。在电场和电荷分布之间存在明显的非线性相互作用。如同图 6-1 所示，从导线到大地的离子流动，近似沿着其间电场分布的电力线运动。有离子化空间电荷影响的电场分布有时称为离子场。而解释离子场这一术语时可能引起混乱，所以在本章，这一电场分布被称为空间电荷电场。

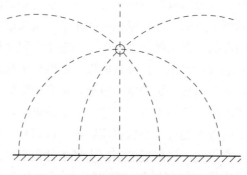

图 6-1　单极直流线路电场分布

由电晕产生的离子在导线与地之间的空间内的连续移动构成一种电流流动，从而导致了电能损失，这一能量是从与导线相连的电源获得。除引起电晕能量损失外，流动的离子还会引起其他一些电场效应，这类效应会在线路邻近区域内的人或物体上产生。

6.1.2　单极性电晕的描述

如上所述，单极性电晕产生的空间电荷电场由离子流和电场的多重相互作用来表征：空间任意一点的离子电流密度是该点的电场的函数，而该电场又反过来由系统电极结构之间施加的电压和极间空间的电荷分布共同确定。空间电荷电场的数学描述包括有相互耦合的非线性偏差分方程组。在传统的直流空间电荷电场描述方法中，通常要采取一些简化的假定：

（1）整个极间空间充满空间电荷，即电晕离子层的厚度可忽略不计；

（2）离子迁移率是个常数，与电场大小无关；

（3）忽略离子的中和；

（4）忽略风、湿度、悬浮粒子的影响。

下面对每一个假定条件的正确性或合理性进行讨论。第一个假设条件在多数实际导线结构下是合理的，因为电晕层的厚度与导线半径在同一数量级，所以相比导线与地的距离，是可以忽略不计的。这一假设的含义是，离子是从导线自身表面发射出来的。

设定第二个和第四个假设是为了简化数学运算。而第三个假设在所考虑的常规空气温度和电极间施加高压的情况下（如第 2.1 节）是正确的。空气中电晕放电离子的产生源于氧和氮原子。这些离子的迁移率在 $1.5 \times 10^{-4} \, \mathrm{m^2/Vs}$ 数量级。除电场力会导致迁移外，如果附近空气不是完全静止而是具有一定的速度，则这些离子还将顺从于风力的作用。这时任意一点的离子运动将由该点的电场和风的方向、大小合成的移动速度矢量来表征。因此忽略风的影响可以简化数学运算的复杂性。

大气中，由电晕产生的离子与空气中的水分子结合，产生速度更慢质量更重的离子。与此相似，空中的悬浮粒子也可在电晕产生的空间电荷电场中带电，成为带电的悬浮粒子，其迁移率比离子的要小 2～3 个数量级。无论重离子还是带电悬浮粒子的出现，都将极大地影响直流空间电荷电场的特性。若考虑有离子迁移、风、湿度和悬浮粒子的影响，可能引起任何的变化，忽略他们的影响可以简化分析，而且可以更好地理解空间电荷电场的基本特性。

采用上述假设条件后，单极直流空间电荷电场可由下列方程组来定义

$$\nabla \cdot \vec{E} = \frac{\rho}{\varepsilon_0} \tag{6-1}$$

$$\vec{j} = \mu \rho \vec{E} \tag{6-2}$$

$$\nabla \cdot \vec{j} = 0 \tag{6-3}$$

式中：$\vec{E}$ 和 $\vec{j}$ 分别是空间任意一点的电场和电流密度矢量；ρ 是空间电荷密度；μ 是离子迁移率；ε_0 为自由空间介电常数。

式（6-1）为泊松方程，式（6-2）定义了电流密度和电场矢量之间的关系，式（6-3）为电流连续性方程。

式（6-1）～式（6-3）描述了任意三维空间尺度电极结构的单极性直流空间电荷电场。结合适当的边界条件，这一组互耦偏微分方程的解将给出极间区域的电场空间的电荷分布。利用式（6-2）可以计算出任一点的电流密度。最明显的边界条件是已知的施加于电极结构的不同导体的电压。然而为求解这一方程组还需要另一个边界条件，这一边界条件通常在空间电荷产生的电极表面电场大小和电荷密度之间选择。

从纯粹的数学观点出发，有研究证明，采用发射极的表面电荷密度使得问题得以简化。然而，对于因一个导体表面电晕引起的电荷发射现象，这种特殊情况下提出一个精确地电荷密度作为边界条件几乎是不可能的。如第 2 章所述，涉及电晕放电物理过程是非常复杂的，电离过程中引起的电荷发射对导体表面电场分布的微小变化都极其敏感。因此，在导体表面电晕产生的空间电荷电场的计算中，选取发射电极表面的电场而不是电荷密度作为边界条件更为合适。

为使得导体表面的电场可作为边界条件使用，将导体周围的电晕离子层考虑为等效稳态是必要的。随着导线电压升高并超过电晕起始电压，电晕层中将产生相当数量的空间电荷。这就有一个在产生电离作用的电场和净空间电荷削弱电场之间的内在相互作用。这两个相反过程的平衡，确定了导体表面的电场。基于一个直流电晕层内电场的近似理论分析，德国学者邹坎普认为在高于电晕起始电压时，导体表面电场维持在起晕值不变。该分析中使用了空气的离子化系数的数据，而那时并没有空气中附着电子的数

据，仅有一个近似的方法用于空间负离子。

在等效稳态条件下，有一种方法采用现有的空气中电离、附着系数的实验数据，计算分析正极性和负极性直流电晕放电的电离层中的电场分布。这一分析表明，在电晕发生之后，对于实际的输电线路，正常的电晕电流范围内导体表面电场维持在起晕值不变。

6.1.3 对简单结构的分析

结合如上所述的适当边界条件，求得如式（6-1）~式（6-3）所定义的单极性直流空间电荷电场问题的解析解是可能的，但这只能是对于一些可以简化为一维形式的简单电极结构。因此，可以求解诸如平行板、同心圆柱、同心球等简单电极结构的解析解。然而从直流电晕的观点看，只有同心圆柱体电极系统尚有实际意义。

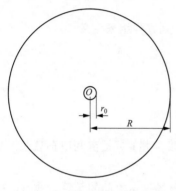

图 6-2　同心圆柱体结构

汤逊已得出了如图 6-2 所示的同心圆柱体结构的解析解，该结构的内导体和外圆柱体的半径分别为 r_0 和 R。这个解是假定内导体的表面电场在电压升高超过电晕起始电压后继续升高时，保持在电晕起始电场值不变，以及单极性电晕区域自导体表面算起，即电晕层厚度可以忽略不计。

假定有一个无限长圆柱体结构，这样可不考虑沿导体长度方向的变化。因为圆柱体结构内在的角对称性，所以仅在圆柱坐标系的一个维度得到解析解就足够了，式（6-1）和式（6-2）可简化为

$$\frac{\mathrm{d}\vec{E}}{\mathrm{d}r} + \frac{\vec{E}}{r} = \frac{\rho}{\varepsilon_0} \tag{6-4}$$

$$\vec{j} = \mu\rho\vec{E} \tag{6-5}$$

将式（6-2）代入式（6-3）得

$$\mu[\rho\nabla\cdot\vec{E} + \vec{E}\cdot\nabla\rho] = 0 \tag{6-6}$$

用圆柱坐标系表示，将式（6-4）中的 ρ 代入，式（6-6）可变为

$$\left(\frac{\mathrm{d}\vec{E}}{\mathrm{d}r} + \frac{\vec{E}}{r}\right)^2 + e\frac{\mathrm{d}}{\mathrm{d}r}\left(\frac{\mathrm{d}\vec{E}}{\mathrm{d}r} + \frac{\vec{E}}{r}\right) = 0 \tag{6-7}$$

简化后可得

$$\vec{E}\frac{\mathrm{d}^2\vec{E}}{\mathrm{d}r^2} + 3\frac{\vec{E}}{r}\frac{\mathrm{d}\vec{E}}{\mathrm{d}r} + \left(\frac{\mathrm{d}\vec{E}}{\mathrm{d}r}\right) = 0 \tag{6-8}$$

为得到 $\vec{E}$、而后推导出 $\vec{j}$ 和 ρ，就要使用等式 $\vec{E} = -\nabla\Phi$ 和以下边界条件求解微分方程式（6-8）：

(1) 在 $r = r_0$ 处，$\Phi = U$；

(2) 在 $r = R$ 处，$\Phi = 0$；

(3) 在 $r = r_0$ 处电场由 $E = E_0$ 给出，E_0 为导体的电晕起晕电场值。

圆柱形导体的起晕电压为

$$U_0 = E_0 r_0 \ln \frac{R}{r_0} \tag{6-9}$$

边界条件（3）表明，当 $U = U_0$ 时，在 $r = r_0$ 处有 $E = E_0$。可以发现一个形式为式 (6-10) 所示的 E 的解满足该微分方程，即

$$E = \frac{\sqrt{Ar^2 + B}}{r} \tag{6-10}$$

可以通过将式 (6-10) 代入式 (6-8)，并利用有关的代数运算来验证。常数 A 和 B 可通过单位长度的电晕电流 I 来确定，单位为 A/m，这时使用边界条件（3），并根据 $E_0 = \frac{\sqrt{Ar_0^2 + B}}{r_0}$，得出

$$I = 2\pi r_0 j_e \tag{6-11}$$

式中 j_e 为导体表面（发射极）的电晕电流密度，由式 (6-5) 得：$j_e = \mu \rho_e E_0$，ρ_e 为导体表面（发射极）的电荷密度。由此，式 (6-11) 可写成

$$I = 2\pi r_0 \mu \rho_e E_0 \tag{6-12}$$

这时 ρ_e 的值可通过式 (6-4) 求得

$$\rho_e = \varepsilon_0 \left(\frac{\mathrm{d}E}{\mathrm{d}r} + \frac{E}{r} \right), \quad r = r_0 \tag{6-13}$$

对式 (6-10) 求导：$\frac{\mathrm{d}E}{\mathrm{d}r} = \frac{A}{\sqrt{Ar^2 + B}} - \frac{\sqrt{Ar^2 + B}}{r^2}$。将 $\frac{\mathrm{d}E}{\mathrm{d}r}$，$\frac{E}{r}$ 的表达式代入式 (6-13)，可得

$$\rho_e = \varepsilon_0 \frac{A}{\sqrt{Ar_0^2 + B}} \tag{6-14}$$

将式 (6-14) 代入式 (6-12)，可得到 A，即

$$A = \frac{I}{2\pi \varepsilon_0 \mu}$$

定义一个一维的电流，并依据圆柱电极结构归一化，即

$$\zeta = \frac{I}{2\pi \varepsilon_0 \mu} \cdot \left(\frac{R^2}{E_0^2 r_0^2} \right) \tag{6-15}$$

常数 A 可重写为

$$A = \frac{E_0^2 r_0^2}{R^2} \zeta \tag{6-16}$$

通过式 (6-10)，并将 A 代入，便可得到常数 B，即

$$B = E_0^2 r_0^2 \left(1 - \frac{r_0^2}{R^2} \zeta \right) \tag{6-17}$$

将式 (6-16) 和式 (6-17) 代入式 (6-10)，则可得到电场分布，即

$$E = \frac{E_0 r_0}{r} \left[\left(1 - \frac{r_0^2}{R^2} \zeta \right) - \frac{r^2}{R^2} \zeta \right]^{\frac{1}{2}} \tag{6-18}$$

式 (6-18) 给出了作为 r 函数的电场 E，同时归一化总电晕电流也作为一个参数。

在电压低于电晕起晕电压时，$\zeta=0$，电场简化为没有空间电荷的静电场。最后，从 $r=R$ 到 $r=r_0$ 对式（6-18）积分，可得到电压与电流之间的关系。令施加的电压为 U，假定 $\dfrac{r_0^2}{R^2}\zeta\ll1$，这在实际考虑的电晕电流密度下是正确的，由此整理得出

$$\frac{U-U_0}{U_0}\ln\frac{R}{r_0}=(1+\zeta)^{\frac{1}{2}}-1+\ln\frac{2}{1+(1+\zeta)^{\frac{1}{2}}} \tag{6-19}$$

上述分析给出了在求解单极性直流空间电荷的一维电场问题所遵循的过程。采用同心圆柱结构的分析和实验室研究，可清楚地表明，对于光滑圆柱形导体的电晕，上述过程得到的电流和电压关系是正确的。影响理论和试验结果一致性的关键参数是电晕起始电场 E_0，这个数值经常会比式（3-28）计算出的数值要小。在电晕强度很高时，例如静电除尘器的情况下，$\dfrac{r_0^2}{R^2}\zeta\ll1$ 的假设不再成立，这就必须采用精确形式的式（6-19）。

6.1.4 对导体—平面结构的简化分析

导体—平面结构，由半径为 r_0(m) 位于地面上方高度 h(m) 处且平行于地面的单根无限长圆柱导体和大地构成，如图 6-3 所示，这是单极性直流输电线路的典型代表。由于这里没有其他的对称性，所以导体—平面结构是二维结构，对这样的结构求解单极性直流空间电荷电场的解析解是极其困难的。然而，根据实际需要，已有很多研究努力得到这一问题的近似解析解，德国人德奇最先试图将解析解扩展到导体—平面结构，但仅在以下假定条件成立：

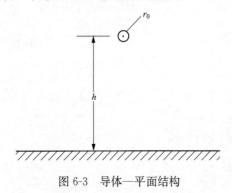

图 6-3 导体—平面结构

（1）空间电荷只影响电场的大小而不改变其方向；

（2）极间区域的空间电荷密度是不变的；

（3）非电晕电极的电场不受空间电荷的影响。

这是目前分析直流输电线路电场分布时采用最多的德奇假设。德奇第一个假设最为重要，它将二维问题简化为一维问题。而第二个和第三个假设却严格限制了他的分析的使用范围，即处于在地面上单根导线的这种情况。第二个和第三个假设仅在可忽略导线电晕电流情况下才成立。波普科夫在保留德奇的第一个假设而不采用其余两个假设的情况下，给出了改进的分析方法。然而，他又提出来另外的假设条件，地面电场和电晕电流的分布形状，与电极的几何参数或电晕强度无关。在实验的基础上，波普科夫给出了圆柱型结构的汤逊等式（6-19）的经验常数，使得这一公式适用于导体—平面结构，并且得到了电晕电流特征等式，即

$$0.41P\frac{U-U_0}{U_0}\ln\frac{2h}{r_0}=(1+\zeta)^{\frac{1}{2}}-1+\ln\frac{2}{1+(1+\zeta)^{\frac{1}{2}}} \tag{6-20}$$

$$\zeta = \frac{PI}{2\pi\varepsilon_0\mu} \cdot \left(\frac{h^2}{E_0^2 r_0^2}\right) \tag{6-21}$$

式中：r_0 为导体半径；h 为导体对地高度。

波普科夫给出的经验常数 P，考虑了沿地面的电晕电流的非均匀分布。把试验线段上的电晕电流的精确测量结果与式（6-20）计算结果进行比较，只有当经验常数 P 从最初波普科夫基于实验研究而建议的 1.65 增加到大约 5 时，才能在实测结果和理论计算之间得到合理的一致。这些结果也表明，与波普科夫设想的相反，经验常数 P 将随导线参数和电晕强度发生变化。

法国的费里奇综合分析了直流空间电荷电场的数学研究方面的成果，他的分析结果表明，在静电除尘领域出现的复杂问题上进行数值求解是可能的。由此确定了两种极端情况：导体电晕要么很微弱，即刚刚起晕时；要么电晕强烈。这两种情况有助于正确理解空间电荷电场的普遍特性。

6.1.5 对常用单极直流输电线路结构的分析

实际的单极直流输电线路一般是由架设在地面上方的一根或多分裂的极导线构成，或者还有一根架设在极导线上方的防雷接地线。为确定单极直流线路的电晕损失和空间电荷，以及线路附近的电场环境，有必要建立求解单极直流输电线路空间电荷电场的方法。印度人马拉瓦达和俄罗斯人雅尼舒斯基已提出了一种分析方法，基于已明确的假设，并可用于任何通用的输电线路导线结构。以下介绍详细分析过程，分析方法基于以下两个假设：

（1）空间电荷只影响电场的大小而不改变其方向；

（2）在电压升高超过电晕起始电压后继续升高时，导体的表面电场保持在电晕起始电场值不变。

第一个是所谓的德奇第一假设，它使得一个原本是二维的问题可以简化为一个等效的一维问题。从物理观点看，这一假设意思是电场分布的几何模式不受空间电荷出现的影响。电荷在沿等位线上移动时电力线并不改变。对于同心圆柱型这类对称结构而言，这一假设不言自明，即使在导体上产生强烈电晕和高的空间电荷密度的情况下依然如此。然而，对于实际线路结构这一假设并不正确，实际线路结构下的电场分布模式是极不对称的，特别是在强烈的电晕情况下。输电线路通常运行在接近好天气情况的起晕电压的线路电压下。与诸如静电除尘器这种情况相比，即便是坏天气情况下，线路导线电晕一般也不是很剧烈。而且对输电线路，关注的区域是导线地面投影的两侧附近区域，这里的电场分布具有相当好的对称性。由于这些原因，这一假设可用于分析实际直流线路电晕产生的空间电荷电场。第二个假设在理论上是合理的，即便从实验角度看在一定程度上也是合理的，特别是针对直流输电线路正常情况下产生的电晕电流的范围。

根据第一个假设，在极间区域任意一点处没有空间电荷的电场矢量 $\vec{E'}$ 与有空间电荷的电场矢量 $\vec{E}$ 之间的关系为

$$\vec{E} = \xi\vec{E'} \tag{6-22}$$

式中：ξ 为空间坐标的标量函数，它随该区域内的电荷分布变化。电场矢量 $\vec{E}$ 和 $\vec{E}'$ 可对应地表示为空间电位的形式：$\vec{E} = -\nabla\vec{\Phi}$，$\vec{E}' = -\nabla\vec{\phi}$。

同时，既然假设电场的电力线不会因电荷的出现而改变，两种情况下的电场幅值可表示为

$$E = -\frac{\mathrm{d}\Phi}{\mathrm{d}s}, \quad E' = -\frac{\mathrm{d}\phi}{\mathrm{d}s} \tag{6-23}$$

式中：s 为无空间电荷时沿着电力线测量的距离。沿电力线移动的各点既可以用距离直接表示，也可用沿电力线的无空间电荷电位来表示。利用式（6-23），式（6-22）可简化为

$$\frac{\mathrm{d}\Phi}{\mathrm{d}\phi} = \xi \tag{6-24}$$

将式（6-22）代入式（6-1），注意到无空间电荷时 $\nabla\vec{E}' = 0$，简化后，$\vec{E}' \cdot \nabla\xi = \frac{\rho}{\varepsilon_0}$。

因为 $\vec{E}' \cdot \nabla\xi$ 表示矢量 $\nabla\xi$ 在矢量 $\vec{E}'$ 方向上的投影，两矢量的点乘可用标量 $E' \cdot \frac{\mathrm{d}\xi}{\mathrm{d}s}$ 来表示（E' 为 $\vec{E}'$ 的幅值），所以，$E' \cdot \nabla\xi = E'\frac{\mathrm{d}\xi}{\mathrm{d}s} = \frac{\rho}{\varepsilon_0}$。

将独立变量改为 ϕ，根据 $\frac{\mathrm{d}\xi}{\mathrm{d}s} = \frac{\mathrm{d}\xi}{\mathrm{d}\phi}\frac{\mathrm{d}\phi}{\mathrm{d}s} = -E'\frac{\mathrm{d}\xi}{\mathrm{d}\phi}$，则

$$\frac{\mathrm{d}\xi}{\mathrm{d}\phi} = -\frac{\rho}{\varepsilon_0 (E')^2} \tag{6-25}$$

可用同样的方法得出沿电力线的空间电荷密度 ρ 的计算公式。将式（6-2）和式（6-22）代入式（6-3），并简化，得

$$\frac{\mathrm{d}\rho}{\mathrm{d}\phi} = \frac{\rho^2}{\varepsilon_0 \xi (E')^2} \tag{6-26}$$

式（6-24）～式（6-26）一起组成方程组，表征了沿电力线的电场和空间电荷密度分布。求解这些方程组的边界条件，可以用施加于导线的电压和电晕导线表面的电场强度的形式给出。如果施加于导线的对地电压为 U，且此导线结构的起晕电压为 U_0，则根据第二假设，在导线表面有 $\xi = \frac{U_0}{U}$。因此，完备的所有边界条件为

$$当 \phi = U 时，\quad \Phi = U \tag{6-27}$$

$$当 \phi = 0 时，\quad \Phi = 0 \tag{6-28}$$

$$当 \phi = U 时，\quad \xi = \frac{U_0}{U} \tag{6-29}$$

式（6-24）～式（6-26），连同边界条件式（6-27）～式（6-29），表述了一个非线性两点边值问题。边值问题所沿的电力线，可假定其起于导体表面，对应于独立变量 $\phi = U$；止于大地平面，对应于独立变量 $\phi = 0$。关于求解所而需的三个边界条件，有两个确定为 $\phi = U$ 时，一个为 $\phi = 0$ 时。因为 $\phi = U$ 时，Φ 和 ξ 是已知的，所以在该边界给出未知量 ρ 一个猜测值，将式（6-24）～式（6-26）作为初值问题求解，沿电力线来确定 ϕ 的

函数，以及另一边界（即 $\phi=0$）的 Φ、ξ 和 ρ 值。如果 Φ 的计算结果满足式（6-28）的边界条件，也就是 $\phi=0$ 时 $\Phi=0$，则在 $\phi=U$ 时的 ρ 猜测值是正确的。因为在很多情况下不可能猜到正确的 ρ 值，所以采用被称为正割法的一种判定过程，来确定 ρ 值在 $\phi=U$ 时是否在设定的精度范围内满足边界条件。

以上描述的分析方法，可用于确定任一通用电极形式的单极性空间电荷电场，既可计算其静电场分布，也可计算其中一个或一些电极发生电晕时的电场分布。特别是在直流输电线路情况下，这种方法可用于确定由一根或多分裂导线构成的单极性线路的极间区域的电场、空间电荷密度和电晕损失，以及具有架空地线的同极性线路和单极性线路的极间区域的电场、空间电荷密度和电晕损失。

对某种线路结构采用上述方法，应首先明确无空间电荷电场的电力线轨迹。电力线通常起于电晕导线中的一根，止于大地。在有架空地线的情况下，起于导线的电力线既可止于大地、也可止于地线。对任意选定的电力线，沿该电力线的电场分布 $\vec{E}'$ 可作为 ϕ 的函数来确定。知道作为 ϕ 的函数沿该电力线的电场分布 $\vec{E}'$ 后，由边值问题所确定的空间电荷场分布可通过迭代求得，也可求得电力线出发点的导体表面的空间电荷密度 ρ_c，进而求得该点的电流密度 j_e。在确定正确的 ρ_e 之后，可对式（6-24）～式（6-26）积分，以求得沿电力线任一点的空间电场参数的 $\vec{E}$ 和 ρ 的分布。描述给定导线的无空间电荷电场的电力线的数值计算方法，可以沿电力线方向确定 $\vec{E}'$，它是 ϕ 的函数。并求解非线性两点边值问题。

选择源自导体表面一系列均匀分布点的电力线，可对导体周围的电晕电流分布进行计算。而通过对电流分布的积分可以求出源自导体的电晕电流。如果线路导线结构由超过一根导体构成，比如多分裂导线构成的单极线路或同极性线路中，则总电晕电流由每一导体的电晕电流求和而来。最后，通过沿选定的电力线求解相关方程得到极间区域和地面，以及地线上的 $\vec{E}$ 和 ρ 的分布，这时地线是线路导线结构的一部分。

6.2 双极性直流线路

对于高压直流电能输送而言，双极性线路较单极性线路有若干突出优点。最为重要的优点是在双极直流线路正常平衡运行期间，地回路的电流可以忽略不计。其他的优点包括更高的灵活性和运行可靠性。因此双极直流线路电晕性能的评估更具实际意义。

6.2.1 双极性电晕的物理描述

一个简单的双极性直流线路由安装在同一杆塔上的极性相反的两根导线构成。图 6-4 给出了导线结构示意图。导线的对地高度和极导线之间距离的选取一般要满足绝缘要求，但电晕特性方面的考虑也在其选取中起到重要作用。根据运行电压的不同，实际的双极性直流线路可能必须采用多分裂导线而不是单根导线，这主要是为得到满意的电晕性能。

对于双极性直流线路，电晕同时出现在正、负极导线上，因此每一根导线都发射出与自身极性相同的离子。这些由电晕产生的离子，可能向极性相反的导线、也可能向大

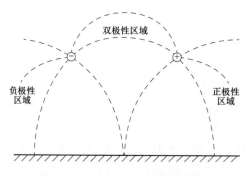

图 6-4　双极性直流线路电场分布

地运动。这种情况下，双极性直流线路附近可以划分出三个不同的空间电荷区，一个位于正极性极导线和大地之间的正极单极性区域，一个位于负极性极导线和大地之间的负极单极性区域，以及一个处于正、负极导线之间双极性区域。两个单极性区域与单极性直流线路的极为相似，这两个区域的空间电荷电场可以采用前一节所述的方法处理。

在处于极导线之间的双极性区域，正、负极性离子混合，首先导致净电荷的减少，其次导致离子的复合和中性化。在单极性电晕情况下，极间区域出现的空间电荷会降低导体表面附近的电场而在导体上产生屏蔽作用，进而降低离子化强度。因此空间电荷的屏蔽作用起到稳定电晕放电程度和限制电晕电流的作用。然而，在双极性电晕情况下，极性相反的离子的复合和混合减小了有效的空间电荷数量，进而也降低其屏蔽作用。双极性条件下的均衡电晕电流的幅值较单极性条件下的要高，因为需要产生更多的数量的正、负离子以达到相同的屏蔽作用。

6.2.2　确定双极性电晕公式

双极性电晕产生的空间电荷电场的数学描述比单极性电晕产生的电荷电场的要复杂得多，主要是因为两种极性离子以及离子复合现象的出现。在单极性空间电荷电场描述过程中采用的四个简化假设条件在双极性电荷电场描述中仍然可以使用。

极导线间区域内任一点的电场由空间净电荷分布决定，由泊松方程描述如下

$$\nabla \cdot \vec{E} = \frac{(\rho_+ - \rho_-)}{\varepsilon_0} \tag{6-30}$$

式中：ρ_+、ρ_- 分别为正、负极性的空间电荷密度，$(\rho_+ - \rho_-)$ 为研究点处的空间净电荷密度。极导线间区域任一点离子电流密度表示为

$$\vec{j}_+ = \mu_+ \rho_+ \vec{E} \tag{6-31}$$

$$\vec{j}_- = \mu_- \rho_- \vec{E} \tag{6-32}$$

式中：μ_+、μ_- 分别为正负离子迁移率。应指出的是，虽然正、负离子向相反的方向运动，但其电流密度的矢量与电场矢量 $\vec{E}$ 相同。因此，任一点的总的电流密度 $\vec{j}$ 可表示为

$$\vec{j} = \vec{j}_+ + \vec{j}_- = (\mu_+ \rho_+ + \mu_- \rho_-)\vec{E} \tag{6-33}$$

正、负离子的连续性方程可分别表示为

$$\nabla \cdot (n_+ \, v_+) + \frac{\partial n_+}{\partial t} = G_+ \tag{6-34}$$

$$\nabla \cdot (n_- \, v_-) + \frac{\partial n_-}{\partial t} = G_- \tag{6-35}$$

因为只考虑稳态的离子电流，$\frac{\partial n_+}{\partial t} = \frac{\partial n_-}{\partial t} = 0$，式（6-34）和式（6-35）中的 G_+ 和 G_- 表示离子产生或是消失的速度。假定电离过程仅仅限定在紧邻导体表面的区域，则离子不在极导线间区域产生。离子因复合过程而消失，离子复合的速度可表示为

$$G_- = G_+ = -R_i n_+ \, n_- \tag{6-36}$$

式中：R_i 为离子复合系数。复合系数随大气压力而变化，并在标准大气压力下达到最大值。对于在标准大气压力下的离子，复合系数大约为 $R_i = 2.2 \times 10^{-12}\,\mathrm{m^3/s}$。将式（6-36）代入式（6-34）和式（6-35），采用各自的电流和电荷密度表示，并指出负离子的速度矢量方向与电场矢量的方向相反，将电场矢量的方向作为参考方向，电流连续性方程变为

$$\nabla \cdot \vec{j}_+ = -\frac{R_i \rho_+ \, \rho_-}{e} \tag{6-37}$$

$$\nabla \cdot \vec{j}_- = \frac{R_i \rho_+ \, \rho_-}{e} \tag{6-38}$$

式中：e 为电子的电荷量。总电流的连续性方程仍然为 $\nabla \cdot \vec{j} = 0$。

由式（6-30）～式（6-32）、式（6-37）和式（6-38），确定双极性直流电晕的空间电荷电场。为求得双极性线路的电场和电荷分布，进而求出电晕电流和电晕损失，必须使用合适的边界条件求解这些方程。

6.2.3 简化分析

因为复杂性的增加，所以对双极性空间电荷电场，以及双极直流输电线路电晕损失的研究分析并不多。早期的试验表明，在相同条件下，双极性电晕损失显著高于单极性。双极性条件下的电晕损失的增加可归因于在极导线间区域的相反极性电荷的双重补偿作用，即屏蔽作用降低和产生更多的离子；或归因于由穿透进每一导体周围的电晕电离层的相反极性的离子所造成的导线起晕电场强度的降低。

用于分析双极性电晕损失的简化方法，是基于如图 6-5 所示的理想化线路导线结构。这里假定导线距地面的高度远远大于极间距离，换言之，地面和两个单极区域的影响忽略不计，而只考虑极导线之间的双极区域。波普科夫提出了适用于理想化结构的双极性电晕的近似量化分析方法。为得到电晕电流特性的半解析方程，以试验探头对双极性空间电荷电场的研究为基础，这种方法采用许多假设条件。后来波普科夫扩展了简化分析方法以考虑地平面的影响。苏联人兹尔林先是忽略了离子的复合，随后又考虑了这一因素，给出了一个更加精确的用于理想化电极结构的双极电晕分析方法。

145

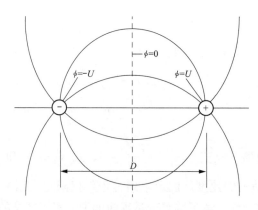

图 6-5　理想化双极导线结构

6.2.4　对双极性直流输电线路结构的分析

与大多数的输电线路电磁建模相似，采用二维表达式分析双极性直流线路导线结构的空间电荷电场。与单极性电晕情况一样，假定空间电荷不改变电场的空间几何分布，这时二维的双极性空间电荷电场问题可进一步简化为一个等效的一维形式。以下的方法既适用于理想化、也适用于实际的双极线路导线结构。虽然与分析单极性空间电荷电场中采用的假设条件相似，但在这里还是重复这两个假设，它们使得分析双极性情况成为可能：

（1）空间电荷只影响电场的大小而不改变其方向；

（2）在电压升高超过电晕起始电压后继续升高时，导体的表面电场保持在电晕起始电场值不变。

根据第一个假设，在极间区域任意一点的没有空间电荷电场矢量 $\vec{E}'$ 与有空间电荷的电场矢量 $\vec{E}$ 之间的关系如式（6-22）所示，即 $\vec{E}=\xi\vec{E}'$，其中 ξ 为空间坐标的标量函数，如同在单极性情况下的解释，该式表示在空间电荷出现的情况下，空间电位 Φ 作为沿电力线无空间电荷电场 ϕ 的函数，如式（6-24）所示：$\dfrac{\mathrm{d}\Phi}{\mathrm{d}\phi}=\xi$。将该式代入式（6-30），把独立变量变为 ϕ，便得到沿电力线的作为 ϕ 函数的 ξ 的微分方程，即

$$\frac{\mathrm{d}\xi}{\mathrm{d}\phi}=\frac{\rho_{+}-\rho_{-}}{\varepsilon_0(E')^2} \tag{6-39}$$

式中：E' 是 $\vec{E}'$ 的幅值。

可用类似方法可确定沿电力线的 ρ_{+} 和 ρ_{-} 的方程。将式（6-31）代入式（6-37），将独立变量变为 ϕ，用式（6-39）替换 $\dfrac{\mathrm{d}\xi}{\mathrm{d}\phi}$，简化可得到 ρ_{+} 的方程，即

$$\frac{\mathrm{d}\rho_{+}}{\mathrm{d}\phi}=\frac{1}{\varepsilon_0\xi(E')^2}\left[\rho_{+}^2-\rho_{+}\rho_{-}\left(1-\frac{\varepsilon_0 R_i}{\mu_{+}e}\right)\right] \tag{6-40}$$

同样，可从式（6-32）和式（6-38）得到 ρ_{-} 的方程，即

$$\frac{\mathrm{d}\rho_{-}}{\mathrm{d}\phi}=\frac{1}{\varepsilon_0\xi(E')^2}\left[\rho_{+}\rho_{-}\left(1-\frac{\varepsilon_0 R_i}{\mu_{-}e}\right)-\rho_{-}^2\right] \tag{6-41}$$

由式（6-24）、式（6-39）～式（6-41）构成的方程组描述了无空间电荷电场沿电力线的电场和正负电荷密度的分布。

求解这一方程组所需要的边界条件，以施加到导线的电压和正、负极导体表面电场的形式给出。如果 ξ_+ 和 ξ_- 分别表示标量函数 ξ 在正、负极导体表面的值，则它们将遵从上述两个假设条件，就是 $\xi_+ = \dfrac{U_{0+}}{U_+}$ 和 $\xi_- = \dfrac{U_{0-}}{U_-}$。式中 U_+ 和 U_- 为施加于导线的正负极电压，U_{0+} 和 U_{0-} 分别为正、负极导线的起晕电压。对任一特定的电力线的边值问题的完整形式用式（6-24）、式（6-39）～式（6-41）这四个微分方程的形式给出，并有边界条件为

$$当 \phi = U 时，\quad \Phi = U \tag{6-42}$$

$$当 \phi = -U 时，\quad \Phi = -U \tag{6-43}$$

$$当 \phi = U 时，\quad \xi_+ = \frac{U_{0+}}{U} \tag{6-44}$$

$$当 \phi = -U 时，\quad \xi_- = \frac{U_{0-}}{U} \tag{6-45}$$

由非线性方程组式（6-24）、式（6-39）～式（6-41），以及边界条件式（6-42）～式（6-45）所表述的边值问题可用数值法求解。考虑起于正极性导线、止于负极性导线的任一特定电力线，为得到沿线的电场和电场分布，必须对式（6-24）、式（6-39）～式（6-41)积分。而不论积分是以正极性导线还是负极性导线为起点，方程组积分所需要的四个条件中，只有两个是已知的。导体表面的电荷密度 ρ_+ 和 ρ_- 是不知道的。

例如，从正极性导线开始，即 $\phi = U$，Φ 和 ξ 的初始值由式（6-42）和式（6-44）分别给出。边值问题的求解过程包括：首先任意假定 ρ_+ 和 ρ_-，其次对方程组式（6-24）、式（6-39）～式（6-41）积分，然后比较 $\phi = -U$ 时计算得出的与式（6-43）和式（6-45）给出的 Φ 和 ξ，根据比较结果调整 ρ_+ 和 ρ_- 的假定初始值，直到计算得出的边界条件与给出值一致为止。这样，必须使用一种迭代技术来确定合适的 ρ_+ 和 ρ_- 值。

通过前述方法得出边值问题的解，可确定沿任意给定电力线的电场和电荷密度的完整分布，进而利用式（6-31）和式（6-32）计算出电流密度。围绕任一导线的电流密度，可通过对一组起于并均匀分布在该导线表面的电力线积分求得。最后，对于所施加的电压，总的电晕电流、然后是双极性电晕损失，都可以通过对计算的电流密度积分求得。对于实际的双极性直流输电线路导线结构，总的电晕损失是通过对双极性电晕损失和两个单独的单极性电晕损失求和得到的，因此需要求出双极性空间和两个单极性区域的电荷电场，如图 6-4 所示，以便得到整个极导线间区域的电场和电荷密度分布，以及整条线路的电晕损失。

6.3 改进的分析方法

前几节所述用于分析的单极性和双极性输电线路导线结构空间电荷电场的方法，在一定程度上都受到所使用的理想化数学模型和为获得这些数学模型解而设定的假设条件

限制。首先考虑为得到数学模型的方程组解而设定的假设条件，最重要的是德奇的第一假设，这个认为空间电荷只影响电场的大小而不影响其方向的假设，是将二维甚至是三维复杂问题简化为一维问题的关键，并且使得描述实际直流线路导线结构的空间电荷环境和电晕损失成为可能。使用这种方法得出的计算结果，与试验所得的电晕损失、以及地面电场和离子电流分布相比，一致性相当好。然而，仍有研究试图得出比上述理想化模型更为精确的解而不采用德奇假设条件。所有这些努力都包括对一组二维非线性偏微分方程组的数值求解。

第一种改进方法是有限差分法（finite difference method，FDM），用于静电除尘器中相关电极结构的单极性空间电荷电场的计算。尽管没有采用德奇第一假设条件，但在该计算中采用了电极导体表面的电荷密度而不是电场强度作为已知的边界条件。因为电荷密度不能事先知道，所以这种方法不能得出施加到电极的电压预测值。只有静电除尘器这种通常工作在单极性电晕模式和极高的电晕强度的特殊情况下可得到有实用意义的解。与之相反，高压直流输电线路通常工作在临近电晕的起晕状态。

有研究提出了不需要设定德奇第一假设、用于导线—平面结构单极性电晕问题的一种基于保角变换的解析求解法。然而，这种方法不能扩展到实际的多分裂导线结构的单极性和双极直流线路。在某些情况下，不采用德奇第一假设并不意味着必然产生一个更优的解法，因为这些过程中会采用其他的甚至更加简化的假设条件。

第二种改进方法是有限元法（finite element method，FEM）。加拿大人杰拉和俄罗斯人雅尼舒斯基首先将有限元法用于求解导体—平面结构的空间电荷电场分布问题，而没有采用德奇第一假设。这种改进方法的计算结果表明，对于实际线路的导线结构和对实用中的电晕程度而言，采用德奇第一假设引起的误差可以忽略不计。有限元法已逐渐用于求解单极性和双极性输电线路导线结构的空间电荷电场。这些方法采用导体表面的电荷而不是电场作为边界条件，这一条件限制了它们在预测实际直流线路电晕特性中的使用。

6.3.1 与试验的比较

采用有限元或有限差分这些改进的分析方法，在很多电极结构和强电晕情形下比使用德奇第一假设会产生较大的误差。然而，对于实际的单极性或双极性直流线路导线结构以及正常运行条件，基于这一假设条件并采用导体表面电场作为边界条件的分析方法，如6.1节和6.2节中所述，能够提供足够的分析精度。这可以通过比较采用这些方法的计算结果与测量结果来说明。图6-6所给出的例子比较了单极性线路情况，由半径为1.02cm、距地面平均高度为12m的单根导线构成的单极性线路的电晕电流，计算值假定了导线表面粗糙系数$m=0.7$，正极性离子迁移率为$1.5\times10^{-4}\,\mathrm{m^2/(V\cdot s)}$。图6-7所给出的例子比较了一个双极性直流线路，包括单极性和双极性分量的总电晕损失电流的测量值和计算值。该线路每极采用一根单根半径为1.02cm的导线，极导线间距为10.36m，导线平均高度为9.15m。同样计算中假定导线表面粗糙系数$m=0.7$，正、负极性离子的迁移率均假定等于$1.5\times10^{-4}\,\mathrm{m^2/(V\cdot s)}$。上述两种情况，在一个短的试验线路上的测量结果与计算结果吻合较好。

在第三个例子（见图6-8）中，比较了在一条运行中的双极直流线路下方测得的地面电场和离子电流密度与其计算值。这里的导线结构由两根分裂导线组成：其子导线半径为2.032cm、分裂间距为45.72cm，极导线间距为13.41m，平均对地高度为15.3m。计算中假定了正负极性离子迁移率相同且等于值$1.5 \times 10^{-4} \text{m}^2/(\text{V} \cdot \text{s})$。然而，为使得计算结果和测量结果较好的吻合，必须设定一个较低的m值，如$m=0.4$。这样一个低的m值，可由运行中的线路起始电晕试验观测得到部分证实。m值的大范围变动可能是由导线半径大小、分裂形式以及导线上的污秽的类型和程度的变化引起的。

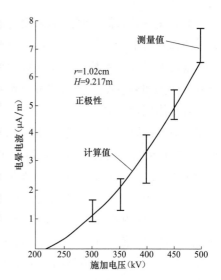

图 6-6　单极直流线路电晕电流计算值和测量值比较

6.3.2　改进方法的限制

为改进单、双极性直流线路空间电荷电场的算法，所有努力集中在对相同的理想化数学模型更为精确数值方法的应用。然而，精确的理论计算可能更多地被建立模型自身时所提出的假设所限制，而不是为求解基于这些模型对实际线路导线的情况的假设。真型试验线段或运行的线路上的测量结果与理论计算值存在差异，这种可察觉的差异实际上归因于建立理想化模型过程中所设定的假设条件，包括忽略铁塔和其他结构、假定导线为光滑圆柱导体，以及电晕的产生沿导线长度均匀分布等，由此将输电线路近似为二维结构。实际输电线路导线是绞线结构，且正、负极导线上的电晕表现为沿导线随机分布的众多独立放电点。单位长度导线上的平均放电点数在好天气下很少，而在雨天或雪天快速增加。好天气的电晕放电主要可能在导线表面的昆虫和植物碎屑沉积点发生。

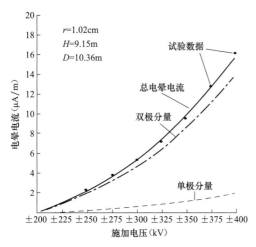

图 6-7　双极直流线路电晕电流计算值和测量值比较

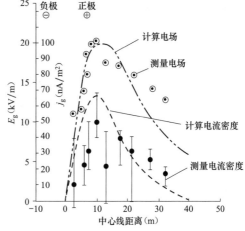

图 6-8　双极直流线路电场和离子流密度计算值和测量值比较

149

影响任一计算值与测量结果吻合的重要因素是计算中使用的一些基础参数的精度。所有计算方法中需要的参数包括：导线的正、负极性电晕起晕电压，正、负极性离子迁移率以及离子复合系数。在建立数学模型过程中忽略的风、湿度和带电微粒的影响，也会引起计算和测量结果之间的可观差异。

通常使用形如式（2-75）的经验公式来确定导线的正、负极电晕起晕电位梯度。对于实际输电线路，为确定起晕电位梯度，必须知道导线表面粗糙系数 m 和相对空气密度 δ。对不同的导线表面状况，通常用实验的方法给出 m 值。因为空间电荷电场的理论计算对所采用的电晕起晕电位梯度值很敏感，所以正确选择 m 值是非常重要的。在更加复杂的双极性电晕中，可考虑不同的正、负极性电晕起始电场。

在输电线路极间的空间中，任意一点的电晕电流密度和总的电晕电流一样，与计算中使用离子迁移率值成比例。通常，离子由电晕放电中空气分子电离产生的小质量离子和带电微粒构成。然而，小质量离子主要集中在紧挨着输电线路导线表面的区域。因为小质量离子由不同的氮和氧分子构成，所以用变化的值而不是单一值来表征它们的运动较为合适。计算中通常使用离子迁移率的平均值。同样，正、负离子的移动过程也是不同的，这主要是基于这样的事实，正离子与诸如 NO_2 和 NO 这样的分子交换电荷形成较大的形如 $NO_2^+(H_2O)_n$ 和 $NO^+(H_2O)_n$ 水合复杂离子。这些复合正离子比对应的形如 $O_2^-(H_2O)_n$ 和 $O^-(H_2O)_n$ 负的复合离子重一些。这些复合离子中的 H_2O 分子数目 n 通常为 3～5，这取决于环境温度和湿度。较小的空气分子的正离子平均迁移率为 1.3×10^{-4}～1.4×10^{-4} m^2/（$V\cdot s$），负离子的平均迁移率为 1.7×10^{-4}～1.8×10^{-4} m^2/（$V\cdot s$）。研究表明，假设正、负离子的迁移率相同且等于 1.5×10^{-4} m^2/（$V\cdot s$），而不是正离子的 1.3×10^{-4} m^2/（$V\cdot s$）和负离子的 1.7×10^{-4} m^2/（$V\cdot s$），在计算的电晕电流中引起的误差可以忽略不计。

空气中通常会出现大量的悬浮粒子，在直流线路附近，当它们被单极性空间电荷包围时，这些粒子的表面附着小空气离子后带电。因为这些悬浮粒子比小空气离子重千倍以上，因此带电悬浮粒子的迁移率会比小质量离子低 3～4 个数量级。因为悬浮粒子较大的质量和更慢的迁移率，所以空气中风力对带电悬浮粒子运动和分布的影响，比输电线路产生的电场的影响要大。

前几节中描述的分析空间电荷电场的常用方法，忽略了带电微粒和风的影响。任何较大风的出现，尤其是相对于输电线路的横向风，会对带电离子施加机械力，影响且改变离子运动轨迹。假定片层气流具有恒定的风速 $\vec{W}$，用于任一点单极性空间电荷电场的式（6-2）可修改为

$$\vec{j} = \rho(\mu\vec{E} + \vec{W}) \tag{6-46}$$

电场和风速的合成效应是在风速方向上偏移离子运动轨迹。风速的影响在导体表面最小，因为这里的电场最大；随着离子向地面移动，风的影响逐渐增加。通常假定风速只有一个垂直于线路的分量，如果给定风速大小，则从导线表面到地面的修正后的离子轨迹是可以确定的。通过修改式（6-31）和式（6-32），可用类似的方法考虑风速对双极性空间电荷的轨迹的影响，即

$$\vec{j}_+ = \rho_+ \, (\mu_+ \, \vec{E} + \vec{W}) \qquad (6\text{-}47)$$

$$\vec{j}_- = \rho_- \, (\mu_- \, \vec{E} + \vec{W}) \qquad (6\text{-}48)$$

如果考虑将德奇第一假设应用于沿修正后的粒子运动轨迹，也就是说，空间电荷的出现不改变离子运动轨迹，则6.1节和6.2节所述的通用分析方法可用于有风的空间电荷电场的分布。在空间电荷电场的有限差分解法中，已经严格地考虑了风的影响。最新研究提出了基于有限差分算法技巧，其中包括带电微粒和风速的影响来计算地面的离子和带电微粒的横向分布。在这些计算中也采用电荷而不是电场作为边界条件。

6.4 空间电荷电场和电晕损失的影响因素

与交流输电线路情况相同，影响导线电晕起始电位梯度的因素在很大程度上影响直流线路的电晕特性。但诸如风、湿度和悬浮粒子等大气因素对直流线路的电晕特性影响作用比交流线路更大。

6.4.1 导线表面状况

经验公式（2-75）表明，对于光滑干净的导体，负极性电晕起晕电位梯度幅值略低于正极性。对于在实际输电线路中所使用的绞线，电晕起晕电位梯度更多地取决于导线表面粗糙系数而不是施加于导线的电压极性。试验已经表明，在好天气条件下，铝绞线的 m 值在 0.6 到 0.7 之间变动，诸如灰尘、昆虫等导线表面沉积物将 m 值降低到 0.6 以下，而雨和雪会将 m 值降低 $0.3 \sim 0.4$。另一个对导体电晕起晕电位梯度有重要影响的因素是相对空气密度，它是海拔高度的函数，与交流电晕情况类似。

6.4.2 导线极性的差异

对单极性线路只有有限的实验数据，但从试验线段的研究看，导线极性对空间电荷电场和电晕损失的影响并不明显。相比较而言，对双极性试验线段和运行线路的电晕研究更多一些。试验线段的研究表明，双极性直流线路的正极性和负极性电晕损失平均下来差别不大。好天气和雪天的负极性电晕损失较正极性高，而雨天正极性电晕损失高于负极性。试验线段上的测量显示，地面电晕电流分布比较对称，只是负极性导线下的数值比正极性导线的稍大一些。

但是，实际运行中的双极性直流线路的测量表明，好天气与坏天气一样，地面电晕电流分布由负极性电晕主导。负载电流对导线的加热作用，以及正、负极性电晕物理特性方面的内在差异被认为引起了电流分布的不对称性。然而，对光滑铜线和铜绞线的试验研究，得出了负载电流的加热作用可同时引起正、负极性电晕损失增加的结论，所以还没有能对观察到的不对称性的合理解释。

6.4.3 风的影响

在大气参数中，垂直于线路方向的风力对地面的空间电荷电场的分布影响最大，特别是对双极性直流线路。风洞中对双极性直流线路缩尺模型的研究表明，电晕损失随着垂直于线路的风速增加而增大。然而，在真型试验线段的测量没有表现出风速对电晕损失的显著影响。对缩尺模型、真型试验线段和运行线路的研究，清晰地反映出垂直于线路方向的风力对地面离子电流分布影响的情况。

图 6-9 给出某试验线段上测得的风对地面离子电流分布的影响。根据不同的风速范围把结果归类，图中表明了风对电流密度分布的偏移和降低离子电流峰值的影响。

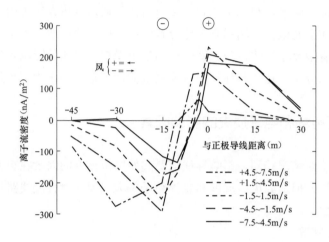

图 6-9　风对离子电流分布的影响

温度、湿度和压力的季节性变化，影响好天气时直流线路电晕特性。早期针对直流试验线段的研究中，观测到好天气电晕损失与空气中绝对水含量的相关性。而对双极性直流试验线段的长期研究表明，季节引起的电晕损失的有限变化，夏天出现最高值，接着从春秋到冬天逐步降低。分析这些研究结果，可以发现电晕损失与相对空气密度的相关性较好，而与相对湿度的相关性较差。电晕损失随相对空气密度的增加而减小，这可以从物理方面来解释，电晕起晕电位梯度是相对空气密度的增函数。对运行线路的长期测量结果的分析表明，负极性导线下的电场和离子流密度随着相对空气密度的增大而减小。然而，在正极性导线下，地面电场和离子流密度与相对空气密度的相关性很小。

6.5　经验方法

由于交流输电线路电晕产生的空间电荷被限制在紧挨导线表面，所以可以采用与导线实际结构无关的电晕损失、无线电干扰和可听噪声产生量的形式来描述其电晕性能。这就允许通过电晕笼或试验线段对给定的导线进行试验，用得到的结果来确定产生量，并用它们来评估采用相同导线的结构形式的任何线路的电晕特性。而相反的，直流线路导线电晕产生的电荷充满了导线和大地之间的整个空间。尽管两个不同导线结构的表面标称电位梯度可以相同，比如导体—平面结构和同心圆柱体结构的两种情况，空间电荷将充满电极之间区域，这将导致紧挨导体表面区域不同的电场分布，使得确定与导体无关的产生量变得更为困难。这样，从电晕笼试验中得到的电晕损失、无线电干扰和可听噪声的产生量与从试验线段得到的相去甚远。然而，从试验线段得到的数据可以用来预测其他线路结构的电晕特性。很难用电晕笼得到这些产生量，以及缺乏由试验线段和运行线路得到相当数量的可靠实验数据，这种状况造成了难以对直流线路提出经验或半经验方法。

6.5.1 主要研究结果

基于合理精确的数学模型的电晕效应参数研究，更有益于理解线路电晕特性受到不同几何参数的影响。这些研究的结果可以帮助规划实验研究，并为得出经验公式提供指导。以6.1节和6.2节所述的一般分析方法为基础的数值参数研究，已用于确定实际的单极性和双极性直流输电线路的电晕损失特性。这两种研究方法所得出的主要结论如下。

在单极性直流线路情况中，导线高度比导线半径的变化对电晕损失有更大的影响。在确定电晕损失时，导体表面粗糙系数和导线半径大小几乎一样重要，因此应在解释任何试验结果时加以考虑。对于采用分裂导线的单极性线路，电晕损失随 n^k 变化，这里 n 为分裂导线的分裂数，k 为略小于 2 的经验常数。架空地线对单极性线路的电晕损失有重要影响。在选择地线尺寸时，应考虑空间电荷存在对电场的加强作用不会引起地线表面电场超过其电晕电场。如果地线起晕，在导线和地线之间将会形成双极电晕模式，导致线路的电晕损失、无线电干扰和可听噪声的急剧增加。

双极直流线路导线结构的数值参数研究所得出的关于导线表面粗糙系数的结论，与单极性线路情况一样。导线高度和极间距离的改变引起线路电晕损失特性变化的原因有两个：①改变了线路的无空间电荷电场分布；②电晕损失中单极性和双极性分量相对比例的变化。双极性直流线路的总电晕损失在导线高度或极间距离任一个减小时增加。如同单极性线路一样，电晕损失与分裂导线数目 n 的变化关系是 n^k，这里 k 同样略小于 2。已有研究得到的经验公式表明，双极性线路的电晕损失随 E_m^j 变化，E_m 为分裂导线最大标称电位梯度，j 为经验常数。这些研究中，对 j 提出了不同的取值，比如 j 取 5.6，或在 6～7 之间变动。对数值研究结果的分析表明，对不同的线路导线结构，j 值在 3.8～7.3 的较大范围内变化。

瑞典研究人员根据试验线段的测量结果，尝试得出用于单极性和双极性直流线路电晕损失的经验公式。用于单极性线路的公式为

$$P = U \cdot k_c \cdot n \cdot r \cdot 2^{0.25(g-g_0)} \times 10^{-3} \tag{6-49}$$

式中：P 为电晕损失，kW/km；U 为线路电压，kV；n 为分裂导线分裂数目；r 为子导线半径，cm；g 为最大分裂导线电位梯度，kV/cm；g_0 为 g 的参考值；k_c 为经验常数。参考值由 $g_0 = 22\delta$ 给出，其中 δ 为相对空气密度。在好天气条件下，光滑干净的导线的 $k_c = 0.15$，而如导线表面有突起或沉积物，则 $k_c = 0.35$。一年全天候的电晕损失采用 $k_c = 0.25$ 来计算。

对于双极性直流线路，考虑双极性电流，则应包含一个修正因子，公式变为

$$P = 2U \cdot \left(1 + \frac{2}{\pi} \tan^{-1} \frac{2H}{S}\right) k_c \cdot n \cdot r \cdot 2^{0.25(g-g_0)} \times 10^{-3} \tag{6-50}$$

式中：U 为施加于极导线的电压（极性分正负），kV；H 为极导线平均对地高度，m；

S 为极间距离，m。

6.5.2 双极直流线路经验公式

基于一些对运行在 $\pm 600 \sim \pm 1200$ kV 之间的不同分裂导线的综合研究，提出了一个适用于双极性直流线路电晕损失的经验公式。该公式可用于计算好天气、坏天气和一年当中不同季节的电晕损失，即

$$P = P_0 + K_1(g - g_0) + k_2 \lg\left(\frac{n}{n_0}\right) + 20 \lg\left(\frac{d}{d_0}\right) \tag{6-51}$$

式中：P 为电晕损失，dB（相对于 1W/m）；n 为分裂导线分裂数目；d 为子导线直径，cm；g 为最大分裂导线电位梯度，kV/cm；k_1 和 k_2 为经验常数，取决于一年中的天气条件和季节；P_0，n_0，d_0 和 g_0 为参考值。不同季节和天气条件的 P_0、k_1 和 k_2 值在表 6-1 中给出，对于其他参考值有：$n_0 = 6$，$d_0 = 4.064$ cm 和 $g_0 = 25$ kV/cm。

表 6-1 用于双极性直流线路电晕损失的式（6-51）的参数

季节	天气状况	P_0(dB)	k_1	k_2
夏天	好天气	13.7	0.80	28.1
	坏天气	19.3	0.63	9.7
春/秋	好天气	12.3	0.88	36.9
	坏天气	17.9	0.72	12.8
冬天	好天气	9.6	1.00	44.3
	坏天气	14.9	0.85	10.2

从全世界的 $\pm 150 \sim \pm 1200$ kV 试验和运行线路得到了大量的双极性直流电晕损失的数据，采用这些大多数可查到的数据，得出了用于好天气和坏天气的经验公式。好天气和坏天气的电晕损失分别由式（6-52）和式（6-53）给出，即

$$P = P_0 + 50 \lg\left(\frac{g}{g_0}\right) + 20_2 \lg\left(\frac{n}{n_0}\right) + 30 \lg\left(\frac{d}{d_0}\right) - 10 \lg\left(\frac{HS}{H_0 S_0}\right) \tag{6-52}$$

$$P = P_0 + 40 \lg\left(\frac{g}{g_0}\right) + 150_2 \lg\left(\frac{n}{n_0}\right) + 20 \lg\left(\frac{d}{d_0}\right) - 10 \lg\left(\frac{HS}{H_0 S_0}\right) \tag{6-53}$$

式中：P 为电晕损失（相对于 1W/m），dB；线路参数 n、d、g、H、S 与前述相同。参考值分别为 $n_0 = 3$，$d_0 = 3.05$ cm，$g_0 = 25$ kV/cm，$H_0 = 15$ m，$S_0 = 15$ m。

对应的参考值 P_0 通过计算值和测量值之差的算术平均值的回归分析法得出。所得到的好天气的 P_0 为 2.9dB，坏天气的 P_0 为 11dB。这两个公式中坏天气的结果要比好天气的准确。因为经验公式（6-52）和式（6-53）是基于大量的实验数据，它们的双极性直流线路电晕损失的预测精度要高于由单一研究得出的公式。

直流输电线路无线电干扰和可听噪声

　　直流输电线路附近的空间电荷分布，造成了直流输电线路导线电晕效应与交流输电线路不同，自然也使得交、直流线路的无线电干扰和可听噪声特性存在差异。直流线路的其他显著不同的特点，还包括更简单的线路导线几何结构，双极直流线路最多也只有两个极导线；作为主要无线电干扰和可听噪声源头的正极性导线的主导作用。这些特点使得分析直流线路的无线电干扰和可听噪声较分析交流线路要简单的多。本章给出分析和预测直流线路无线电干扰和可听噪声特性的方法。

　　而随着电网的发展，尤其是直流输电线路的增加，已经考虑在较近范围内将交流和直流线路布置在一起，可能是同塔架设，也可能是同走廊邻近。因此本章也讨论交流/直流（AC/DC）混合输电线路电晕特性的分析方法。

7.1　交、直流线路的差异

　　直流输电线路导线电晕产生了空间电荷分布，如图 7-1 所示，这是与交流输电线路的差异所在。除了空间电荷形成空间电荷电场环境和电晕损失，直流输电线路的电晕特性的差异还包括无线电干扰和可听噪声特性。

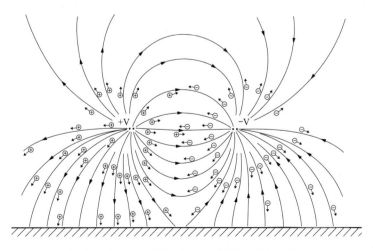

图 7-1　双极直流输电线路周围的空间电荷分布

如第 2 章所述，发生在交流和直流线路导线上的脉冲性电晕，也引起无线电干扰和可听噪声。脉冲特性的试验表明，由正极性脉冲产生的无线电干扰和可听噪声幅值较负极性脉冲产生的要大一个数量级。因为导体上施加的是直流电压，所以正极性和负极性电晕产生的是脉冲幅值和时间间隔随机分布的、形成连续脉冲串的电流脉冲，如图 4-2 所示。然而，由于正极性脉冲较负极性脉冲有更大的幅值，所以认为直流线路的正极性导线是无线电干扰和可听噪声的主要源头。这与直流线路的电晕损失的产生恰恰相反，如第 6 章所述，正极性和负极性导线的电晕损失依据周围天气条件和线路所承载的负荷电流而不同，但正、负极导线的长时间平均值相当。因此，从全面的电晕特性上看，为降低无线电干扰和可听噪声的影响，单极性直流导线运行在负极，将双极性直流线路的负极性导线布置在靠近民房的位置是有益的。

交流和直流线路电晕性能之间的另一个重要差异是雨或湿雪对无线电干扰和可听噪声的影响，它们都会在导线上形成水滴。对于交流线路，雨天的电晕产生的电晕损失、无线电干扰和可听噪声都是最高的。实际上，与雨天的这些量相比好天气下的几乎可以忽略不计。然而，对于直流线路，雨天的电晕损失增加而此时的无线电干扰和可听噪声水平却减小。直流线路平均好天气和坏天气的电晕损失、无线电干扰和可听噪声值之间差异也较交流线路的要小一些。直流线路电晕现象的这些基本差异，是通过长期统计的电晕性能反映出来，并可能影响合适的设计标准的提出。

基于直流电压下导体上水滴电晕现象的实验室研究，以下对直流电晕看似异常的表现给予一个实验性的解释。导体上的雨滴在高压直流电压下产生较正常干燥条件下相对幅值较低但重复率较高的电晕电流。因为无线电干扰，可能还有可听噪声，更多地取决于电流脉冲的幅值而不是重复率；而即便在脉冲幅值降低的条件下，若平均电晕电流仍增加，则仍会引起电晕损失的增加。在交流线路情况下，雨天的脉冲幅值和重复率都较晴天时高，因而雨天的电晕损失，无线电干扰和可听噪声都更高。在交流和直流导体上的水滴产生电晕脉冲的差异的机理，是直流导体上在坏天气下产生更多空间电荷的约束作用。然而，仍需要更多的研究以全面理解坏天气条件下交流和直流线路电晕性能之间的观测差异。

如 6.5 节中所述，因为空间电荷充满了直流线路的整个极间空间，定义与导线结构无关的电晕性能的产生量是有困难的。这样，就不可能采用电晕笼试验中得到的无线电干扰激发函数和可听噪声声功率密度来预测直流线路的无线电干扰和可听噪声的性能。而必须在真型试验线段或运行线路上测试，以得到这些产生量并将其应用到直流线路导线结构的电晕特性的预测。除了使用这些产生量的限制外，对交流线路提出的无线电干扰和可听噪声的理论分析方法同样可以应用于直流线路。

7.2 无线电干扰特性分析

4.4 节所提出的方法可用于直流线路无线电干扰传播分析。然而，这些分析方法必须考虑前一节所讨论的直流线路无线电干扰传播的特殊之处。这样，单极性线路仅运行在正极性时分析其无线电干扰传播。在双极性线路中，仅考虑正极性导线产生的无线电干扰，但其传播分析应包括正极性和负极性导线。

4.4节描述的简化无线电干扰传播分析，在下面的单极性和双极性直流路线的分析中，主要用于说明其中包含的过程。

7.2.1　单极性线路

微分方程式（4-32）和式（4-33）定义了单根导线的单极性直流线路的无线电干扰传播。对沿导线单位长度上相同的注入电流 j，由式（4-43）得出的导线中的电流 I 为

$$I = \frac{j}{2\sqrt{\alpha}} \tag{7-1}$$

式中：α 为线路的衰减常数。

电晕电流的注入可以以无线电干扰激发函数 Γ 的形式表示为

$$j = \frac{C}{2\pi\varepsilon_0} \cdot \Gamma \tag{7-2}$$

式中：C 为线路单位长度电容。

将式（7-2）代入式（7-1），得

$$I = \frac{1}{2\sqrt{\alpha}} \cdot \frac{C}{2\pi\varepsilon_0} \cdot \Gamma \tag{7-3}$$

对于理想的地面和准横电磁波模式的传播，采用式（4-45）可得到地面任一距离线路横向距离 x 处的合成无线电干扰电场，即

$$E_x = 60 \times \frac{2h}{h^2 + x^2} \cdot \frac{1}{2\sqrt{\alpha}} \cdot \frac{C}{2\pi\varepsilon_0} \Gamma \tag{7-4}$$

式中：h 为导线地面高度。

知道无线电干扰激发函数 Γ 后，可以用式（7-4）计算线路的无线电干扰横向分布。

7.2.2　双极性线路

用于无线电干扰传播分析的双极性直流输电线路如图7-2所示，其正负极极导线半径为 r_c，极间距离为 s，位于地面高度 h 处。定义这种情况下的无线电干扰传播的方程可以写成矩阵形式，由式（4-52）和式（4-53），有

$$\frac{d}{dx}[U] = -\frac{\omega\mu_0}{2\pi} \cdot [G][I] \tag{7-5}$$

$$\frac{d}{dx}[I] = -2\pi\omega\varepsilon_0 [G]^{-1}[U] + [G]^{-1}[\Gamma] \tag{7-6}$$

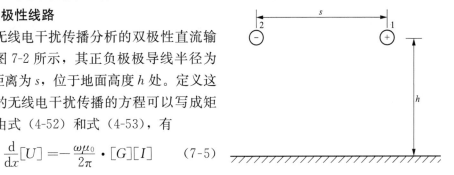

图7-2　用于无线电干扰传播模型分析的双极性直流线路结构

式中：$[U]$、$[I]$ 为线路电压和电流列向量；$[\Gamma]$ 为导线无线电干扰激发函数列向量；$[G]$ 导线结构的几何矩阵。对于只有两个极导线的双极性直流线路，$[G]$ 的元素可写为

$$[G] = \begin{bmatrix} a & b \\ b & a \end{bmatrix} \tag{7-7}$$

$$a = \ln\frac{2h}{r_c}$$

$$b = \ln \frac{\sqrt{4h^2 + s^2}}{s}$$

因为正极性导线为唯一无线电干扰源导线，$[\Gamma]$ 矢量可表示为

$$[\Gamma] = \begin{bmatrix} \Gamma_+ \\ 0 \end{bmatrix} \tag{7-8}$$

为进行这种情况下的模分析，几何矩阵 $[G]$ 的模变化矩阵 $[M]$ 可定义为

$$[M]^{-1}[G][M] = [\lambda]_d \tag{7-9}$$

式中：$[\lambda]$ 是对角谱矩阵，其元素为 $[G]$ 的特征值。对于式（7-7）中的矩阵，其特征值为：$\lambda_1 = (a-b)$ 和 $\lambda_1 = (a+b)$。

对应的标准化模变换矩阵为

$$[M] = \frac{1}{\sqrt{2}} \begin{bmatrix} 1 & 1 \\ -1 & 1 \end{bmatrix} \tag{7-10}$$

从式（4-66）得到电晕电流注入的模元素为

$$[J^m] = [M]^{-1}[G]^{-1}[\Gamma] \tag{7-11}$$

从式（7-7）和式（7-10）确定的 $[G]^{-1}$ 和 $[M]^{-1}$，代入式（7-11），得到其模元素 J_1^m 和 J_2^m，即

$$J_1^m = \frac{1}{\sqrt{2}} \cdot \frac{\Gamma_+}{a-b} \tag{7-12}$$

$$J_2^m = \frac{1}{\sqrt{2}} \cdot \frac{\Gamma_+}{a+b} \tag{7-13}$$

利用式（4-67）得出到导线中相应的电流模元素为

$$I_1^m = \frac{J_1^m}{2\sqrt{\alpha_1}} = \frac{1}{2\sqrt{2}} \frac{\Gamma_+}{(a-b)\sqrt{\alpha_1}} \tag{7-14}$$

$$I_2^m = \frac{J_2^m}{2\sqrt{\alpha_2}} = \frac{1}{2\sqrt{2}} \frac{\Gamma_+}{(a+b)\sqrt{\alpha_2}} \tag{7-15}$$

最后，由 $[I] = [M][I^m]$ 得出导线电流为

$$\begin{bmatrix} I_1 \\ I_2 \end{bmatrix} = \frac{\Gamma_+}{4} \begin{bmatrix} 1 & 1 \\ -1 & 1 \end{bmatrix} \begin{bmatrix} \dfrac{1}{(a-b)\sqrt{\alpha_1}} \\ \dfrac{1}{(a+b)\sqrt{\alpha_2}} \end{bmatrix} \tag{7-16}$$

每一导线中的电流为两个模元素的和。式（7-16）的另一个解释为，一个模电流在两个导线中流动。模式 1 中，也就是线对线模式，电流 $\dfrac{I_1^m}{\sqrt{2}}$ 流经导线 1 从另一导线返回，如图 7-3（a）所示。在模式 2 中，也就是线对地模式，电流 $\dfrac{I_2^m}{\sqrt{2}}$ 在两个导线中同向流动并从大地返回，如图 7-3（b）所示。传播模式 2 的衰减常数比模式 1 的高，因为其电流流过有损大地。由两种模式的电流引起的无线电干扰合成电场的横向分布可由式（4-72）得出，如图 7-4 所示。双极性直流线路的线对线和线对地模式与水平布置的交流线路相

应的模式类似。因此，α_1 和 α_2 的值分别与交流线路模式 2 和模式 3 的衰减常数在相同的数量级，如表 4-2 所示。

如果需要，4.4 节中所述的用于多分裂导线线路的更精确的无线电干扰传播分析方法，也可以用于多分裂双极性直流输电线路。

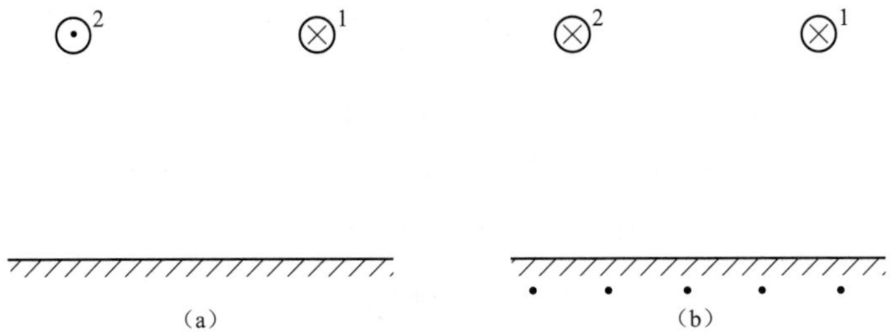

图 7-3 导体中模电流分布

（a）模式 1；（b）模式 2

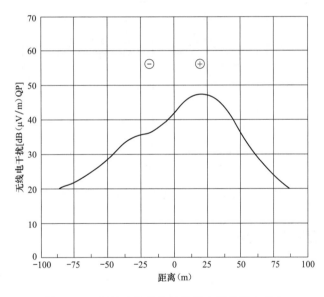

图 7-4 双极性直流线路的无线电干扰横向分布

7.2.3 无线电干扰特性

与交流输电线路情形一样，直流线路的无线电干扰性能的完整描述包括频谱、横向分布、统计规律三个方面。因为两种情况下的电晕电流脉冲的特性非常相似，直流线路的无线电干扰频谱与图 4-10 所示的交流线路的十分相似。然而，直流线路的无线电干扰统计规律和横向分布与交流线路的显著不同。典型的双极性直流线路的无线电干扰横向分布如图 7-4 所示。因为正极性导线上产生的无线电干扰占主要地位，所以，横向分布是非对称的。非对称横向分布的形状依据两种模式的电流分量的相对大小，这两分量反过来又依赖于线路几何尺寸和模衰减常数。

因为直流输电线路的无线电干扰水平在如雨或湿雪的坏天气时较好天气时低，其统计分布规律与交流线路相比差异较大。图 7-5 给出了直流线路无线电干扰的典型统计分布。因为一年中好天气通常比雨天占有更大的百分比，无线电干扰的年统计分布中好天气分量的分布为主。图7-5同时也反映出7.1节所述的交、直流输电线路的差异，即直流线路平均好天气和坏天气的无线电干扰值之间差异较交流线路的要小，而且好天气和坏天气的统计分布也与交流线路相反。

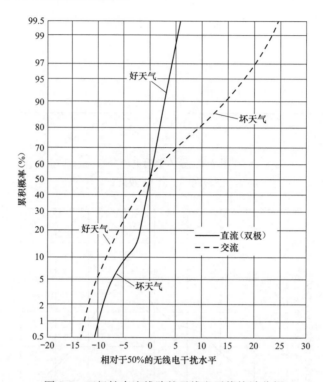

图7-5　双极性直流线路的无线电干扰统计分析

7.3　可听噪声的特性及分析

与交流线路一样，导线表面电晕放电产生的声脉冲是直流输电线路的可听噪声源头。在交流电压下，声脉冲串在靠近正半周期峰值附近产生。交流线路的噪声中，交流电压的调制影响引起了对应于电源频率偶次谐波的纯音。直流线路可听噪声频谱扩展至很宽的频率范围，反映出电晕产生声脉冲持续时间短的特性，但因为没有线路电压的调制影响，所以不含有任何纯音分量。

7.3.1　可听噪声的传播特性

直流线路可听噪声的传播分析遵从5.3节中所述用于交流线路的步骤。如上所述，无论单极性还是双极性直流线路，可听噪声仅是正极性极导线产生。因此，直流线路可听噪声的理论分析可将它们看作单导线处理，因为负极性导线在可听噪声传播中不起任何作用，这与无线电干扰不同。直流线路可听噪声的声压级 p 可以用式（5-18）和式（5-19）产生的声功率密度 A 来计算，即

$$短线:p[\text{dB}(A)] = A(\text{dB}) - 10\lg R + 10\lg\left(\tan^{-1}\frac{l}{2R}\right) - 7.82 \qquad (7\text{-}17)$$

160

$$长线：p[dB(A)] = A(dB) - 10lgR - 5.86 \qquad (7\text{-}18)$$

式中：l 为短线路长度；R 为测点与正极性导线径向距离。

7.3.2　可听噪声的频谱特性

与无线电干扰相似，直流输电线路的可听噪声特性的完整描述包括频谱、横向分布和统计规律。可听噪声频谱与交流线路的不同主要是由纯音分量的缺失造成的。直流线路可听噪声的典型频谱如图 7-6 所示。直流线路可听噪声的横向分布是关于正极性极导线对称的，并随距离增加单调降低。因为直流线路可听噪声通常是好天气的高于雨天，因而其统计规律与无线电干扰的相似，如图 7-5 所示。

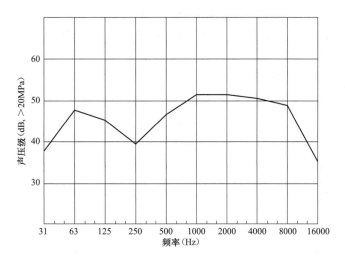

图 7-6　双极性直流线路可听噪声的典型频谱

7.4　无线电干扰和可听噪声预估的经验方法

现有可用于得出直流线路产生的所有电晕效应的经验公式的试验数据的数量，与交流线路的相比是很有限的。这一数据缺失的原因是很少有人尝试推导出直流线路无线电干扰和可听噪声经验公式。

7.4.1　无线电干扰

任何高压线路的电压对无线电干扰的产生影响最大。此影响取决于导线的表面电位梯度。对于交流线路，如果梯度取 g（kV/cm，有效值），直流线路的梯度将为 $\sqrt{2}g$（kV/cm）。然而直流线路产生的干扰水平比交流线路要低。

7.4.1.1　影响因素

在多条试验线路上研究导线表面电位梯度对无线电干扰水平的影响，结果表明，在 $20\sim27$kV/cm 范围内，梯度每增加 1kV/cm，相应的无线电干扰水平大约增加 1.6dB，超过 27kV/cm 时，干扰水平增加率降低。

不同的电晕机理导致带负电导线产生的无线电干扰水平要低于带正电导线产生的无线电干扰水平，具有相同梯度的两根导线，其无线电干扰水平至少要差 6dB。因此，负极性导线对双极线路的无线电干扰水平总和的贡献可认为是忽略不计的。对负单极线路，噪声水平可能比正极的相同线路低 20dB。

众所周知，交流线路无线电干扰水平显著地受天气条件影响，在晴天和大雨天之间，此水平的变化量可达最高 25dB，但是直流线路干扰水平在雨天时实际上会降低。直流线路最高无线电干扰水平一般发生在晴天条件下。在刚下雨时或对于干雪，干扰水平可能短时间内会上升，但是当导线完全湿润后就会降低，降低量最大可达 10dB，且在一些情况下甚至更多。干扰水平可能还受线路结构、导线表面电位梯度，以及上面提到的是采用双极还是正单极线路的影响。当与交流线路比较时，作为对这种特性差异的解释，可给出各种假定，但仍需验证并做进一步研究。

直流线路区别于交流线路的另一个地方是风的影响。一些调查表明，如果风向是从负导线到正导线，当风速大于 3m/s 时，风速每增加 1m/s，无线电干扰水平增加 0.3～0.5dB。若风向从正导线到负导线，则此影响明显较低。

此外，直流线路长期无线电干扰水平受季节影响；在夏季，干扰水平比在冬季高出大约 5dB。这可能是由于导线表面的昆虫或空气漂浮颗粒的影响，或由于空气中的绝对湿度的影响。

7.4.1.2 经验公式

早期的一项试验研究发现，以 dB 为单位（以 $1\mu V/m$ 为基准）的无线电干扰随着 $k(g-g_0)$ 变化，g 为最大分裂导线电位梯度，单位为 kV/cm；g_0 为 g 的参考值；k_c 为经验常数。基于这项研究结果，得到 $k_c=2.4$ 的平均值。这一研究也发现了无线电干扰关于天线和导线之间的径向距离以及以 MHz 为单位的测量频谱 f 的变化趋势为

$$E = E_0 - 29.4\lg\left(\frac{D}{D_0}\right) - 20\lg\left(\frac{1+f^2}{1+f_0^2}\right) \tag{7-19}$$

式中：E_0、D_0 和 f_0 为参考值。

瑞典研究人员基于在试验线路上的测量得出的另一个经验公式为

$$E = 25 + 10\lg(n) + 20\lg(r) + 1.5\lg(g-g_0) - 40\lg\frac{D}{D_0} \tag{7-20}$$

式中：n 为分裂导线的分裂数；r 为子导线半径；g 为分裂导线最大电位梯度，kV/cm；D 为测点和正极性导线之间的径向距离，m；参考值 $D_0=30m$，$g_0=22\delta$（δ 为相对空气密度）。

采用在达拉斯直流试验场得到的试验数据，美国 BPA 提出了无线电干扰的经验公式，BPA 公式得出的是好天气无线电干扰的平均值水平，由 CISPR 的准峰值检波器测量，与 4.5 节中所述的交流线路的形式相似，对直流线路的形式为

$$E = 51.7 + 86\lg\left(\frac{g}{g_0}\right) + 40\lg\left(\frac{d}{d_0}\right) \tag{7-21}$$

式中：g 为分裂导线最大电位梯度，kV/cm；d 为子导线直径，cm；参考值 $g_0=25.6kV/cm$，$d_0=4.62cm$；式（4-122）和式（4-123）给出的频率、高度的修正系数，也可以加在式（7-21）中使用。

加拿大魁北克电力研究院（IREQ）根据对 $\pm600\sim\pm1200kV$ 直流试验线段在不

同季节以及好天气和坏天气条件下的研究结果，提出无线电干扰的激发函数经验公式，即

$$\Gamma = \Gamma_0 + k_1(g - g_0) + k_2 \lg\left(\frac{n}{n_0}\right) + 40\lg\left(\frac{d}{d_0}\right) \qquad (7\text{-}22)$$

式中：Γ 为无线电干扰激发函数，dB（以 $1\mu A/m^{\frac{1}{2}}$ 为基准）；g 为分裂导线最大电位梯度，kV/cm；n 为分裂导线的分裂数；d 为子导线直径，cm；k_1 和 k_2 为经验常数；Γ_0、g_0 和 d_0 为参考值。表 7-1 中给出了不同季节和不同天气条件的 Γ_0、k_1 和 k_2 值，参考值为：$g_0 = 25$kV/cm，$d_0 = 4.064$cm 和 $n_0 = 6$。由经验公式（7-22）得到的激发函数可用于 7.2 节中分析的无线电干扰传播分析以确定任何给定线路结构的无线电干扰横向分布。

表 7-1　　　　　用于无线电干扰激发函数的经验公式（7-22）的参数

季节	天气状况	Γ_0(dB)	k_1	k_2
夏天	好天气	27.0	1.83	45.8
	坏天气	20.4	1.39	48.0
春/秋	好天气	23.4	1.68	29.0
	坏天气	19.8	1.68	63.5
冬天	好天气	18.7	1.63	19.7
	坏天气	19.5	1.47	10.0

IREQ 得出的结果也表明，对于直流线路，平均雨量条件下的无线电干扰水平较好天气的小 3dB，而大雨条件下则小 6dB。

CISPR 出版物 CISPR18-2 通过对用于交流线路的不同经验公式进行改进，使之可用于计算直流线路的无线电干扰水平，再基于对各种结构的线路的广泛测量，CISPR 建议用下列公式对双极线路进行计算

$$E = 38 + 1.6(g_{max} - 24) + 46\lg r + 5\lg n + \Delta E_f + 33\lg\frac{20}{D} + \Delta E_w \qquad (7\text{-}23)$$

式中：E 为无线电干扰场强，dB（$\mu V/m$）；g_{max} 为线路导线最大表面电位梯度，kV/cm；r 为导线或分裂导线半径，cm；n 为分裂导线数；D 为天线到最近导线的直线距离，m；ΔE_w 为不同天气条件下的修正，dB；ΔE_f 为不同测量频率下的修正，dB。式（7-23）给出的是参考频率为 0.5MHz 的干扰水平。

以上公式主要适用于双极线路。如果对导线电压梯度进行修正后，它也可用于正单极线路。对于施加的极电压相同，则正单极线路的无线电干扰会比双极线路无线电干扰低 3～6dB。对于双极输电线路，可按两条独立的单极线路来考虑，如果极间距离大于 20m，则可不考虑极间影响，按单极特性处理。

7.4.2　可听噪声

现有关于直流输电线路可听噪声的数据比无线电干扰的更少。用于直流线路可听噪声的 BPA 公式与用于交流线路的式（5-37）相似，直流线路好天气以 dB（A）为单位的 L_{50} 值公式为

$$L_{50} = AN_0 + 86\lg g + k\lg n + 40\lg d - 11.4\lg R \qquad (7\text{-}24)$$

163

式中：g 为分裂导线最大电位梯度，kV/cm；n 为分裂导线的分裂数；d 为子导线直径，cm；R 为测点和正极性导线之间的径向距离，m；k、AN_0 为常数，其取值为：

$$k = 25.6, \quad n > 2; \quad k = 0, \quad n = 1,2$$

$$AN_0 = -100.62, \quad n > 2; \quad AN_0 = -93.4, \quad n = 1,2$$

在以上得出的好天气 L_{50} 值基础上增加 3.5dB，可用来计算好天气最大值，而雨天的 L_{50} 值由好天气 L_{50} 值减去 6dB 得到。

IREQ 的可听噪声经验公式与其无线电干扰公式相似，一年中不同季节以及好天气和坏天气条件下的直流线路的可听噪声声功率密度产生量为

$$A = A_0 + k_1(g - g_0) + 40\lg\left(\frac{d}{d_0}\right) + 10\lg\left(\frac{n}{n_0}\right) \tag{7-25}$$

式中：A 为可听噪声声功率密度产生量，dB（以 $1\mu\text{W/m}$ 为基准）；g 为分裂导线最大电位梯度，kV/cm；n 为分裂导线的分裂数；d 为子导线直径，cm；k_1 为经验常数；A_0、g_0 和 d_0 为参考值。表 7-1 中给出了不同季节和不同天气条件的 Γ_0、k_1 值。参考值为：$g_0 = 25\text{kV/cm}$，$d_0 = 4.064\text{cm}$，$n_0 = 6$。由经验公式（7-25）得到的声功率密度产生量可用于式（7-18）中，以确定线路的可听噪声水平。

表 7-2　　　　　　　　用于产生的声功率密度的经验公式（7-25）的参数

季节	天气状况	A_0(dB)	k_1
夏天	好天气	4.30	1.54
	坏天气	1.48	1.52
春/秋	好天气	4.43	0.84
	坏天气	4.06	0.84
冬天	好天气	1.84	0.51
	坏天气	5.65	1.04

7.5　交、直流混合输电线路

交流和直流输电具有不同的作用和优势，电网发展至今，输电走廊趋于紧张，使得交流线路和直流线路相互平行走线而共享同一走廊（见图 7-7）甚至可能同塔架设。有时，为提高现有走廊的输送容量，将已有同塔双回交流线路中的一回改造为直流线路。虽然使用上述所说的交、直流输电线路没有重大技术障碍，但有必要考虑交流和直流系统之间的所有可能的相互影响。两个系统之间的电磁耦合产生一系列更为重要的相互作用，稳态感应的交流基波频率电压在直流系统中对系统性能产生多种负面影响，包括换流变铁芯的非对称饱和，不可接受的非特征谐波和换流变噪声的产生等。在交直流线路同塔架设情况下，应考虑直流极导线和交流相导线之间的可能的接触故障。交直流线路之间的电磁耦合也可能干扰直流线路故障的切除。

图 7-7　同一走廊的交直流线路

7.5.1　电场和空间电荷环境

混合线路的交流和直流导线电晕性能的电场的相互影响关系，与地面电场和离子电流密度分布的相互影响一样，从环境影响角度看是很重要的。交流线路和直流线路的电晕性能主要由导线表面的电场最大值确定。电磁感应导致交直流导线的表面电场都是由直流分量和叠加在其上的交流分量构成。交流分量在交流线路上为主，而直流分量在直流线路上为主。两种情况下的最终结果是导致导体表面电场最大值的增加，从而也引起电晕强度的增加。地面任意一点的电场也由直流分量和叠加在其上的交流分量构成，其相对大小取决于所在点与交直流导线的位置关系。

电晕产生的空间电荷对混合线路的相互作用的影响需要认真考虑。由于交流线路导线电晕产生的空间电荷被束缚在紧邻导线表面的区域，它们对直流线路导线附近或地面电场环境的影响可以忽略不计。但直流线路导线电晕产生的空间电荷迁移并充满导线与地面之间的整个空间，引起的后果是，混合线路的电场环境除了含有交流和直流电场，还有移动的空间电荷，这些电荷用给定点的电荷和电流密度值来表征。电场的直流分量自身因空间电荷的出现而改变。迁移的空间电荷也影响交流线路导线，首先是在交流导线上注入直流电流分量，其次是改变导线表面电场的直流分量。交流导线表面和地面一样，电场在空间电荷出现时要高于静电场。交流导线上的电晕强度，以及交流线路电晕损失，无线电干扰和可听噪声水平，都因为导线表面电场直流分量的加强而增加。

BPA 开展了试验研究和理论分析来确定混合线路导线结构的导线表面和地面电场。导线表面电场的计算值用于经验公式，以确定无线电干扰和可听噪声水平，并与测量值比较。该研究中，用计算地面电场的直流分量的增量来考虑空间电荷对直流线路导线的影响。然而，没有考虑对交流线路导线表面的增强结果。

第 6 章中所述的根据两点非线性边值问题分析直流空间电荷电场的通用方法，可以用来确定混合线路空间电荷相关的相互作用。以下给出基于这种方法的混合线路电晕性能评估。

7.5.2　电晕性能评估

为评估电晕性能，考虑两种结构的混合线路：①同走廊内分别假设在各自杆塔上的邻近的交流和直流线路；②同塔架设的交流和直流线路。这两种结构分别称为邻塔结构和同塔结构，如图 7-8 和图 7-9 所示。这两种结构都由水平的三相交流线路和双极性直流线路构成。

图 7-8　邻塔结构的混合线路　　　　　　图 7-9　同塔结构的混合线路

7.5.2.1　空间电荷电场的作用

混合线路的空间电荷组成以下两个区域：

（1）直流极导线之间的双极性区域；

（2）直流线路的两根极导线与大地、任意地线和交流导线之间的单极性区域。

混合线路的空间电荷电场的分析，由于交流电场分量的存在而变得更为复杂。然而，如果可以证明交流电场分量的存在对离子轨迹的影响可以忽略不计，再将交流线路导线设定为零电位的情况下，则通用的分析方法可用于混合线路。

直流导线电晕产生的离子的迁移由以下通用公式描述

$$\vec{v} = \mu \cdot \vec{E} \tag{7-26}$$

式中：$\vec{E}$ 为空间任一点的电场矢量；$\vec{v}$ 为该点处的离子速度矢量；μ 为离子迁移率，通常假定为常数。在混合线路的二维几何空间中，式（7-26）可以表示为关于 x 和 y 的两个分量，即

$$\vec{v}_x = \frac{\mathrm{d}x}{\mathrm{d}t} = \mu \cdot \vec{E}_x \tag{7-27}$$

$$\vec{v}_y = \frac{\mathrm{d}y}{\mathrm{d}t} = \mu \cdot \vec{E}_y \tag{7-28}$$

式中：t 为离子离开导线表面后所需的时间。对于混合线路，$\vec{E}_x$ 和 $\vec{E}_y$ 都由一个直流分量和一个交流分量构成。如 $\vec{E}_1$、$\vec{E}_2$ 分别表示交流和直流分量的幅值，则

$$\vec{v}_x = \frac{\mathrm{d}x}{\mathrm{d}t} = \mu \cdot \vec{E}_x = \mu \cdot [\vec{E}_{1x} + \vec{E}_{2x}\cos(\omega t + \alpha)] \tag{7-29}$$

$$\vec{v}_y = \frac{\mathrm{d}y}{\mathrm{d}t} = \mu \cdot \vec{E}_y = \mu \cdot [\vec{E}_{1y} + \vec{E}_{2y}\cos(\omega t + \beta)] \tag{7-30}$$

式中：ω 为交流电场的角频率；α 和 β 为两个方向电场分量的相对相位。如果 $\alpha = \beta$，交流电场为一个振荡的线性矢量，而 $\alpha \neq \beta$ 时，交流电场为一个旋转的椭圆矢量。

自一根直流极导线表面的离子发射点开始，对式（7-29）和式（7-30）积分，可以得到离子轨迹。因为 $\vec{E}_1$、$\vec{E}_2$ 为空间坐标的函数，为确定轨迹，就有必要对这些方程进

行数值积分。通过叠加的方法得到混合线路的静电场或空间电荷电场的交流和直流分量。在计算交流分量时，假定直流导线的电位为零，反之亦然。第 2 章所述的逐步镜像法可用于两种情况的导体表面场的精确计算，通过对每一点计算的交流和直流电场分量求和可得出该点的合成静电场。在计算直流分量时不考虑空间电荷的影响以得出离子轨迹，这与在直流空间电荷电场中空间电荷不改变电场电力线的假设相似。

对典型的混合线路结构的计算表明，交流电场分量对离子轨迹的影响是可以忽略的。因而，双极性和单极性区域的离子轨迹，可以假定交流线路导线为零电位来计算。数值计算的研究也表明，交流电场的存在增加了离子沿轨迹线的运动时间，最大的时间增量可以达到 5% 的水平。这可以用离子运动效率的轻微降低来解释。然而，这一降低远小于计算中通常使用的离子迁移率的数值本身的不确定性。

7.5.2.2 电晕性能评估过程

分析双极性和单极性区域的空间电荷电场的第一步，是在直流导线上施加特定电压、交流导线施加零电压时沿静电场的电力线循迹（也叫做离子轨迹）。单极区域内沿电力线的空间电荷电场，是通过用式（6-27）～式（6-29）的边界条件求解式（6-24）～式（6-26）的边值问题确定的。相似的，双极区域内沿电力线的空间电荷电场，是通过用式（6-42）～式（6-45）的边界条件求解式（6-39）～式（6-41）的边值问题确定的。在两种区域内计算的围绕直流导线的电晕电流分布的结果，可用于确定直流电晕损失的单极性和双极性分量。

混合线路空间电荷电场的分析，也得出地面的直流电场和离子流分布，以及混合线路交流导线的表面最大电场的直流分量 $\vec{E}_{dc}$。如本节前面所解释的，这些直流分量通常比对应的静电场要高。有空间电荷存在时的电场与无空间电荷存在时电场的直流电场分量之比定义为增强系数，它取决于导线的几何结构和直流导线的电晕强度。地面以及交流导线和直流导线表面的交流电场分量，在整个极间区域不受直流空间电荷分布的影响。

如上所述，计算的交直流线路导线表面的交流和直流电场分布组合的最大值，可用于确定混合线路的电晕损失、无线电干扰和可听噪声的电晕性能。直流线路的电晕损失直接从空间电荷电场求解中得到。交流线路的电晕损失，无线电干扰和可听噪声可分别通过在 3.5 节、4.6 节和 5.5 节中阐述的经验公式和半经验公式来求得。经验公式必须修正，以使用导线表面电场的峰值而不是有效值，之后才可用于混合线路的交流线路。直流线路的无线电干扰和可听噪声可采用 6.5 节给出的经验公式来计算，这些公式已采用导线表面电场的峰值。

对某些典型的混合线路的电晕性能的分析研究，得出以下常用结论，对于邻塔结构，电场、电流密度和电荷密度的横向分布与分别计算的交流和直流线路的差异不大。然而，在计算导线表面电场和无线电干扰及可听噪声时，交流线路和直流线路之间的影响不能忽略。对于同塔结构，交流线路和直流线路之间的相互作用对电场、离子流密度和电荷密度的横向分布的影响是可观的。将交流线路放置在直流线路之下，这将对地面的电场、离子电流和电荷密度有显著地屏蔽作用。然而，这种情况下，交流线路导线的表面最大电场显著增加，导致无线电干扰和可听噪声的增加。注入到交流线路的直流电流分量对邻塔结构而言很小，而对同塔结构则达到相当大的幅值。

电晕试验及测试技术

    由于电晕现象及其特性非常复杂且受诸多因素影响，所以通过试验研究以分析和评估交流和直流输电线路的电晕性能是十分重要和必要的。对于输电线路电晕的不同参数，选取不同的测量技术和测量仪器，在规划和实施试验研究中起到重要作用。从电晕笼试验到运行线路测试，有各种不同方法都可用于获得重要的试验数据。电晕的理论分析很重要并有助于对输电线路导线产生的电晕现象及其引起的电晕效应的理解，然而，试验研究对确定实际交流和直流输电线路导线结构的电晕特性是必需的。与其他高压电晕情形相同，对理论背景的理解有助于做出电晕效应试验研究和实施的优化。好的试验数据是提出精确的经验和半经验计算方法的基础。

    之前的若干章节描述了现有的评估交流和直流输电线路的电晕性能的理论和经验方法，其中给出的经验和半经验公式实际上都是基于从电晕试验装置或运行输电线路上获取的试验数据。本章将阐述获取这些数据的测量仪器和测量方法。

8.1   电晕起始的试验

    如前所述，导线上电晕起始的定义是自持放电的发生。电晕起始发生时，导线表面电位梯度，称为电晕起始电位梯度。式（2-75）给出的电晕起晕电压经验公式，即皮克公式 $E_c = mE_o\delta\left[1 + \dfrac{k}{\sqrt{\delta r_c}}\right]$，是从实验室光滑导体试验中得出。公式中采用了导体表面不规则系数 m，以保证它们对实际输电线路导线的可用性。在高压交流输电发展的早期阶段，电晕起晕电场可能仅作为导线粗细的一个大概的参考。然而，随着输电电压的逐步增长，线路设计通常基于经济性和电晕效应的环境影响考量，而不简单基于导线起晕电场。

8.1.1   电晕起晕电场

    在实验室中，常常需要准确地检测电晕的起始；在运行的输电设备上，也常常需要检测电晕或间隙放电的存在。在这两种情况下，任一放电的表现形式都可被用于检测。采用已开发的设备可检测广播和电视频段的电磁能量，或电晕发出的声能。然而，采用这些技术，却难以准确地确定放电的位置。

8.1.1.1 电晕的起始和熄灭电压

通过检测发出的光能有可能更准确地定位放电源，电晕和间隙放电发出的光，大部分是在紫外线（UV）区域，紧邻可见光谱的高频区边缘。只有在黑暗的实验室或者在夜间户外的黑暗背景下，才有可能用肉眼检测放电发出的 UV 辐射。在室内或户外夜视中，可采用光放大设备，以提高电晕检测的灵敏度。目前的一些先进的 UV 检测设备，采用选通成像技术，或采用双光谱系统，将日盲 UV 检测与可见光相机相结合使放电源成像，在昼间检测输电系统的电晕。双光谱相机系统似乎是目前可用于昼间电晕检测的最灵敏的方法。

可见电晕试验应在完全黑暗的实验室进行，使用光放大倍数超过 40000 的图像增强器。应该采用下面的程序：

（1）慢慢增加外施电压，直到在被试设备上观察到正极性电晕。这时的电压是电晕起始电压。

（2）增加 10％的电压，并保持 1min。

（3）慢慢地降低电压，并注意正极性电晕熄灭时的电压。

（4）重复步骤 1~3 若干次。

可以通过在相机或摄像机上安装光图像增强器来得到电晕的摄像记录。

8.1.1.2 试验导线的布置

试验导线采用绞线或表面光滑的金属管，其直径与输电线路的或变电站中的相同（±5％）。试验电压的确定，是通过使在试验中以及实际线路结构的导线表面电位梯度相同实现的。虽然不需要规定试验时导线和参考接地之间的距离，但应该采用试验金具，使得试验导线具有相对均匀的导线表面电位梯度。

试验导线布置，应平行于导电参考地平面，如合适的天花板、墙壁、地板或专门为此建造的结构。参考地平面应该至少比试验导线长 30％，并且，宽度至少两倍于导线与参考地平面之间的规定距离。此外，导线应位于被建议的地平面的中心。试验电源应连接到试验导线的一端，并连接到适当的位置以免影响试品上的电位梯度。应该没有其他接地物体靠近试验导线上的任何点，其他接地物体与导线上任何点的距离应大于导线和参考地平面之间距离的 1.4 倍。

在悬垂绝缘子串金具、耐张绝缘子串金具和其他金具的任何金具项目的试验中，无论哪种类型，试验导线的末端和与高压试验变压器的连接处，应确保采用适当的环形或球形屏蔽电极，以防止产生正极性电晕。用于试验目的的所有电晕屏蔽和辅助金具的尺寸，应保证试验导线中点的表面电位梯度不受影响。

8.1.1.3 电晕观测

电晕放电的一种特殊的表现可用于起晕的检测。用于估算电晕起晕电场的经验公式，通常是基于对电晕放电发出的可见光的视觉检测（肉眼观察）。空气中电晕放电发出的光能的大部分在紫外频率范围内，仅有一小部分在可见光范围内。因此，只有在黑暗的实验室或漆黑夜晚的户外才可能用裸眼观测。即便是在这样的条件下，对电晕起晕的肉眼观测中有时会使用光放大设备。近年来开发了一些用于白天电晕放电肉眼检测的装备。因为电晕的脉冲模式，通常用来表征输电线路导线电晕起始的主要是负极性特里切赫脉冲和正极性起晕流注，同时也产生声音和电磁场发射。电晕的噪声发射可由人耳直接或使用声音放大器听到。第三种电晕起始的检测方法是电晕笼试验中的传导无线电干扰电流测量和试验线段或运行线路的辐射无线电干扰测量。一般情况下，可见光、声音和无线电频率发射都会在大约相同的导线电位梯度时同时监测到。然而，可见光是最常用的确定电晕起晕检测方法。

8.1.2 导线试验

影响电晕起始电位梯度的最重要因素是导线的半径。皮克公式显示，当其他的所有参数不变时，导线的电晕起始电位梯度与导线尺寸负相关。对于给定电压和结构的线路，导线表面电场 E_s 随导线半径 r 反方向变化，如图 8-1 所示。根据皮克公式，导线的电晕起始电位梯度 E_c 随 r 做反向更缓慢的变化，也如图 8-1 所示。当导线半径的值 $r < r_1$ 时，$E > E_c$，在导线上发生电晕放电。因此，为了防止发生电晕，有必要选择比 r_1 大的导线半径。

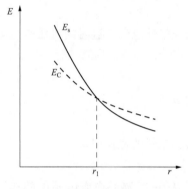

图 8-1 导线尺寸和电晕的起始

皮克公式完全是根据光滑小直径导线上的实验数据得到的。已经证明，如果将这个公式外推到实际的直径较大的导线，其预测电晕起始电位梯度比实测值要高。尽管存在这种差异，皮克公式仍在实际的输电线路导线上采用，其原因有：①在线路设计中，起始电位梯度本身只是起着次要的作用；②在公式中引入系数 m，在一定程度上掩盖了导线半径的影响。导线表面粗糙系数 m 对电晕起始电位梯度的影响，有点类似于导线尺寸的影响。对于理想光滑的圆柱导线，在早期试验研究中使用的 m 的值等于 1。而一条实际的输电线路导线表面是远远不够理想的，主要是由于多股绞线的使用和如刻痕、划痕等缺陷的存在。所有这些的不规则，往往会增加导线表面附近的电场，从而减小采用标称导线半径计算出来的电晕起始电位梯度。

导线表面粗糙系数 m 虽然不是输电线路设计中最重要的因素，但在估计反映实际导线表面清洁和污秽过程中是有用的。对任何给定导线，通过试验确定的电晕起晕电场，带入式（3-28）中用于估计 m 值。知道 m 值在对输电线路电晕性能的一些预测方法中是必要的。

因为电晕笼中导体表面电场可由简单的分析方法精确计算，所以电晕笼试验装置最适用于确定单导线或是分裂导线的电晕起晕电场。确定电晕起晕电场的精度也取决于检测导体上电晕起晕的方法。对于干净的导线，负极性直流起晕电场通常比正极性要低一些。即便是在交流电晕情况下，负半周期间在比正半周低一些的电位梯度时起晕。负极性起晕以光发射逐渐增加为特征，伴有光点在导体表面游走，还有"嘶嘶"的声音。另一方面，正极性电晕的产生则相当突然，以快速离开导体表面的明亮的羽状光焰为特征，并伴有破碎声。对于表面污秽的导线，正极性起晕电场比负极性低一些。由于正极性电晕是输电线路的无线电干扰和可听噪声的主要来源，通常将电晕起晕电场定义为正极性电晕发生的电场。

随着施加到导线上的电压的逐步增加，电晕第一次出现时的电压即为电晕起晕电压，对应的导线表面电场即为电晕起晕电场。进一步增加电压将导致导线上的电晕增强。如果电压逐渐降低，电晕放电在某一电压下消失，称该电压为电晕熄灭电压。电晕熄灭电场通常比电晕起晕电场低，尽管其间差距对输电线路导线而言并不明显。因为电晕起晕和熄灭电场都服从统计规律变化，通过试验来确定时，应基于大量测试结果的平均。通过施加电压若干次的增加和降低循环，可得到电晕起晕和熄灭电场的平均值。有时候，特别是在确定导线 m 值时，把电晕起晕和熄灭电场的平均值作为平均电晕起晕电场。

8.1.3　金具试验

如上所述，输电线路导线的选择是基于无线电干扰和可听噪声的考虑，而不是导线电晕起晕电场。然而，在金具的选择中，包括耐张塔和终端塔的导线支撑金具、分裂导线间隔棒等，仍主要基于电晕起晕的考虑。在正常运行电压下的输电线路还缺少用于选择金具的电晕标准。有时，在正常运行电压下更加严格的标准用于选择金具，即用人工涂污的特殊方式进行金具电晕试验。在交流输电线路上使用的金具的电晕测试，通常以单相试验配置在实验室进行。测试电压一般以得到与它们在三相输电线路上使用时相同的电场条件为原则选择。为确定合适的试验电压，对安装于三相输电线路以及实验室试验配置中的金具，作三维电场计算是必要的。然而，对不同的金具结构这样的计算非常困难。因此已经提出了一种重要的试验技术，即采用球形校准器。

校准器法的原理是：一个放在圆柱形导体上的小球，小球在与导体起晕的表面电位梯度相同时产生电晕，而与导体实际结构无关。这一原理允许在单相配置下，在与三相线路结构相同的导线表面电场条件下对金具进行电晕试验。可采用一个直径为 $2\sim5\mathrm{cm}$ 的金属球作为校准器，在实验室用大小合适的光滑管导体或绞线导线来代替输电线路导线或分裂导线进行测试。被试导线安装在实验室某特定的高度上，与其他的地电位面或接地物体距离足够远。对任一施加于导线的电压，通过二维电场计算可得到导线表面电位梯度。球形校准器用线夹系于导线，逐渐增加导线的电压直到在球上监测到正极性电晕。图 8-2 显示球形校准器与导线的连接。

对于给定的导线或子导线，预先确定球体上发生正极性电晕起始的标称导线表面电位梯度，可通过把上面装有球体的导线放在已知直径的同心圆筒中，或者放在地平面上方的已知高度处的方法。然后，给出对应于球体上正极性电晕起始的导线表面电位梯度 E_{c}，即

对于同心圆柱结构

$$E_{\mathrm{c}} = \frac{U}{r}\ln\left(\frac{R}{r}\right) \tag{8-1}$$

式中：U 为施加于导线上的电压；R 为试验同心圆柱的半径；r 为导线的半径。

对于导线地平面结构：

$$E_{\mathrm{c}} = \frac{V}{r}\ln\left(\frac{2h}{r}\right) \tag{8-2}$$

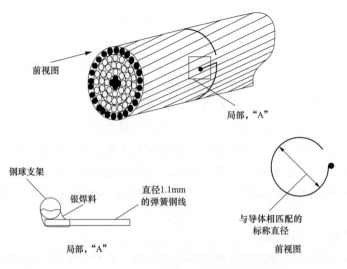

图 8-2 球形校准器与导线的连接

<!-- labels: 前视图; 局部, "A"; 钢球支架; 银焊料; 直径1.1mm 的弹簧钢线; 局部, "A"; 与导体相匹配的标称直径; 前视图 -->

式中：h 为导线离地平面的高度。

在试验电压确定之前，必须规定验收标准的导线表面电位梯度 E_s。验收标准是，在规定的 E_s 下，既无可见电晕，无线电干扰电压的测量值也不超过规定的限值。为确定试验电压，将校准球体置于导线上。对于单导线，球体的位置应朝向最接近的地平面。而对于分裂导线，它应位于最大导线表面电位梯度处。对于多股绞线，它也应该位于最外股的顶端。对于除压接管（或压接连接器）以外的金具的试验，球体应该位于试验导线自由长度的中点。当试验压接管时，球体应该是离压接管一端的（280±20）mm 处。

在将球形校准器放在试验导线上之前，应该用不起毛的布擦干净，然后在导线上施加电压。电压应稳步增加到在球形校准器上产生正极性电晕的最小值，并记录相应的电压。这个正极性电晕起始电压用于确定试验电压，计算式为

$$U_T = \frac{E_s}{E_c} U_c \tag{8-3}$$

式中：U_T 为计算出的试验电压；U_c 为在钢球上产生正极性电晕时的外施电压；E_c 由式（8-1）或式（8-2）求出；E_s 为规定的导线表面电位梯度。

重要的是，要注意 U_c 可能会有 ±5％的变化，这是因为装在母线或导线上的球形校准器的电晕起始电位梯度只是平均值。当使用球形校准器时，重要的是要确保正极性电晕与负极性电晕不混淆。这两者很容易分辨，尤其是对球形校准器。随着电压升高，负极性电晕首先出现，但它通常无法听到（可能发出轻微的"嘶嘶"声），并且产生很小的无线电干扰电压，用视觉观察也是非常困难的，除非采用光放大设备。另一方面，正极性电晕起始是突然产生的，很容易听到，并且在黑暗的实验室很容易看到。此外，无线电干扰电压急剧增加。负极性电晕在球形校准器的表面发射出柔和的蓝色光芒。一旦从正极性流柱出现 25mm 或更长的白光，就不能再看到负极性电晕。通过在世界各地的不同高压实验室一系列调查已确认，电位梯度法，而不是电压法，更适合于金具的电晕

试验。

8.2 电晕的试验方法

如 2.6 节所述，导线电晕试验研究的主要目的是：①理解电晕放电和电晕效应所包含的物理机制；②获得输电线路电晕性能的数据，用于提出预测方法。因为在电力输送的早期发现表明，导线的大小不仅对载流量而且对电晕损失有影响，实验室和户外试验方法可被用于电晕性能不同参数的研究。本节将阐述所使用的电晕试验装置和电晕性能测试的各个方面知识。

8.2.1 电晕笼

早期实验室使用的笼型装置的规模较小，主要用于确定较小直径导线的电晕起始电位梯度。也被用来研究在直流和交流电压下电晕放电的物理特征，包括电晕脉冲的电气和声学特性。因此，这些用于电晕及其现象研究的笼型试验装置被称作电晕笼。研究用于输电线路的大直径多股导线，需要更大的电晕笼和更高的电压。具有足够大空间的所谓大型电晕笼也可以进行电晕损失和臭氧形成的一些研究。应当指出的是，从实验室小尺寸电晕笼的试验，很难获得有用的无线电干扰和可听噪声数据。

对通常用于输电线路的导线和分裂导线的试验，需要大直径（可达 10m）的电晕笼。此外，为了能够开展任何电晕损失、无线电干扰和可听噪声测量，电晕笼也应足够长（几十米）。由于试验装置的较大尺寸，这样针对性的电晕笼主要建在户外。由于较大的尺寸要求，户外电晕笼往往建成正方形而不是圆形截面。为了研究人工降雨条件下的电晕特性，通常配备某种自动喷水系统，但户外电晕笼也可用于自然天气条件下的研究。图 8-3 为对应于图 2-33 的户外电晕笼示意图。

图 8-3　户外电晕笼示意图

8.2.1.1 电晕笼结构设计

电晕笼设计中，最关键的参数有三个：截面尺寸、测量段长度和两端防护段长度，针对不同的设计参数有不同的设计原则。

（1）截面尺寸。电晕笼截面设计有两个原则。

1）离子运动原则。在交流电压作用下，导线由于电晕产生的离子不会运动到电晕笼的笼壁，并且有足够裕度，从而使得电晕笼内导线周围的电场分布和离子分布与实际

173

线路的一致。对于离子的运动，风的影响较大，速度很小的风就足以使离子的分布发生变化，因此，一般要求电晕笼的截面边长至少达到分裂导线外接圆半径和离子运动最远距离之和的 4 倍以上。

2）击穿原则。电晕笼试验中导线上所需施加的最大电压 U_m 和电晕笼的击穿电压 U_b 之间要有一定的裕度，从而保证导线在电晕笼内所加电压既能模拟实际线路表面场强，又不会产生击穿。一般要求 $U_b/U_m \geqslant 1.5$。

（2）测量段长度。测量段长度的选择有两个基本要求：①需满足在测量段内导线表面电场大小趋于一致；②交流电晕效应产生量应能适合测量仪器的精度要求，即能够被准确测量。

为了准确测量交流电晕效应，电晕笼测量段的长度一般取其边长的 3～5 倍即可满足测试要求。不同的电晕效应测试对电晕笼测量段的长度有不同要求，雨天条件下不同电晕效应测试所需最小测量段长度分别为：可听噪声，10～15m；无线电干扰，5～10m；电晕损失，5～10m。

测量可听噪声时，测量点两侧的导线长度应为导线与传声器距离的两倍以上，这样才能保证 2dB 以内的测量误差。而测量 100Hz 的纯音则要求导线与传声器之间的距离应至少为 3.4m，这样测量段的总长度至少为 $4 \times 3.4m = 13.6m$。在雨天条件下，交流电晕的产生量较大，对于无线电干扰和电晕损失的测量，5～10m 的测量段已能满足要求。

（3）防护段长度。防护段是与测量段绝缘的一段笼体，其长度选择取决于电晕笼端部附近的导线表面电场的畸变程度，这需通过计算导线表面电场分布来确定。电晕笼端部附近电场畸变导线段越长，则所需防护段长度也就随之增加。

在确定防护段长度时，要考虑被试导线弧垂情况。无导线弧垂时，为了克服端部效应对导线表面电场产生的影响，电晕笼防护段长度应至少选为 2m。考虑导线弧垂后，端部效应对导线表面电场的影响更加突出，从而需增大防护段长度。

所以，在实际电晕笼中，导线的弧垂不宜过大，因为这样会导致电场无畸变段的长度过小而影响测量结果的准确性。

通过计算可以发现，导线在接近电晕笼端部时，其表面电场要低于无畸变段的电场，因此，如果可以通过优化防护段，使得导线在电晕笼端部处的电场得到提高，与无畸变段电场的大小保持一致，则可有效地增加电场无畸变段的长度，减小测量误差。

为此，图 8-4 给出了一种新颖的防护段结构设计方法，即在距电晕笼端部一定距离 d 时，笼体截面尺寸开始逐步缩小，这样可以拉近电晕笼端部附件导线与笼壁之间的距离，使得端部区域的导线表面电场得到抬高，通过选择合适的距离 d 和截面尺寸缩小的速度可以将端部区域的导线表面电场抬高至无畸变段电场值，从而增加电场无畸变段的长度。

可见，只要合理设计防护段的结构，完全可以使整个笼内的导线表面电场大小趋于一致，从而提高电晕效应试验的准确性。

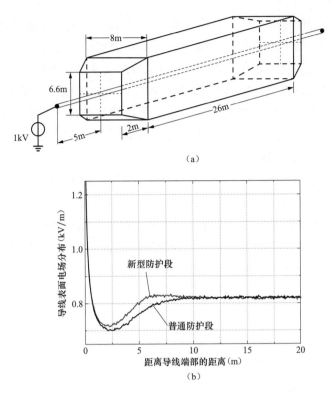

（a）

（b）

图 8-4　电晕笼防护段的优化设计举例

（a）新型电晕笼防护段结构示意图；（b）新型防护段导线表面电场分布

电晕笼一般针对单相导线开展电晕效应试验，故其试验电源一般由单相交流试验变压器供给。电晕笼试验一般用于实际导线的电晕特性研究，实际线路导线决定了电晕笼的大小结构和试验电源的配置等。以下以交流特高压导线 8×630 为例，对电晕笼的若干参数进行配置。

8.2.1.2　电晕笼试验配置

利用电晕笼开展 8 分裂导线电晕效应试验时，导线上所需施加的最高电压约为 600kV（有效值），因此，电晕笼试验系统的电源额定电压应大于 600kV。考虑一定裕量，试验变压器的额定电压为 800kV。

单位长 8 分裂导线和边长 8m 电晕笼之间的互电容约为 25pF，电晕笼总长为 35m，因此总电容量约为 875pF，其工频阻抗为 $3.6\times10^{6}\Omega$，在额定电压 800kV 电压下，电流为 0.23A。除了导线和电晕笼之间的电容电流外，试验变压器出口处的电容分压器还需分得一部分电流，额定电流应大于这两部分电流之和。考虑一定裕量，试验变压器的额定电流为 0.5A。

不同天气对电晕效应的影响不同。为考虑不同雨量对电晕的影响，电晕笼设计时，必须设计雨量可以调节的淋雨装置，以模拟不同雨天情况。

电晕笼淋雨装置由淋雨喷头、送水管路、大小阀门、过滤器、止回阀、潜水泵和远方的变频控制柜、闭环控制模块等组成，图 8-5 为淋雨装置系统硬件连接图。雨量可以通过阀门和变频器控制进行调整，雨量范围在 0～50mm/h 之间连续可调。

此外，为保证无线电干扰测试的准确性，需在交流试验电源和导线之间加装阻波器，用于隔断交流电源侧可能存在的高频电流对导线交流电晕无线电干扰电流的影响。

CISPR 出版物 CISPR 18-2《架空线路和高压设备的无线电干扰特性 第二部分：测量方法和限值确定程序》中规定，在无线电干扰测量频段上，阻波器阻抗应不小于 20kΩ，提供至少 35dB 的衰减。无线电干扰测量频率为 0.5MHz 和 1MHz，因此阻波器的电感值不能低于 6.4mH。

电晕笼试验可选用多种不同分裂型式导线，导线两端采用通用的连接金具，适用于任意型号导线，分裂数可采用单根至 12 分裂，对应的分裂间距可调。固定导线的导线盘如图 8-6 所示，图中白色圆形位置为导线盘上的钻孔，用于固定分裂导线两端的连接金具，分裂间距可调，不同分裂数对应的分裂间距如表 8-1 所示。另外，对于 4 分裂以上导线，需加设 2 组导线间隔棒。

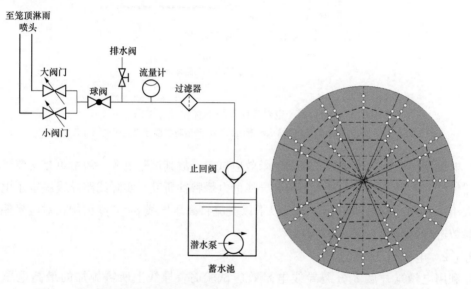

图 8-5　淋雨装置系统硬件连接示意图　　　图 8-6　导线盘示意图

表 8-1　　　　　　　　　　　特高压电晕笼试验导线参数

分裂数	可调分裂间距（mm）	分裂数	可调分裂间距（mm）
2	400、450、500	8	350、400、450
4	450、500、550	10	350、400
6	375、450、500	12	300、350

高压引线必须在最大试验电压下不发生电晕放电，考虑到高压引线与地面的结构可以近似为单个导体对大地问题进行导体表面电场计算，高压引线表面场强计算公式为

$$E_{\mathrm{L}} = U_{\mathrm{m}} \cdot \frac{2(h_{\mathrm{L}} - r_{\mathrm{L}})}{r_{\mathrm{L}} \cdot (2h_{\mathrm{L}} - r_{\mathrm{L}}) \cdot \ln\left[(2h_{\mathrm{L}} - r_{\mathrm{L}})/r_{\mathrm{L}}\right]} \tag{8-4}$$

式中：E_L 为高压引线表面场强，kV/cm；U_m 为最大试验电压，kV；h_L 为引线对地高度，cm；r_L 为引线半径，cm。

为保证高压引线不起晕，其表面电场强度最大值控制在 20kV/cm（峰值）以内，表 8-2 给出了导线上施加额定电压（800kV）时高压引线不同对地高度对应的最小半径计算结果。

表 8-2 额定电压下不同对地高度对应的最小高压引线半径

对地高度（m）	4	5	6	7	8	9
所需的引线半径（mm）	147	137	130	124	120	116

8.2.1.3 电晕笼试验方法

（1）电晕损失测量。由前述分析可知，电晕损失主要由与导线电压同相的电流引起。可以通过分压器获取试验导线上的电压信号，通过在导线上串联无感电阻实现对导线电流的测量，通过功率表或数字技术实现对试验导线的电晕测量。

图 8-7 是通过分压器获取电压信号，通过电阻获取电流信号并通过数据采集和无线传输技术实现电晕损失测量，并可应用于电晕笼的测量系统示意图。

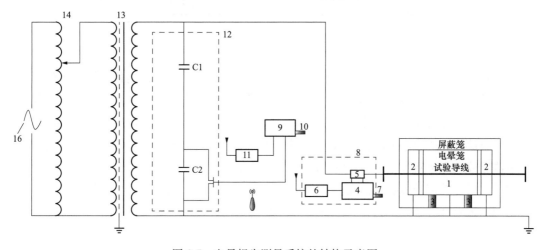

图 8-7　电晕损失测量系统的结构示意图

1—电晕笼测量段；2—电晕笼防护段；3—绝缘支撑；4—上位机；5—采样电阻单元；6—上位 GPS 时钟；

7—上位无线网卡；8—法拉第笼；9—下位机；10—下位机无线网卡；11—下位机 GPS 时钟；

12—高压标准电容分压器；13—实验变压器；14—调压器；15—无线中继器；16—交流电源

（2）无线电干扰测量。无线电干扰测试方法分为辐射法和传导法，实际输电线路的无线电干扰测试一般采用辐射法，利用天线和无线电干扰接收机测量线路电晕产生的无线电干扰场。而在电晕笼中，一般采用传导法测量导线电晕产生的无线电干扰电流，即利用导线对地耦合回路和接收机直接测量导线中由于电晕产生的射频电流。在包含调幅广播频率的 0.15～30MHz 范围内，传导的无线电干扰测量，一般通过在导线和地之间连接一个由耦合电容器及其串联电阻的阻抗来实现的，并拾取从这个电阻（50Ω 阻值）两端的电压作为无线电干扰测量接收机的输入。这通常也叫无线电干扰电压测量。干扰电流可简单地从干扰电压测量值得到。

利用电晕笼耦合回路测量导线无线电干扰可采用两种接线方式：在导线和大地之间并入高压电容和无线电干扰耦合回路的测量方式和在电晕测量笼和屏蔽笼之间并入无线电干扰耦合回路测量方式，分别如图 8-8 中的接线方式①和接线方式②所示，图中的电晕笼测量段有两层尺寸接近，但无导体直接连接的金属笼体。外层为屏蔽笼直接接地，内层为测量笼经无线电干扰耦合回路接地。其中，接线方式①需要接入高压耦合电容器，其造价较高，测量值中包含了表面电场强度不一致的两个防护段的电流，而且电容上的分流对试验电源要求也高，因此，接线方式②更为简单有效，且仅测量测量段的电晕电流。图 2-13 中，滤波器和无线电干扰耦合回路需满足 CISPR 第 18-2 出版物中的相关规定。

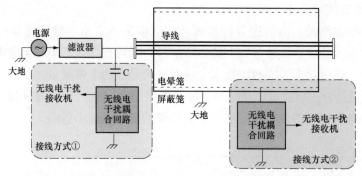

图 8-8   电晕笼内导线无线电干扰测量方法

（3）可听噪声测量。电晕笼试验系统中，在距分裂导线已知距离处测出声压级即可得到导线电晕可听噪声。声压级采用传声器和带有滤波器或波形分析器的噪声分析仪测量，通过噪声分析仪可以得出可听噪声的不同频率分量。传声器应放置在声音场的远场区域，与被测导线之间的距离应大于所测频率声波波长，如在测量 100Hz 交流纯音时，传声器应放在距被测导线 3.4m 以外的地方。图 8-9 给出了特高压交流电晕笼可听噪声测试示意图，传声器放置于测量笼正中央的侧壁上和底部，侧壁上的传声器与分裂导线保持同一水平高度，底部的传声器在分裂导线的正下方，为了避免风对可听噪声测量的影响，传声器上需加设防风罩。

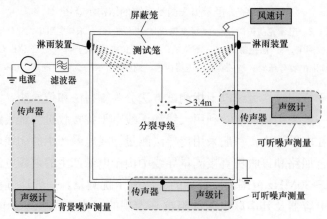

图 8-9   可听噪声电晕笼测试示意图

8.2.2 试验线段

虽然户外电晕笼造价低廉和操作方便，但它们只适合于在大雨条件下的研究，而不是获得全天候条件下的统计数据。为了获得在不同天气条件下的长期数据，采用一段真型输电线路，称为试验线段。可用单相或三相试验线段开展于交流电晕研究。由于三相试验线段能准确地再现正常输电线路的电场条件，所以在高电压下进行的大部分电晕研究采用试验线段。然而，它们的建造费用更加昂贵，而且，在短的三相线路上进行无线电干扰测量结果，是更加难于分析的。单相试验线段相对便宜，而且，根据单相试验线段的测量，比较容易预测不同结构输电线路的电晕特性。

8.3 电晕损失测量

为推导用于不同输电线路导线结构的电晕损失预测方法，对单导线和分裂导线进行测试是必要的。因为在运行线路上实施测量并解释其结果十分困难，所以通常使用电晕笼和试验线段来确定导线的电晕损失的特性。对于交流电晕，电晕笼或试验线段的测量结果可以用于确定电晕损失产生量，并用它来预测任何通用导线结构的电晕性能。在直流电晕情况下，由于空间电荷分布的不同，电晕笼的测量结果不能直接用于预测直流输电线路导线结构的电晕损失性能。因此必须在直流试验线段上测量以确定电晕损失的产生量，并使用其结果来预测通用直流输电线路结构的性能。以下给出用于测量交流和直流电晕损失的技术。

8.3.1 测量方法

如前所述，交流电晕和直流电晕是存在一定差异的，尤其是直流电晕情况下的空间电荷的影响，所以交流电晕和直流电晕的测量也存在差异，而到目前交流电晕的研究工作更多一些。

8.3.1.1 交流电晕损失

交流电晕损失的测量，包括在非常大的非同相容性电流存在的情况下检测与电压同相的小电流分量。这样，它包括在非常低的功率因数下的功率测量，功率因数通常为 $0.05 \sim 0.2$。

电压—电荷图形法是用电压—电荷图形的示波记录仪（所谓的李萨如图形）来测量电晕损失，实验室电晕笼的研究中经常使用。

通过连接在绝缘笼体与地之间的电容器对流经导线和笼体的总电流积分，并提供一个电荷信号。电容分压器获得电压信号。如果 u 和 i 分别为电压和电流瞬时值，单位为 V 和 A，则电晕在一个电压周期引起的以焦耳为单位的能量损失为

$$E = \int_0^T ui\,\mathrm{d}t = \int u\,\mathrm{d}q \qquad (8\text{-}5)$$

式中：q 为积分得到的电荷，C；T 为电压波形的周期，s。

右侧的积分式表明，E 等于一个周期的电压—电荷图形面积。则可得到平均电晕损失 P（单位为 W）为

$$P = \frac{E}{T} = Ef \qquad (8\text{-}6)$$

式中：f 为电源频率，Hz。

电桥法也已广泛用于不同试验装置的电晕损失测量。经常采用高压西林电桥及其改进型号实施测量。高压实验室中，西林电桥最经常的用途是测量有损电容的电容量和介损角正切（系数）。所加电压超过起晕电压后，电晕笼中或试验线段上的导线结构可由用 3.1 节所述的电容 C_c 和电阻 R_c 并联电路来代替。当等效电路电压为 U 时，功率损耗 P 为

$$P = UI\cos\theta$$

式中：I 为通过有损电容的总电流的幅值；θ 为电压和电流的相位差。高压电容器的电流以容性电流为主，其相位角 θ 通常非常接近 $90°$。基于这一原因，有损电容器通常用损耗角 δ 来表征，$\delta = 90 - \theta$。因而，有损电容器的功率损耗可表示为

$$P = U^2\omega C_c\tan\delta \tag{8-7}$$

式中：ω 为电压和电流的角频率。

西林电桥可以测出电容量 C_c 和介损角正切 $\tan\delta$。

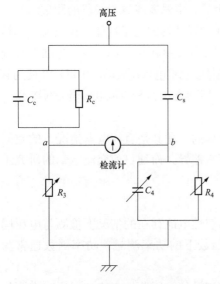

图 8-10 中给出了用于任意导线结构电晕损失测量的西林电桥的基本结构。电桥高压臂有标准无损电容器 C_s、表示导线结构的电容 C_c 和电阻 R_c 并联电路组成。低压臂分别由可变电阻 R_4 与可变电容 C_4 并联电路和可变电阻 R_3 组成。电桥通过调整 R_3、R_4 与 C_4，使得连接于电路中 a、b 两点的指示器指零达到平衡。则导线结构的电容量和介损角正切在电桥指零时以电桥电路参数表示为式（8-8）和式（8-9），由式（8-7）得出其电晕损失。

$$C_c = C_s\frac{R_4}{R_3} \tag{8-8}$$

$$\tan\delta = \omega C_4 R_4 \tag{8-9}$$

图 8-10　西林电桥电路示意图

西林电桥法为测量不同试验条件下的电晕损失需要人工手动调整电桥平衡。对于户外电晕笼和试验线段的电晕研究，电晕损失几乎是连续不停变化的，采用人工调整电桥平衡十分困难。只有在电桥是自动平衡的情况下才可能不需要人工介入实现连续变化的电晕损失的测量。西林电桥法也需要考虑与试验装置两端的可连接性。这样，内层测量笼中间段可作为低压端连接至西林电桥。而在试验线段上或在笼体永久接地的电晕笼中，必须调整西林电桥的电路才能用于测量。与三相试验线段一样，在以大地为外层笼体一部分的电晕笼中的电晕损失长期记录，可以在对西林电桥电路合理改造并使其自动平衡来实施。

自平衡电桥法基于电流比较器原理，电桥中标准电容器和未知电容的电流以相反的方向通过绕制在高磁导率铁芯上的两个绕组，以产生相互抵消的磁场。该铁芯上的第三绕组上连接一个零值指示器，用以检测铁芯中的磁通。当铁芯中链接的磁通为零时零值

指示器指零。可通过将这种电桥与一个负反馈装置组合构成新版的自平衡电桥。

低功率因数瓦特计也广泛应用于电晕损失的测量，主要是用于三相试验线段。将高精度瓦特计连接至试验变压器的低压端，以用来测量一个三相试验线段的准确电晕损失。为得到导线的电晕损失，必须确定变压器的损耗并将其从测量结果中减去。另一种替代方法是将瓦特计安装在变压器的高压侧，在地面通过遥测技术变换和记录电晕损失数据。

高精度电子式瓦特计是基于相敏检测或时分乘法的电晕测量方法，也已用于电晕笼和试验线段的电晕损失的测量。近年来高速数字转换器的使用大大简化了电晕损失测量。施加于导线的电压和流过导体的总电流，包括容性和阻性分量，被转换成数字形式并存储以便后续分析。分析同步数字化记录的电压和电流信号的数据可以得到以下信息：定义电晕等效电路模型的参数、电流的容性和阻性分量以及传统的电压—电荷图形。根据图 3-4 的等效电路，导线结构的几何电容由 C_0 表示，而 $C_c(u)$ 和 $G_c(u)$ 表示电晕产生的附加的电容和导纳。瞬时电流总量可分解为容性分量和阻性分量，在任意时刻，总电容和总电流为

$$C(u) = C_0 + C_c(u) \tag{8-10}$$

$$i(t) = i_c(t) + i_r(t) = C(u)\frac{\mathrm{d}v}{\mathrm{d}t} + G_c(u)u \tag{8-11}$$

参数 C_0 直接由导线结构的几何参数得出。其他两个参数 $C_c(u)$ 和 $G_c(u)$ 可通过分析电压和电流的数据得到。假定 $C_c(u)$ 和 $G_c(u)$ 以步进方式变化，对式（8-11）是基于一组 n 个 u 和 i 的瞬时值的最小二乘法求解，以得到它们最合适的估计值，并假定这两个参数 u 和 i 是不变的。为得到参数估计，需要的 n 最小值为 2，但为得到整个周期上稳定的 $C_c(u)$ 和 $G_c(u)$ 值，更高的 n 值是必要的，如 4 或 5。知道这两个参数后，由式（8-11）可求出电流分量 $i_c(t)$、$i_r(t)$。最终，可得出电晕损失 P，即

$$P = \int_0^T vi_r\mathrm{d}t \tag{8-12}$$

在电晕笼试验配置中，内层测量笼用于测量，电压和电流信号都可以在低压端得到。然而对试验线段的精确测量，应在施加于导线的高电位测量电流信号，这可通过光纤或射频遥测技术传递到地面后测量。应当选取在处理过程中不产生任何相角误差的遥测设备。可以代替的方法是，在高压侧使用数字转化器测量并记录电压和电流信号。

8.3.1.2 直流电晕损失

无论在电晕笼还是直流试验线段测量电晕损失都相对简单。因为实际上所有流过导线的电流都是因电晕产生的，测量施加于导线的电压 U 和流经导线的电流 I 就可以通过公式 $P = UI$ 得出电晕损失 P。在电晕笼试验配置中，电流是在内层测量笼和地之间测得。而在试验线段上，电流是在高压导线上测量并用遥测发射器传递到地面记录。为实施精确的电晕损失测量，应特别关注确保绝缘子泄漏电流可以忽略不计。

8.3.2　测量仪器举例

8.3.2.1　光纤数字化电晕损失测量系统

结合光纤传输技术、虚拟仪器技术，采用光供电光纤传输方式的输电线路的光纤数字化电晕损失测量系统，通过光纤电流互感器实现电流的地面安全可靠测量，采用户外高精度电容分压器（或电容式电压互感器）实现电流的准确可靠测量，在准确提取电压电流信号的基础上，结合现代数字信号处理技术和虚拟仪器技术计算电晕电流/电晕损失，研究输电线路的电晕特性。图 8-11 给出了单回试验线路采用的光纤数字化电晕损失测量系统示意图，主要由电压信号提取、电流信号提取、同步数据采集平台和软件分析等组成。

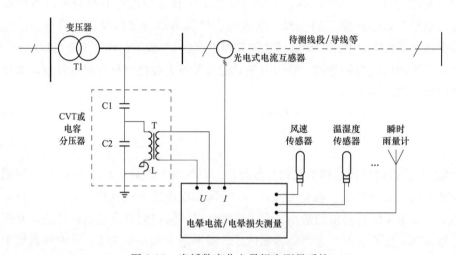

图 8-11　光纤数字化电晕损失测量系统

图 8-12　1000kV 电容式电压互感器

电压信号提取采用电容式电压互感器（CVT）。1000kV 的电容式电压互感器如图 8-12 所示。

8.3.2.2　GPS 宽频带无线电晕损失测量系统

GPS 宽频带无线电晕损失测量系统结合无线网络技术，GPS 同步授时技术和虚拟仪器技术，应用高采样率的数据采集卡；可以实现电晕电流各个频率成分的测量，并应用瞬时功率法，考虑所有频率成分对电晕损失的影响。

GPS 卫星上载有高稳定度的时间频率标准，可以非常方便地构成一个精确的标准时间同步的方法。无线网络具有可以简化复杂的布线，操作简单，实现上位机和下位机隔离。由于电晕电流脉冲的频率较高，需要应用较高的采样率，采集的数据量较大，需要无线网络具有较高的数据传输能力。无线局域网因其高速率，可调节的传输距离等特点，可满足电晕脉冲电流信号传输的要求。

该系统的结构示意图如图 8-7 所示，电流信号提取部分，用大功率的精密无感电阻 5 作为电流传感器，这样可以保证电阻本身不会被瞬态电压和电流破坏。将电阻串联接电晕笼试验导线中，并且由于电阻精密无感，导线中的电流流过电阻，在电阻两端产生与导线电流同相位的电压信号，这样波形没有畸变，能够准确的反映电晕放电电流各个频率的信息。

电压信号采集部分，应用高精度电容分压器 12 提取电压信号，通过 GPS 6 和 11 同步时钟实现电压和电流采集的同步性，可以选择整秒、整分、整时触发。通过 300Mbit/s 的无线网卡 7 和 10 及无线路由器 15 组成的无线网络传输电流信号，使高压端和低压端没有电气联系，没有电绝缘的问题。

该电晕损失测量系统采用瞬时功率法（UI 法）计算电晕损失，瞬时功率法的主要原理是：电流 $i(t) = I_m \sin(\omega t + \phi_i)$，电压 $u(t) = U_m \sin(\omega t + \phi_i)$，$I$ 为电流有效值，U 为电压有效值，φ 为功率因数角，则

$$P = IU\cos\varphi = \frac{1}{nT}\int_0^{nT} i(t)u(t)\mathrm{d}t \tag{8-13}$$

离散化后

$$P = \frac{1}{nf_s T}\sum_{j=0}^{nf_s T-1} i(j)u(j) \tag{8-14}$$

式中：$T = 0.02\mathrm{s}$；f_s 为采样频率；n 为计算周期数。

8.3.3 特高压交流试验线段电晕损失监测实例

应用光纤数字化电晕损失监测系统，对不同气象条件下特高压交流单回和同塔双回试验线段的电晕损失进行监测，同时结合小型气象站监测气象数据，对试验线段电晕损失进行分析。

8.3.3.1 电晕损失监测试验概述

特高压交流试验线段总长为 741m，其杆塔结构形式采用猫头塔塔型，试验线段采用 8×LGJ-500/35 分裂导线，导线为三角形排列。在 1000kV 运行电压下，边相导线表面计算场强 14.19kV/cm（有效值），中相导线表面计算场强 14.67kV/cm（有效值）。考虑到对称性，应用电晕损失监测系统对 A 相、B 相进行监测。特高压交流试验线段电晕损失监测系统结构如图 8-7 所示。

特高压交流试验线段相电压测量通过 1000kV 特高压电容式电压互感器（CVT）实现，其准确度达到 0.2 级。

8.3.3.2 电晕损失监测结果及分析

将监测到的电晕损失值归算到 1km 长导线，并对不同降雨率下电晕损失监测数据进行拟合，如图 8-13 所示。由图 8-13 可以看出，特高压交流试验线段电晕损失随降雨率增大并非线性增长，在大雨条件下有逐渐饱和的趋势。

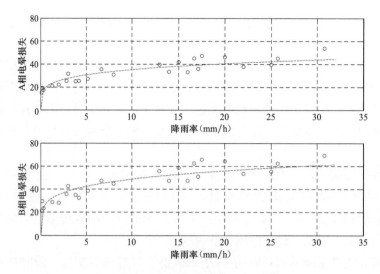

图 8-13 不同降雨率电晕损失拟合曲线

对于雪天电晕损失，按照气象部门积雪深度划分，监测当日为大雪天气。取监测结果最大值。可以认为大雪下电晕损失实测与等值降雨率推算值总体而言较为符合。为了便于特高压交流输电线路电晕损失评估，仍然按照等值降水强度估算雪天电晕损失，并且以小雪下损失功率的80％作为雾天的电晕损失。不同天气条件下特高压交流单回试验线段电晕损失结果见表 8-3。

表 8-3 不同天气下特高压交流单回试验线段电晕损失

导线型号	天气情况	试验线段电晕损失（W/m）	
		边相	中相
8×LGJ-500	大雨	36.50	50.61
	中雨	26.40	36.71
	小雨	19.10	26.62
	大雪	52.97	73.64
	中雪	40.08	55.84
	小雪	29.00	40.50
	雾天	23.20	32.40

从分析结果可以看出，降雨对试验线段电晕损失的影响非常明显。降雨开始，电晕损失迅速增长；雨停止后，电晕损失随着导线变干而逐渐减小。衰减时间取决于表面场强、风速和空气湿度。电晕损失随降雨率的增大而增加，且近似一条饱和曲线，降雨率较小时电晕损失随降雨率增大增加较快，随着降雨率的增大，电晕损失增加趋缓，当降雨率增大到一定程度（大雨条件下）后，电晕损失值增加逐渐趋于饱和。

8.4　短线段的无线电干扰和可听噪声的测量理论

在户外电晕笼中或试验线段上的无线电干扰和可听噪声测量的目的，是得到用于预测长线路的无线电干扰和可听噪声各自的产生量，电晕笼中的导体和试验线段都可以看做是长线路的一小部分。有时可以用短线段上测量结果直接预测长线段的性能而不用考虑确定产生量的中间过程。

8.4.1 单导线短线的无线电干扰

4.4 节中给出了单导线和多导线长线的无线电干扰传播分析。短线的无线电干扰传播特性与长线的大不相同，主要因其两端的终端阻抗可能引起的反射。已有很多研究分析开路的、短的单导线线段的无线电干扰传播特性。美国人勒费夫尔详细分析了两端以任意阻抗端接的、短的单导线线段的无线电干扰传播特性。随后这一分析也被拓展到一端开路的三相线段。

8.4.1.1 基本方程与分析

首先考虑两端以任意阻抗端接的单导线线段。从无线电干扰传播特性分析的角度看，单导线线路可以表示单相交流线路也可以是单极性直流线路。短的单导线无线电干扰的分析，所得出的基本公式对于多导线分析也是有用的。假设一个单根导线 AB，长度为 l，以任意阻抗端接于两端。假定线路具有以下统一的特性：

z：单位长度串联阻抗，Ω/m；

y：单位长度并联导纳，S/m；

z_c：$z_c = \sqrt{\dfrac{z}{y}}$，特征阻抗，$\Omega$；

γ：$\gamma = \sqrt{zy} = \alpha + j\beta$，传播常数；

α：衰减常数，$nepers/m$；

β：相位常数，rad/m；

z_{xA}：线路输入阻抗，在 x 处断开，向 A 端看进去，Ω；

z_{xB}、z_{yA}、z_{yB} 与 z_{xA} 定义类似。

对于长度为 l、用以上述参数表征的线段，根据传输线理论，其源端的电压 U_S 和导线中的电流 I_S 可以用接收端的电压 U_R 和电流 I_R 表示为

$$U_S = U_R \cosh\gamma l + z_c I_R \sinh\gamma l \tag{8-15}$$

$$I_S = I_R \cosh\gamma l + \frac{V_R}{z_c}\sinh\gamma l \tag{8-16}$$

基本公式（8-15）和式（8-16）用于如图 8-14 所示的线段的无线电干扰传播特性分析。每一个写为 z_{xA}、z_{xB} 等的阻抗，表示一段在另一端以一个阻抗端接的线段的输入阻抗。利用式（8-15）和式（8-16），一段以阻抗 z 端接的线段的输入阻抗为

$$z_{in} = z_c \cdot \frac{\sinh\gamma l + \dfrac{z}{z_c}\cosh\gamma l}{\dfrac{z}{z_c}\sinh\gamma l + \cosh\gamma l} \tag{8-17}$$

对于角频率为 ω、在 x 点注入的正弦波电流，I_x 和 U_x 为 x 处导 J_x 体中的电流和对地的电压，而 I_y 和 U_y 为对应 y 处的值。在 x 处的电压表示为

$$U_x = J_x \cdot \frac{z_{xA} \cdot z_{xB}}{z_{xA} + z_{xB}} \tag{8-18}$$

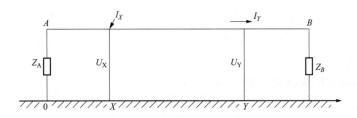

图 8-14　以任意阻抗端接的短单导线

在 y 点，电压和电流的关系为

$$U_y = I_y \cdot z_{yB} \tag{8-19}$$

对于介于 x 和 y 之间的线段，由式（8-15），得

$$U_x = U_y \cosh\gamma(y-x) + z_c I_y \sinh\gamma(y-x) \tag{8-20}$$

将式（8-19）和式（8-20）带入式（8-18），得

$$I_y = J_x \cdot \frac{z_{xA} \cdot z_{xB}}{z_{xA} + z_{xB}} \cdot \frac{1}{z_{yB}\cosh\gamma(y-x) + z_c\sinh\gamma(y-x)} \tag{8-21}$$

为后续分析方便，定义以下传递函数，即

$$g(x,y) = \frac{I_y}{J_x} \tag{8-22}$$

$$h(x,y) = \frac{V_y}{J_x z_c} \tag{8-23}$$

利用式（8-21）和式（8-19），如图 8-11 所示，在 $0 \leqslant x < y$ 情况下得出 $g(x,\ y)$ 和 $h(x,\ y)$ 的表达式，即

$$g(x,y) = \frac{z_{xA} z_{xB}}{z_{xA} + z_{xB}} \cdot \frac{1}{z_{yB}\cosh\gamma(y-x) + z_c\sinh\gamma(y-x)} \tag{8-24}$$

$$h(x,y) = g(x,y)\frac{z_{yB}}{z_c} \tag{8-25}$$

当 $y < x \leqslant l$ 时，对应的传递函数 $g'(x,\ y)$ 和 $h'(x,\ y)$，可类似地得到

$$g'(x,y) = -\frac{z_{xA} z_{xB}}{z_{xA} + z_{xB}} \cdot \frac{1}{z_{yA}\cosh\gamma(x-y) + z_c\sinh\gamma(x-y)} \tag{8-26}$$

$$h'(x,y) = -g'(x,y)\frac{z_{yA}}{z_c} \tag{8-27}$$

8.4.1.2　激发函数的推导

电晕源沿导线随机分布，每一电晕源都向导线注入大小和脉冲间隔时间随机的脉冲电流串。在任意点 x 处注入的电晕电流可由频谱密度函数 ϕ_{Jx} 表示。将传输线当作一个线性滤波器，并采用如式（8-24）和式（8-25）的传递函数，则可得到由 x 点处注入的 ϕ_{Jx} 引起的 y 处的电流和电压的功率谱密度 ϕ_{Iy} 和 ϕ_{Vy}，即

$$\phi_{Iy} = |g(x,y)|^2 \phi_{Jx} \tag{8-28}$$

$$\phi_{Vy} = |z_c h(x,y)|^2 \phi_{Jx} \tag{8-29}$$

如果假定电晕电流注入沿导线均匀分布，并由单位长度的功率谱密度 ϕ 来表征，则可得到由线段所有的电晕电流注入后在 y 点处产生的电流和电压的合成功率谱密度 Φ_{Iy}

和 Φ_{Vy} 为

$$\Phi_{Iy} = |G_Y|^2 \phi \tag{8-30}$$

$$\Phi_{Vy} = |H_Y|^2 \phi \tag{8-31}$$

式中，G_y 和 H_y 计算公式为

$$G_y = \sqrt{\int_0^y |g(x,y)|^2 \mathrm{d}x + \int_y^l |g'(x,y)|^2 \mathrm{d}x} \tag{8-32}$$

$$H_y = \sqrt{\int_0^y |h(x,y)|^2 \mathrm{d}x + \int_y^l |h'(x,y)|^2 \mathrm{d}x} \tag{8-33}$$

用式（4-25）由 ϕ 得到的无线电干扰激发函数为

$$\Gamma = \frac{2\pi\varepsilon_0}{C} \cdot \sqrt{\phi} \tag{8-34}$$

利用式（8-30）～式（8-33），y 点处的电流和电压可写为

$$I_y = \sqrt{\Phi_{Iy}} = G_y \frac{C}{2\pi\varepsilon_0}\Gamma \tag{8-35}$$

$$U_y = \sqrt{\Phi_{Vy}} = z_c H_y \frac{C}{2\pi\varepsilon_0}\Gamma \tag{8-36}$$

如果 y 表示测量点，则式（8-35）和式（8-36）表示从短线段上的测量结果得出无线电干扰激发函数的基本原理。从无线电干扰测量角度看，以下三类试验线段需要特殊考虑：

（1）两端以特征阻抗端接，如图 8-15（a）所示；

（2）一端开路，另一端以其特征阻抗端接，如图 8-15（b）所示；

（3）两端开路，如图 8-15（c）所示。

这三种情况的线段如图 8-15 所示。

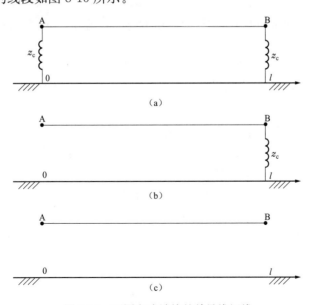

图 8-15　不同方式端接的单导线短线

（a）两端接入特征阻抗端；（b）一端开路，另一端以其特征阻抗端接；（c）两端开路

对于两端以特征阻抗端接的短线，对在任意点 x 的电流注入，令 $z_{xA} = z_{xB} = z_{yB} = z_c$，由式（8-24），可得到在 B 端的电流传递函数，即

$$g(x) = \frac{1}{2} \cdot \frac{1}{\cosh\gamma(l-x) + \sinh\gamma(l-x)} = \frac{e^{-\gamma(l-x)}}{2} \qquad (8\text{-}37)$$

将式（8-37）带入式（8-32），积分并化简，假设对短线有 $\alpha l \ll 1$，可得到 G_l 为

$$G_l = \sqrt{\int_0^l |g(x)|^2 \mathrm{d}x} = \sqrt{\frac{(1-e^{-2\alpha l})}{2\alpha}} \approx \frac{\sqrt{l}}{2} \qquad (8\text{-}38)$$

流经 z_B 的电流 I_l 可由无线电干扰测量仪测得，并由式（8-35）给出，即

$$I_l = \frac{\sqrt{l}}{2} \frac{C}{2\pi\varepsilon_0} \Gamma \qquad (8\text{-}39)$$

实际上，试验线段以其特征阻抗端接是通过使用高压无局放电容器实现的。电容器的值应足够大，以使得其在无线电干扰测量频率下的阻抗可以忽略不计。通常 $1 \sim 2\mathrm{nF}$ 的电容就可满足这一要求。如果需要，可以串入一个小电感，以补偿容性阻抗。一个阻值等于特征阻抗 z_c 的电阻接入电容的低压端和地之间。将无线电干扰测量仪连接到这个电阻的与测量仪输入阻抗相等的部分电阻上来测量无线电干扰电流。由于高压电容器十分昂贵，线段两端都如此端接是很少见的。

然而，在一段线段的一端开路而在另一端以其特征阻抗端接来实施 RI 测量是经济可行的。考虑 $z_A = \infty$（开路端），$z_B = z_c$，这时由式（8-24）并带入 $z_{xA} = z_c \coth\gamma x$，$z_{xB} = z_{yB} = z_c$ 得到的传递函数 $g(x)$ 为

$$g(x) = e^{-\gamma l} \cosh\gamma x \qquad (8\text{-}40)$$

这样，得到 G_l 的表达式为

$$G_l = \sqrt{\int_0^l |g(x)|^2 \mathrm{d}x} = \sqrt{\frac{e^{-2\alpha l}}{2\alpha}\left(\frac{\sinh 2\alpha l}{2\alpha} + \frac{\sin 2\beta l}{2\beta}\right)} \qquad (8\text{-}41)$$

当 $\alpha l \ll 1$，有 $\sinh 2\alpha l \approx 2\alpha l$，$e^{-2\alpha l} \approx 1$。由此化简，流经 z_B 的电流 I_l 的表达式为

$$I_l = \frac{\sqrt{l}}{2}\left(1 + \frac{\sin 2\beta l}{2\beta l}\right)^{\frac{1}{2}} \frac{C}{2\pi\varepsilon_0} \Gamma \qquad (8\text{-}42)$$

Γ 为无线电干扰激发函数。这种对无线电干扰传导电流的测量可用于电晕笼和试验线段。

第三种无线电干扰测量方法涉及两端电气开路的线段。为实现加压端对无线电干扰频率的电气开路，一只特殊设计的电感串联于高压源和线路之间。因为线段两端开路，不可能使用任何传导无线电干扰测量设备。只可能在地面测量无线电干扰的电场或磁场分量。在许多试验研究中，在线段中点处测量无线电干扰的磁场分量。为了从这种测量结果中得到无线电干扰的激发函数，必须确认沿导线均匀分布电晕产生的、流经两端开路的线段中点的电晕电流，对任意点 x 处注入中心点的电流传递函数可由式（8-24），并带入 $z_A = z_B = \infty$（开路），$z_{xA} = z_c \coth\gamma(l-x)$，$z_{yB} = z_c \cdot \coth\frac{\gamma l}{2}$ 得到

$$g(x) = \frac{\cosh\gamma x}{2\cosh\dfrac{\gamma l}{2}} \qquad (8\text{-}43)$$

和前述两种情况一样计算 G_l，在线段中点处流过导体的电流 $I_{\frac{1}{2}}$，可以用无线电干扰激发函数的形式得到

$$I_{\frac{1}{2}} = \frac{\sqrt{l}}{2} \frac{\left(\frac{\sinh\alpha l}{\alpha l} + \frac{\sin\beta l}{\beta l}\right)^{\frac{1}{2}}}{(\cosh\alpha l + \cos\beta l)^{\frac{1}{2}}} \frac{C}{2\pi\varepsilon_0} \Gamma \tag{8-44}$$

在线段中点处地面测得的无线电干扰磁场与电流 $I_{\frac{1}{2}}$ 成比例，并由式（4-43）确定

$$H_{\frac{1}{2}} = \frac{I_{\frac{1}{2}}}{2\pi} \frac{2h}{h^2 + D_{\frac{1}{2}}^2} \tag{8-45}$$

式中：h 为导线对地高度；$D_{\frac{1}{2}}$ 为测点距离导线的横向距离。这样，由式（8-44）和式（8-45），利用在地面测得的无线电干扰磁场测量结果得到无线电干扰激发函数。

8.4.1.3 短线段分析

对短线段而言，可假设 $\alpha l \ll 1$，因而有 $\frac{\sinh\alpha l}{\alpha l} \approx 1$，$\cosh\alpha l \approx 1 + \frac{\alpha l}{2}$。式（8-44）简化为

$$I_{\frac{1}{2}} = \frac{\sqrt{l}}{2} \cdot \frac{\left(1 + \frac{\sin\beta l}{\beta l}\right)^{\frac{1}{2}}}{\left[1 + \frac{(\alpha l)^2}{2} + \cos\beta l\right]^{\frac{1}{2}}} \cdot \frac{C}{2\pi\varepsilon_0} \cdot \Gamma \tag{8-46}$$

式（8-46）的分子项中，$\left(1 + \frac{\sin\beta l}{\beta l}\right)^{\frac{1}{2}}$ 是 βl 的缓慢变化函数，在 $\beta l = 0$ 时，达到最大值 $\sqrt{2}$，并随着 βl 增加，逐渐接近于 1。在实际关心的无线电干扰频率点上，可以假定这一因子等于 1。然而，分母中的对应项 $\left(1 + \frac{\alpha l}{2} + \cos\beta l\right)^{\frac{1}{2}}$，随 βl 快速变化，在 $I_{\frac{1}{2}}$ 的频谱的峰谷之间变化。定义线段的自然频率 f_0 为 $f_0 = \frac{v}{l}$，其中 v 为线段上电磁能量传播的速度（约等于光速，$3 \times 10^8 \, \text{m/s}$），则 βl 可表示为

$$\beta l = \frac{2\pi f}{v} l = 2\pi \frac{f}{f_0} \tag{8-47}$$

式（8-46）中，$I_{\frac{1}{2}}$ 最大值和最小值在分子达到最大值和最小值时分别对应出现。$I_{\frac{1}{2}}$ 的最大值在 $\cos\beta l = -1$ 或 $\beta l = \pi$，3π，5π，…时出现；而 $I_{\frac{1}{2}}$ 的最小值在 $\cos\beta l = 1$ 或 $\beta l = 2\pi$，4π，6π，…时出现，因此

当 $f = (2n-1) \cdot \frac{f_0}{2}, n = 1, 2 \cdots$ 时，$I_{\frac{1}{2}}$ 取最大值 $\tag{8-48}$

当 $f = 2nf_0, n = 1, 2 \cdots$ 时，$I_{\frac{1}{2}}$ 取最小值 $\tag{8-49}$

这些谐波频率点电流幅值可由式（8-46）求得，即

$$I_{\frac{1}{2}\max} = \frac{1}{\alpha} \frac{1}{\sqrt{2l}} \frac{C}{2\pi\varepsilon_0} \Gamma \tag{8-50}$$

$$I_{\frac{1}{2}\min} = \frac{\sqrt{l}}{2\sqrt{2}} \frac{C}{2\pi\varepsilon_0} \Gamma \tag{8-51}$$

应当指出，这些公式中 Γ 也是频率 f 的函数。然而，这一变化在调幅广播频段内并

不显著。也可以由此看到电流的最大值与衰减常数 α 成反比关系而最小值与之无关。衰减常数 α 值越小,频谱的峰值越尖。

在单导线情形中,有研究提出了一种探索性的方法,一端开路单导线短线段的 RI 频谱的最大值和最小值包络线的几何平均值恰好为相应长线的频谱。皮尔兹为几何平均法用于由一端开路的短线段的测量结果得出长线无线电干扰性能提供了必要的理论证据。以上给出的分析可用作证明这一方法的证据。在长线情况下,由沿导线均匀分布的电晕产生的流经导线的电流可由式(8-44)令 $l \to \infty$ 得到

$$I_{\text{long}} = \frac{1}{2\sqrt{\alpha}} \frac{C}{2\pi\varepsilon_0} \Gamma \tag{8-52}$$

虽然是由短线段分析外推得到,式(8-52)与式(8-41)一样,由式(8-50)~式(8-52)可以看出

$$I_{\text{long}} = \sqrt{I_{\frac{1}{2}\max} \cdot I_{\frac{1}{2}\min}} \tag{8-53}$$

以上所述的几何平均法是基于短线段的简化传播分析。如 4.4 节所述的那些更加精确的分析方法表明,长线的无线电干扰水平可能与几何平均值不同,尤其在低频段。分析也表明,大地电阻率的变化影响频谱的最大值,因此应考虑长期测量。线段两端的寄生电容影响其电气中心位置。在一端开路的短线段上的测量还要考虑的另一个重要因素是测量频率的选择。为得到长期测量的准确结果,测量频率应在频谱的峰谷频率之间选取,并避开当地的广播频率。

8.4.2 多导线短线段的无线电干扰

多导线短线段无线电干扰传播分析采用如式(4-45)和式(4-46)同样定义的公式。由于电压波和电流波可能在线段两端的反射而变得更加复杂,而反射取决于线段两端的阻抗网络,所以,一般情况下,上述的反射导致不同模式传播的混合,即模间耦合,使得无线电干扰传播分析变得更加困难。然而,也存在某种形式的端接阻抗网络,能将模间耦合完全消除或降低到可以忽略不计的程度。因此,应该检验这些网络的特性并探索其实现的可能性。

如果线段一端 A 的端部阻抗矩阵由 $[z_A]$ 表示,该端部的电压和电流的关系为

$$[U] = [z_A] \cdot [I] \tag{8-54}$$

带入由式(4-54)和式(4-55)定义的模变换因子,式(8-54)变为

$$[U^m] = [M]^{-1}[z_A][N][I^m] = [z_A^m][I^m] \tag{8-55}$$

式中:$[z_A^m] = [M]^{-1}[z_A][N]$ 为终端阻抗网络。为消除模间耦合,应以最终 $[z_A^m]$ 为对角阵来选取 $[z_A]$。由式(8-55)可以看出以下矩阵可使得 $[z_A^m]$ 为对角阵

$$[z_A] = [M][z_c^m][N]^{-1} \tag{8-56}$$

式中,$[z_c^m]$ 为模特征阻抗矩阵。由式(8-56)定义的一个终端阻抗矩阵具有包括全部自阻抗和互阻抗在内的 n^2 个构成对角阵的元素。实际上,如果要求避免模间耦合,以式(8-56)定义的阻抗网络来端接一条高压试验线段是极其困难的,那么更为可行的一种方法是阻抗网络仅由导线与地之间的阻抗元素构成,从而合成阻抗矩阵 $[z_A]$ 将是对角阵。如果能够使阻抗矩阵的元素全部相同,则合成的终端模阻抗矩阵将为

$$[z_A^m] = [M]^{-1}[z_A]_d[N] = [z_A]_d[M]^{-1}[N] \tag{8-57}$$

这样，为使 $[z_A^m]$ 是对角阵，$[M]^{-1}[N]$ 应为对角阵。

如果 $[P]=[M][N]$ 是对称的，则矩阵 $[M]$ 和 $[N]$ 是唯一的，以使得 $[z_A^m]$ 是对角阵。这样的情况在正、负极导线高度相同的双极性直流线路情况中存在。在三相交流线路中，$[P]$ 仅在导线高度很高的等边三角形布置的情况下是对称的。然而，对于实际的输电线路导线结构，如三相导线水平布置，$[M]^{-1}[N]$ 矩阵也非常接近于对角阵，其非对角元素与对角元素相比可以忽略不计。从实际角度看，为消除模间耦合，端接多导线短线段最好的方法是，以相同的阻抗连接于每一导线和地之间，这包括完全开路的线段。然而，为实施无线电干扰传导电流测量，每一相导线都应以包括一个耦合电容器和一个等于线段特征阻抗的电阻构成。

对于多导线短线段，如果在两端端接阻抗以消除模间耦合或把耦合降低到可以忽略的程度，则用于确定无线电干扰激发函数的模传播分析，可以由传导无线电干扰电流或在线段电气中点处的无线电干扰电场或磁场分量的测量结果得出。在多导线短线段中点处测得的无线电干扰频谱展现了与单导线线段相似的最大值和最小值特性。然而，无法提供将多导线短线段测量值采用几何平均法来确定长线的无线电干扰性能的理论证据。尽管如此，这一方法还是广泛用于解释终端开路的三相交流线段的无线电干扰测量结果。基于一种精确分析方法的数值研究表明，几何平均值法可能给双导线（双极直流线路）和三导线（交流线路）试验线段带来几分贝的误差。大地电阻率和线段端部的寄生电容也会影响无线电干扰频谱。

图 8-16 所示为几何平均法在某一端开路的双极性直流试验线段中点处测得的典型无线电干扰频谱的应用举例。两种模式的传播的存在导致了出现在频谱中的中间的峰值。图中也给出了频谱最大值和最小值之间的几何平均值。这样，长线的 1MHz 无线电干扰可通过在试验线段测得的无线电干扰值上增加 7.5dB 得到。

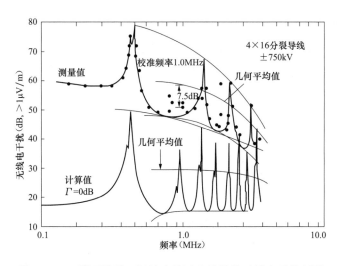

图 8-16　一端开路的双极性直流试验线段的无线电干扰频谱

8.4.3 短线段的噪声

基于短线测量的可听噪声产生量的确定与相同情况下的无线电干扰相比简单得多。对于电晕笼中或试验线段上的单导线或分裂导线，在实验设施的中心位置距离导线 R 处测得的声压级 P，单位为 dB（A），由式（6-13）可得

$$P[\mathrm{dB(A)}] = A(\mathrm{dB}) - 10\lg R + 10\lg\left(\tan^{-1}\frac{l}{2R}\right) - 7.82 \qquad (8\text{-}58)$$

式中：A 为声功率密度产生量，dB，参考基准为 $1\mathrm{pW/m}$；l 为线段长度，m。式（8-58）中，从短线段到长线的修正项为 $10\lg\left(\tan^{-1}\dfrac{l}{2R}\right)$，对于无限长导线趋近于 1.96dB。如果线段的长度大于 12 倍的距离 R，则短线段与长线路之间的差值小于 0.5dB。

因为只有正极性导线对可听噪声有贡献，所以双极性直流线路可当作单导线线路来考虑。因此通过式（8-58），可由短线段的测量值确定长线路的声功率密度产生量。对于三相交流试验线段，所有三相导线都对在线段中点处测得声压级有贡献。三相导线依据其导线表面电场的产生量分别为 A_1、A_2 和 A_3，测点和三相导线之间的距离分别为 R_1、R_2 和 R_3，式（8-58）可用于确定三相导线各自对总声压级的贡献值。为确定 A_1、A_2 和 A_3，必然需要三个与三相线段不同的距离处不同的测量值。然而，如果试验线段的导线结构与拟建的实际长线一致，结合实际的试验线段的长度，则在将短线段测量结果转化为长线的可听噪声性能时无需修正。

8.5 无线电干扰的测量仪器和测量方法

要测量对某特定通信装置的真实干扰水平，理想情况下应使用与该通信装置具有相同响应特性的电磁干扰测量仪器，只在最后的输出阶段才转换成电磁干扰的数量单位。本节介绍通常采用的不同类型无线电干扰测量仪器和电晕试验装置测量无线电干扰的推荐方法。

8.5.1 测量仪器

用于无线电干扰测量的测量仪器应能真实地模拟被干扰设备。在输电线路产生无线电干扰情况下，这一被干扰设备实际上是收听广播节目的人。下一章将讨论广播收听者受到干扰的评估方法。

8.5.1.1 原理

图 8-17 中所示为无线电干扰测量接收机的原理框图。接收机基本是高质量无线电信号接收装置，其检波输出要通过某种加权网络，再输出到一个指示器。仪器的信号接收部分可看做一个在全频段范围内具有恒定增益的可调谐的带通滤波器。检波器为整流电路，它将接收机输出的调制无线电频率的包络线展开。

通过不同测量检波器，可以输出信号的峰值、准峰值（QP）、平均值和有效值，如图 8-18 所示。除了无线电干扰指示表头外，仪器还提供音频输出和不同功能电路的输出。根据从阻抗网络或天线输入的不同，无线电干扰接收机可用作电压表、电流计和场强计。现代的接收机也可以受控于计算机或数据采集器。

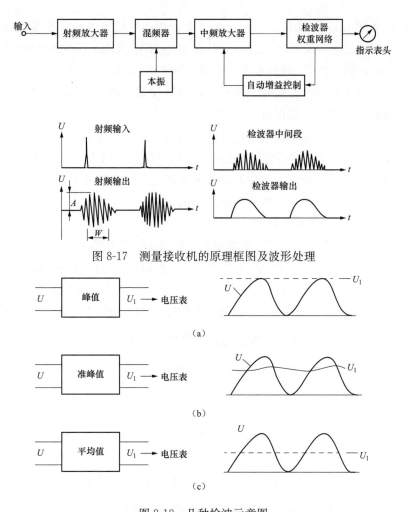

图 8-17 测量接收机的原理框图及波形处理

图 8-18 几种检波示意图
(a) 峰值检波器；(b) 准峰值检波器；(c) 平均值检波器

仪器的平均值和峰值检波器的输出分别与输入信号包络线的平均值和峰值成比例。改进的无线电干扰测量接收机融进了有效值检波器，可提供所有类型信号的包络线信号的有效值。准峰值检波器输出的是输入信号波形包络线的加权峰值，主要用于表征重复脉冲类型噪声的干扰效果。准峰值检波器意在给出一个与因无线电干扰引起的无线电广播节目在人耳的劣化干扰效应成比例的读数。图 8-19 给出了准峰值检波器的典型电路。放电时间常数 R_dC 远大于充电时间常数 R_cC，使得其电压输出非常接近于峰值，脉冲重复频率很低的情况除外。

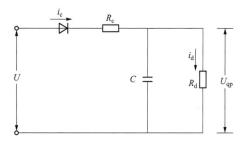

图 8-19 准峰值检波电路

确定无线电干扰测量接收机响应特性的最重要的参数是带通滤波器、准峰值检波器的充电和放电时间常数。过去，在 $0.15\sim30\text{MHz}$ 范围内，依据美国国家标准协会

（ANSI）的标准和 IEC/CISPR 的标准，无线电干扰测量接收机的技术参数是有相当差异的。依据 ANSI 技术的仪器参数是：6dB 带宽约为 4.5kHz，充放电时间常数分别为 1ms 和 600ms；依据 CISPR 的标准是：6dB 带宽约为 9kHz，充放电时间常数分别为 1ms 和 160ms。对于相同的无线电干扰信号，两种仪器却给出不同的读数。现在 ANSI 的仪器技术参数已经调整，以保持与 CISPR 一致。

高压输电线路电晕产生无线电干扰的分析和测量之间存在明显的不协调。测量通常采用的是准峰值。然而因为电晕发生的随机性和不相关性的本性，无线电干扰传播分析采用的是无线电干扰的有效值。无论是试验装置还是运行线路的无线电干扰测量都采用准峰值实施，因此有必要消除分析和测试之间的不一致。

8.5.1.2 仪器的周期性脉冲的响应

有不少研究的主题都是无线电干扰测量接收机对不同类型干扰输入信号的响应。因为都以脉冲形式产生和传播，所以有必要评估仪器对电压和电流脉冲串的响应。考虑具有幅值为 U_m、短持续时间为 τ（以保证 $2\pi f_0\tau \ll 1$，f_0 为无线电干扰的测量频率）的矩形电压输入脉冲，无线电干扰测量接收机前端的带通滤波器的输出 U_1 可以表示为一个调制脉冲，即

$$U_1 = 2U_m\tau\Delta f \frac{\sin\pi\Delta ft}{\pi\Delta ft}\cos2\pi f_0 t \tag{8-59}$$

式中：Δf 为仪器带宽。检波器最终输出脉冲基本是式（8-59）所给波形的第一个脉冲的正极性包络线。这一检波器输出脉冲的幅值为 $2U_m\tau\Delta f$，持续时间为 $\frac{2}{\Delta f}$。因为无线电干扰测量接收机用等效正弦波有效值校准，所以检波器对此脉冲的测量幅值实际为 $\sqrt{2}U_m\tau\Delta f$。

对于具有恒定幅值 U_m、每一脉冲持续时间为 τ 以及脉冲重复率为 f_p 的周期性脉冲串的输入，检波器的输出为具有相同重复频率的脉冲串，但其恒定幅值为 $\sqrt{2}U_m\tau\Delta f$，持续时间为 $\frac{2}{\Delta f}$。周期性脉冲串输入对应不同的检波器的仪表读数为

$$\begin{aligned} U_p &= \sqrt{2}U_m\tau\Delta f \\ U_{av} &= \sqrt{2}U_m\tau f_p \\ U_{qp} &= k_{qp}U_p \\ U_{rms} &= \sqrt{2}U_m\tau\sqrt{\Delta f f_p} \end{aligned} \tag{8-60}$$

式中：U_p 为被测无线电干扰峰值；U_{av} 为平均值；U_{qp} 为准峰值；U_{rms} 为有效值。准峰值系数 k_{qp} 取决于脉冲的重复率和准峰值检波器的冲放电时间常数。对于 CISPR 标准的准峰值电路，k_{qp} 值从 $f_p=100$Hz 的 0.6 逐渐增加至 $f_p=5$kHz 的 1.0；而对于早前使用的 ANSI 准峰值电路，k_{qp} 值从 $f_p=100$Hz 的 0.8 逐渐增加至 $f_p=2$kHz 的 1.0。

8.5.1.3 仪器对随机脉冲串的响应

电晕产生的脉冲串具有随机变化的脉冲幅值和脉冲间隔时间。以上对具有恒定幅值的周期性脉冲的简化分析，仅对仪器响应特性提供一个近似的评估。因为不同加权网络的非线性响应特性，所以仪器对诸如电晕产生的随机脉冲的响应的分析处理是非常困难的。

考虑如图 8-18 所示的准峰值检波器，充放电电流 i_c 和 i_d 为

$$i_c = \int\limits_{U=U_{qp}}^{\infty} \frac{U-U_{qp}}{R_c} p(U) \, \mathrm{d}U \tag{8-61}$$

$$i_d = \frac{U_{qp}}{R_d} \tag{8-62}$$

式中：$p(U)$ 是检波器输出的振幅概率函数（APD）。在式（8-61）中，假设 U_{qp} 非常接近恒定，则 i_c 是平均充电电流。因为平均充电电流应等于放电电流，所以可从式（8-61）和式（8-62）可得到 U_{qp} 准峰值，作为以下积分式的解

$$U_{qp} = \frac{R_d}{R_c} \int\limits_{U=U_{qp}}^{\infty} (U-U_{qp}) p(U) \, \mathrm{d}U \tag{8-63}$$

振幅概率函数 $p(U)$ 是对幅值由矩形分布函数确定的周期性脉冲的分析得到的。求解积分式（8-63）可得到 $p(U)$。

以上的分析方法被扩展到研究更多幅值和间隔时间都随某些特定概率分布函数随机变化的脉冲的通用问题。因为对这种通用情况的振幅概率函数 $p(U)$ 的分析确定是极其困难的，所以一种数字模拟技术用于获取幅值和重复时间任意分布的脉冲的 $p(U)$。通过求解式（8-63）可以求得相应的准峰值，并通过式（8-64）和式（8-65）得到平均值和有效值

$$U_{av} = \int\limits_0^{\infty} U p(U) \, \mathrm{d}U \tag{8-64}$$

$$U_{rms} = \left[\int\limits_0^{\infty} U^2 p(U) \, \mathrm{d}U \right]^{\frac{1}{2}} \tag{8-65}$$

因为无线电干扰测量接收机电路在到检波器之前都可假定为线性的，所以仪表的随机脉冲输入可由对应的检波器随机脉冲串来代替，这一脉冲串由通过带通滤波器后得到波形的第一个峰值的正极性包络线构成。这样，具有恒定持续时间 τ，随机幅值 U_{mi} 和脉冲间隔时间 T_i 的电晕脉冲作为仪表输入所得到的检波器输出脉冲串为

$$U(t) = \sum_i h_i a(t-t_i) \tag{8-66}$$

$$h_i = \sqrt{2} U_{mi} \tau \Delta f$$

$$a(t) = \frac{\sin \pi \Delta f t}{\pi \Delta f t}$$

$$-\frac{1}{\Delta f} \leqslant t \leqslant \frac{1}{\Delta f}$$

式中：Δf 为仪器的带宽。

随机脉冲串可表示直流电晕情形。而在交流电晕中，在正极性半周内产生的电晕脉冲是干扰的主要来源。在每一电压周期 T_p 期间，电晕脉冲仅在时间间隔 T_{ocr} 期间发生（如图 4-2 所示），也就是以交流电压正极性峰值为中心的附近区域。

脉冲串 $U(t)$ 的振幅概率函数可通过数字模拟技术获得。对于确定的概率分布的脉冲幅值和脉冲间隔时间，通过对每次随机采样生成的脉冲串 $U(t)$，可计算其振幅概率

函数。计算的振幅概率函数 $p(U)$ 便可用于式（8-63）~式（8-65），以得出仪表的准峰值、平均值和有效值响应。

数字模拟技术用于 CISPR 和旧的 ANSI 规格的仪表，对随机脉冲串的响应采用以下三个参数，即

$$\rho_{qp} = \frac{U_{qp}}{U_{rms}}$$

$$\rho_{av} = \frac{U_{av}}{U_{rms}}$$

$$K = \frac{U_{rms}}{\sqrt{U_{qp}U_{av}}}$$

$(8-67)$

式中：U_{qp}、U_{av} 和 U_{rms} 分别为仪表的准峰值、平均值和有效值响应。仪表都期望有理想的有效值响应，ρ_{qp} 和 ρ_{av} 表示了测量响应与理想有效值响应的差别。

引入参数 K 主要是因为，在大多数情况下，参数 ρ_{qp} 随平均脉冲重复率增加而降低，而 ρ_{av} 却增加，这样它们的乘积保持近似恒定。简单的变形表明采用测得的准峰值和平均值来计算仪表平均值响应的可能的方法为

$$U_{rms} = K \sqrt{U_{qp}U_{av}}$$

$(8-68)$

从 50Hz、$T_{ocr}=5ms$，且在此期间具有随机脉冲幅值和间隔时间的交流电晕脉冲得出的结果如图 8-20 所示。结果表明，ρ_{qp} 和 ρ_{av} 如上所述变化且 K 值非常接近于恒定。从交流和直流电晕脉冲得到的结果显示，随机脉冲串的准峰值接近成比例于有效值，但不等于有效值。因此，这些结果在无线电干扰的准峰值测量和有效值分析之间提供一个可调和的基础。它们也提供一种从使用传统的无线电干扰测量接收机测得的准峰值和平均值来获得有效值的方法。相关文献推荐了一种用于振幅概率函数已知的干扰在准峰值和有效值之间变换处理的近似分析方法。对直流输电线路电晕产生的无线电干扰的测量结果，已经证实准峰值与有效值之间的比例关系，以及式（8-68）对随机脉冲串的正确性。图 8-20 为随机幅值和间隔时间的周期性脉冲群的仪表响应（交流电晕）。

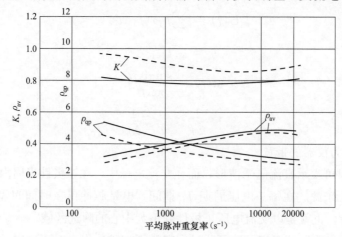

图 8-20　随机幅值和间隔时间的周期性脉冲群的仪表响应（交流电晕）

$T_{ocr}=5ms$；—— ANSI 仪表；--- CISPR 仪表

8.5.1.4 天线

如上所述，无线电干扰测量接收机是非常灵敏的射频电压表，它们能测量不足 $1\mu V$ 的电压。要测量射频的干扰场，其仪表必须与一个放在被测场中的天线相连接。无线电干扰空间传播的场量测量可采用不同的天线。杆状天线用于测量无线电干扰电磁场的电场分量，而环形天线则用于磁场分量的测量。

天线的输出电压正比于被测场的强度，而这两个量之间的关系就是天线系数。通常，天线的阻抗与射频干扰仪的阻抗是不匹配的，因此，常需要在两者之间接一个耦合回路，使整套装置对所测频率有最大的响应，或者在一个较宽的频率范围内有固定的响应。当然，天线耦合回路及其影响，以及天线系数的曲线通常是由天线制造商提供的。以 $1\mu V/m$ 为基准，用 dB 表示的无线电干扰为：$E=V+AF$，其中，V 是无线电干扰测量接收机的读数，单位为 dB（以 $1\mu V$ 为基准）；AF 是天线系数，用 dB 表示。

在所测最高频率为 30MHz 的无线电干扰时，一般使用杆状和环形天线。杆状天线对电磁场的电场分量 E 较灵敏，因此在地面测量时，通常垂直放置杆状天线。而环形天线却对电磁场的磁场分量 H 比较灵敏。与输电线路的距离大于波长的 15% 时，会出现电场分量和磁场分量直接相关的情况，即 $E \approx HZ$。其中，Z 是自由空间的阻抗，$Z=377\Omega$。

环形天线的天线系数考虑到了这种关系，因此，即使使用环形天线，仪表读数加上天线系数也就是所测干扰场的电场分量。对于输电线路无线电干扰的测量，一般优先采用环形天线。由于它有方向性，它的方向常常按接收机读数为最大时来调整（其平面要平行于线路而垂直于地面），这样，可以在某种程度上排除掉其他信号。

当测量频率高于 30MHz 时，杆状和环形天线的输出阻抗与无线电干扰测量接收机的标准输入阻抗难以匹配。在频率为 30~200MHz 范围内，常常使用偶极子天线。频率超过 200MHz 时，可采用校准型偶极子天线，然而，通常使用得比较多的是各种较特殊的天线，像对数螺旋形、对数周期型或双三角形天线等。

对于大多数输电线路来说，在这些频率下电晕产生的无线电干扰水平太低，除非采用高增益天线和低噪音前置放大器，否则很难测量。因此，仅仅在对某种特定的通信设施可能受到干扰进行评估时，才作这种测量。

8.5.2 测量方法

在电晕笼、试验线段和运行线路上分别采用不同的方法测试无线电干扰。

对于电晕笼中导线电晕试验，主要在人工降雨情况下实施传导无线电干扰电流测量。测量数据随后用于获得某一固定频率的无线电干扰激发函数，这一频率通常为 0.5MHz 或 1MHz，激发函数是导线表面电位梯度的函数。数据也可以用于分析雨量对无线电干扰激发函数的影响。

在试验线段上，可以测量传导无线电干扰电流和无线电干扰场分量。无线电干扰传导电流的测量是在试验线段一端实施而另一端保持开路状态。无线电干扰场测量是在两端开路的线段中心处实施的。相关标准推荐采用环形天线测量磁场分量而不是电场分量。这主要是因为用杆状天线测量电场分量，可能难以确定地平面和附近其他导体的邻近引起的误差。同时测量两种分量有时可有助于解释测量结果。如前节所述，为确定激发函数或预测长线的性能，在试验线段测量无线电干扰频谱是有必要的。如果在线段中心处测量无线电干扰横向分布，在将这些数据用于长线时应做适当的修正。与电晕笼不同，可在试验线段上实施全天候无线电干扰测量以确定统计分布规律。

IEEE 和 CISPR 标准详细给出了用于运行的交流和直流输电线路无线电干扰测量的方法。为得到输电线路无线电干扰正确的特性，推荐了短期和长期两种测量方法。两种测量方法都要求测点应避开各种类型的构筑物和大型物体。横向分布测试应在档距中央、导线下方场地平坦处测试，推荐采用（0.5±0.1）MHz 频率。在相等间距上实施测量，测至交流线路边相导线或直流正极性导线两侧 80m 处。对于无线电干扰频谱测试则选择在档距中央、距离交流线路边相导线或直流正极性导线外侧，地面投影 15m 处实施。应该注意的是，中国标准推荐的测量参考距离是地面投影 20m 处。

长时间测量的主要目的是获得无线电干扰的统计分布规律。就像测量频谱一样，在档距中央横向距离 15m 或 20m 处选取长期测量的测点。推荐使用（0.5±0.1）MHz 的标准测量频率。采样率和测量周期以能反映测点所在地区的天气分布为原则来选取。无线电干扰测量接收机在长期测量过程中应定期校准。

在测试点应该记录一些有益于分析和解释无线电干扰测量结果的背景数据。背景数据通常包括：线路运行电压、测点处导线几何尺寸，测点位置和海拔高度，所使用测量仪器的具体参数以及附近的气象条件。无线电干扰测量标准中也提供了一系列对试验线段和运行线路所有类型测量的可以预见的预防措施。

8.6 噪声测量仪器及测量方法

本节给出了用于可听噪声测量的仪器，以及电晕试验设施和运行线路的可听噪声测量的推荐方法。

8.6.1 测量仪器

用于测量和记录高压输电线路电晕产生噪声的基本仪器是一个精确声压计，它由麦克风、加权网络、有效值检波器和用于显示来自麦克风的加权电气信号的灵敏电压表或数字显示器组成。精确声压计的技术规范已在 GB/T 3785.1《电声学 声级计 第 1 部分：规范》和 IEC 61672.1《电声学 声级计 第一部分：规范》（Electroacoustics—Sound level meters—Part1：Specifications）标准中作出规定。

麦克风也称传声器，是电—气换能器，它对声波做出响应并将其转化为电气信号。具有良好稳定性和温度特性的换能器类型的麦克风是精确声压计上最常用的，其他诸如陶瓷、极驻体麦克风也可以使用。因为输电线路噪声测量是在户外进行的，对麦克风防风、防水保护是必要的。麦克风的频率范围和灵敏度是其物理尺寸的函数。直径为 1.25cm(0.5in) 的麦克风是噪声测量中最常用的一种。它们具有 20Hz～20kHz 的 ±3dB 带宽，能够测量声压级小至 30dB(A) 的噪声。图 8-21 所示的是一种测量指数时间计权声级的通用声压计举例。

为声级计提供了一套频率加权网络，它们的特性分别叫做 A、B、C 和 D 等等，如

5.1节所述。设计不同的加权网络以得到噪声的主观评价，这对应了心理与声音之间确定的响应。特别是 A 计权，某种程度上对应人耳接收声音的响应，因此它是可听噪声测量最常用的计权网络。

为进行频率分析，声压计配备有倍频程滤波器，它们是具有恒定百分比带宽的滤波器。倍频程滤波器的中心频率 f_0、上下截止频率分别为 $\sqrt{2}f_0$ 和 $\dfrac{f_0}{\sqrt{2}}$。标准化的倍频程带宽中心频率为 31.5、63、125Hz，⋯ 直到 16kHz。输电线路的噪声频谱数据可由倍频程分析器得到。但推荐采用 1/3 倍频程滤波器测量交流输电线路的纯音分量。声级计也可配备适当的配件以获得用于统计分析的数据，并记录声音采样值以进一步分析。

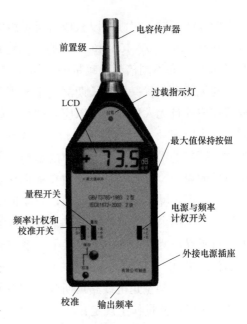

图 8-21　某种型号声压计举例

8.6.2　测量方法

采用声压计可在电晕笼系统、试验线段和实际运行线路上对可听噪声进行测量。电晕笼测量是研究电晕噪声的特性和噪声产生量，以建立可听噪声的分析和预估公式。试验线段和实际运行线路上的测量是对可听噪声水平及其影响的评估，也可进行长期的、不同天气条件的统计分析。

8.6.2.1　电晕笼和试验线段测量

电晕笼中的噪声测量，由放置在电晕笼中心附近声压计的麦克风实施。因为麦克风应放置在声音的远场，所以它至少应放在距离导线对应被测声音最低频率分量的一个波长处（对应 100Hz 约为 3.4m）。

图 8-9 给出了可听噪声电晕笼测试示意图。

用于电晕研究的试验线段通常足够长（＞250m），而在将其可听噪声测量结果转换为对应的长线值时无需修正。对于单相交流试验线段，测得的可听噪声结果用于确定声功率密度产生量。而在三相交流和双极性直流情况下，其可听噪声测量结果可直接等效到运行中的长输电线路噪声水平。

8.6.2.2　线路可听噪声测量

现行已有了用于交流和直流架空线路的可听噪声测量的标准。与无线电干扰相同，输电线路可听噪声特性可基于短期或长期测量来研究。因为交流线路的可听噪声主要为坏天气下的现象，所以应在坏天气下实施短期测量，特别是在雨量稳定时。相反，直流线路的雨天可听噪声水平较晴天低，其短期测量应在晴天实施。推荐麦克风放置在档距中央地面 1.5m 高度、交流外侧导线或直流正极性导线外侧距离 15m 处。当然这时此地地面平坦、周围无障碍物，可以使线路所发射的声波进入某反射面上的一个自由场。通过在距导线不同位置测量以获取可听噪声的横向分布，标准推荐在距离外侧导线或正极性导线 0、15、30、45m 和 60m 的横向路程上测量，在这些测点中的每一个测点，推荐测量 A 计权和不同倍频程频带的未加权声压级。

与无线电干扰一样，长期测量主要用于确定可听噪声的统计分布。因为声级计长期放置在户外且无人值守，所以应采用全天候麦克风系统。麦克风位置与短期测量位置相同。至少应记录 A 计权数据。也希望记录频率范围在 8～16kHz 倍频程频带的声压，因为这一频带的噪声不受附近噪声的影响，可以用于判断测量的声音是附近的噪声还是线路电晕的噪声。可听噪声测量中在横向距离 60m 处的另一个麦克风同时测量对此也是有益的。可听噪声长期测量期间，应监视气象变化。长期监测的持续时间应与测点所在区域一定周期内所有可能的天气条件相匹配，典型周期推荐为一年。测量系统应定期校准。可听噪声测量标准中也提供了一系列对试验线段和运行线路所有类型测量的可以预见的预防措施。

DL 501《架空送电线路可听噪声测量方法》对线路档距中央、杆塔处和转角塔杆塔处的可听噪声测量作了规定：

（1）档距中央，在选择的测量档距内，以线路中心线为起点，在导线对地最低点线路走向的横截面上，向外测量横向衰减，测量点间的距离可视具体情况进行调整，但距交流线路边相导线或直流线路正极性导线的对地投影 15m 处必须测量。

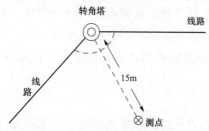

图 8-22　转角塔杆塔处噪声
测量布置示意图

（2）杆塔处的测量地点应选在距边导线或正极性导线的对地投影 15m 处，声压计采取对向绝缘子取向。

（3）在转角塔角度小于 180°侧（见图 8-22），沿转角中心线距边相导线或正极性导线的对地投影 15m 处测量，声级计采取对向绝缘子取向。

8.6.2.3　数据处理

在测量前后，应对环境噪声进行测量。环境噪声应在远离线路和听不到线路噪声的地方进行，但该地的气候条件和声学环境应与设定测点的情况相同。环境噪声一般应低于送电线路噪声 10dB，如果线路运行时测得的声压级（线路加环境的合成声压级）与环境声压级之差小于或等于 10dB 但大于 3dB，则应按表 8-4 的修正值予以修正。

表 8-4	环 境 噪 声 的 修 正			（dB）
线路运行时测量的声压级与环境噪声声压级之差	3	4～5	6～8	9～10
调减值	3	2	1	0.5

在每一系列测量的前后进行校验，准确度相差不得大于±1dB，否则测量无效。线路噪声测量一般使用 1.25cm 直径的传声器。传声器的风罩具有减少风噪声和一定的防

雨防尘作用。风罩的插入损耗不应超过 2dB。

测量时，自由场传声器的膜片应垂直对准交流线路的中相导线或直流线路的正极导线。对于多相或多回线路，传声器的取向则以测得最大读数为原则。测量人员不可位于声压计或传声器与待测架空线路之间。

测量值一般为瞬时 A 声级，测量时应选择声级计的"慢响应"，采样时间间隔为 5s。测量数据可直接从声级计或其他测量仪器上读取，也可通过声级记录器、录音机等记录于磁带上。读数时还应判断其他噪声干扰的来源和记录当时当地的声学环境。

8.7 直流电场和空间电荷环境参数测量

第 6 章中从物理和数学方面阐述了由电晕放电产生的空间电荷而形成的高压直流输电线路附近的电场环境。对于常规的双极性直流线路，地面的环境由电场、离子流密度和空间电荷密度来确定。尽管离子在双极性线路的极导线之间的双极性区域中产生并混合，地面仍主要是正负极性的单极性空间电荷为主。有风时，正极性离子可以平移到负极性导线下，反之亦然，取决于风的垂直于线路的分量大小。有关标准中详尽描述了用于表征直流线路附近电场环境测量仪器和测量方法。本节介绍测量方面的一些主要参数。

8.7.1 电场

两平行板或半球电极之间的感应容性电流通常用于交流电场的测量。这种方法不能直接用于直流线路下方的电场测量，因为不存在能获得感应容性电流的周期性变化的电压。但是，通过机械地调制两电极之间的电容简单变化，从而获得容性电流信号。这种方法可用于测量直流电场，利用这一原理研制的振片式和场磨式直流电场测试仪器已普遍得到采用。

8.7.1.1 振片式电场测试仪

振动式直流电场测试仪的工作原理可参考图 8-23 来解释。振动传感器放置在面向直流电场的空隙下方。由电场在传感片上感应出振动调制电荷。合成电流信号与电场大小成正比。电流放大器 A 保持传感器平面在虚拟地电位，并监测电流信号。然而，振动式电场测试仪有许多缺点，最重要的是不能在坏天气户外使用。

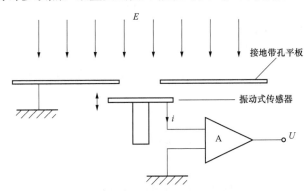

图 8-23　振片式电场测试仪原理图

8.7.1.2　地面用场磨

旋转电极（或更多的称作场磨式测试仪）已作为旋转伏特计在高压实验室中使用，也用于大气电场研究中的电场测量。场磨式测试仪较早地被用于直流输电线路地面和地面上方的电场测量。场磨式测量仪对地面电场的测量工作原理可参考图 8-24 来理解。电场探头构成主要是固定在地电位的、顶部具有允许电场和离子电流穿透的开口的空心圆柱，内部装有与其电气绝缘的旋转电极。旋转电极由一些均匀安装在一个圆面上、以固定角速度 ω 绕中心轴旋转的扇形的叶片（2 个或更多个）构成，而固定电极的顶部有数量相同的扇形开口 B，每一开口与旋转叶片具有相同的角度和半径。随着叶片旋转，它们交替暴露和隐藏于电场和离子电流之中。

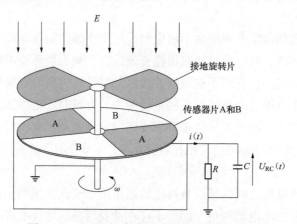

图 8-24　地面用场磨对地面电场的测量工作原理

如果垂直于电极的电场幅值为 E，作为时间函数的感应电荷 $q(t)$ 为

$$q(t) = \varepsilon_0 E a(t) \tag{8-69}$$

式中：ε_0 为自由空间介电常数；$a(t)$ 为旋转电极暴露于电场的总面积变化的时间函数。

电场在旋转电极中产生的感应电流为

$$i(t) = \frac{\mathrm{d}q(t)}{\mathrm{d}t} = \varepsilon_0 E \frac{\mathrm{d}a(t)}{\mathrm{d}t} \tag{8-70}$$

如果假定离子沿电场电力线移动，旋转电极截获离子流的电流分量为

$$i_j(t) = J a(t) \tag{8-71}$$

式中：J 为稳定离子流的电流密度。

探头的信号输出实际上是两个电流分量 $i(t)$ 与 $i_j(t)$ 的和 $i_T(t)$。电流的两个分量的波形取决于函数 $a(t)$。使得叶片为某种贝努利曲线形式就可以得到正弦波形的电流，这种曲线的 $a(t)$ 为

$$a(t) = n a_0 (1 - \cos n\omega t) \tag{8-72}$$

式中：n 为旋转电极的叶片数量；a_0 为每一叶片的表面积。

可得到感应电流分量的信号为

$$i(t) = \varepsilon_0 E n^2 a_0 \omega \sin(n\omega t) \tag{8-73}$$

$$i_j(t) = n a_0 J (1 - \cos n\omega t) \tag{8-74}$$

可以看出，分量 $i(t)$ 为交流信号，而 $i_j(t)$ 包含直流和交流分量。$i_j(t)$ 的直流分量可直接从测量的离子流电流得到，等于 na_0J。然而，E 的确定不仅需要交流分量的幅值测量结果，也需要基于合适参考的相位角。相敏检波器可用于这一目的。

从式（8-73）和式（8-74）可以看，分量 $i(t)$ 的幅值随 ω 线性增加，而 $i_j(t)$ 的幅值与 ω 无关。这样，通过选取很大的 ω 值，使得 $i_j(t)$ 的幅值相比 $i(t)$ 的可以忽略不计，以此可以取消对相敏电路需要。电流信号的交流分量的幅值则可用于确定电场 E。场磨探头很少用于测量离子电流密度 J。

8.7.1.3 地面上方用场磨

因为在地面之上的点引入任一测量仪都将畸变待测电场，因而地面上方的电场比地面的更难以测量。用于地面上方合成电场测量的场磨的探头的工作原理，可用图 8-25 所示的绝缘圆柱形探头来解释。测量仪的探头或单个感应单元，由沿长度方向劈成相互绝缘两半的金属圆柱体组成。假定探头足够小，在其附近的未畸变电场和离子电流密度可认为是均匀的。探头附近的实际电场分布取决于探头的电位。如果探头电位等于测点处未畸变空间电位，合成电场分布应是对称的，如图 8-25 所示。

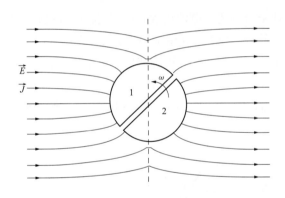

图 8-25　均匀场中的绝缘圆柱形探头

如果探头与地电气绝缘，则在稳态下没有离子电流能流向探头。当探头电位为它所在位置的空间电位，没有离子电流向它流动。如果直径为 r 的探头以恒定的角速度 ω 旋转，则电场感应的电流 I_T 在圆柱探头的两半连接线中流动。这一电流在电场作用下由探头表面束缚电荷随时间变化而产生。电流可从圆柱探头的感应电荷分布求，即

$$I_f = \varepsilon_0 E C_f \omega \cos(\omega t) \tag{8-75}$$

式中：C_f 为常数，取决于探头的几何尺寸；E 为放入探头前的未畸变电场。对于理想的长度为 l 的探头，忽略其端部效应，$C_f = 4rl$。通过测量电流 I_f 可由式（8-75）求得 E 的大小。对于一个实际的探头结构，常数 C_f 是通过在一个已知的均匀场中校准确定的。对于实际直流电场分布，不仅要像如上所述确定电场的大小也要确定其方向。这可以通过使用电—光技术得到一个位置参考信号来完成。

如果探头连接到地电位而不是维持在空间电位，圆柱形探头使电场畸变，如图 8-26 所示。如果探头以角速度 ω 旋转，探头两部分之间流动的电流由两部分组成：电场感应的电流分量 I_f，与探头绝缘时相似；和由探头截获离子电流产生的一个离子流分量 I_i。

I_f 分量由式（8-75）给出，常数 C_f 是通过校准确定。分量 I_i 为

$$I_i = C_f J \sin\omega t \tag{8-76}$$

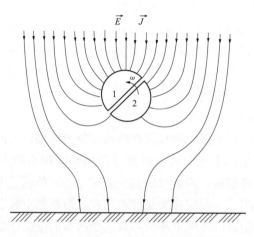

图 8-26 地面上方均匀场中圆柱形探头

式中：J 为测点处未畸变离子电流密度；C_j 为取决于探头几何尺寸的常数并可通过校准确定。如图 8-28 所示，分量 I_i 的相位领先分量 I_f 90°，实际上探头检测到的是这两个分量的 I_f 和 I_i 的和 I_t。为了从 I_t 的测量结果确定电场 E 产生的 I_f 和离子流密度 J 产生的 I_i，I_t 首先要拆分为分量 I_i 和 I_f，这可以通过产生一个如图 8-27 所示的 R 的参考位置信号来实现。如果参考位置与测点处的未畸变电场方向一致，则参考信号与 I_i 同相位。

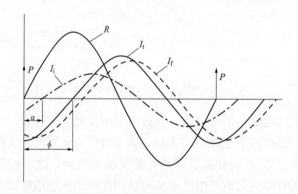

图 8-27 圆柱体探头感应的电流

然而，电场方向通常是不知道的，且在 R 与 I_i 之间存在一个相位角 α。这样一来，测量 R 与 I_t 之间的相位角 ϕ 是可行的。上述探头只能用于 α 已知时确定 E 和 J，因为如果不是这样，就是用两个已知量（也就是 I_t 和 ϕ）来确定三个未知量。解决这一难题的一种方法是采用两个分开的转速不同的传感元件。使用两个探头得到四个独立的测量值用于求解 E、J 和 α 三个未知量。另一个方法是选取一个足够高的旋转速度 ω 值，使得 I_r 的幅值相比 I_f 的可以忽略不计。这样仅用一个探头就可以测量电场的大小和方向了。

8.7.2 合成场相关参数

高压直流输电线路导线电晕的最主要特点就是极导线之间、极导线与大地之间充满

空间电荷，而且电荷会沿电力线运动或受外力而运动，这里将介绍几个相关参数的测量。

8.7.2.1 离子电流密度

高压直流线路下的离子电流密度垂直分量通常采用平面收集板来测量。被称为威尔逊板的是一块与地面平齐安放的金属平板，如图 8-28 所示。电流密度 J 用平板收集的电流 I 表示为

$$J = \frac{I}{A} \tag{8-77}$$

式中：A 为收集板的面积。威尔逊板产生的电流用一个电流表测量，该电流表使得收集板与地绝缘，但仍保持平板处在虚拟地电位。在收集板的周围安装有接地的保护带以减小电场的边缘效应。仪器的灵敏度可通过增加收集板的面积来提高。

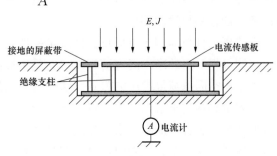

图 8-28　用于粒子流密度测量的威尔逊板

8.7.2.2 单极性电荷密度

直流线路发出的离子飘移引起的单极性电荷密度，采用吸气式离子计数器测量。图 8-29 给出具有平行板结构的离子计数器示意图。这种仪器采用体积法的离子密度测量。由电动吹风机将空气离子吸入并通过一组平行板离子收集器。每隔一个收集板连接在一起，形成两组收集板，其间施加一个极化用直流电压。收集板间不同的电位产生一个电场，这个电场对经过收集板的离子施加一个偏转力。用电流计测量两组收集板上的离子形成的电流。改变施加在两组收集板之间的直流电压的极性，可有选择的收集任一极性的离子。根据收集板面积和所加电压的大小，吸气式离子计数器可收集超过某一临界迁移率的所有离子。这一临界迁移率 μ_c 为

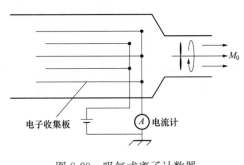

图 8-29　吸气式离子计数器

$$\mu_c = \frac{M_0 \varepsilon_0}{UC} \tag{8-78}$$

式中：M_0 为层状体积内的空气流动速率；ε_0 为自由空间介电常数；C 为有效的极间电容；U 为板间所加的电压。由离子计数器所测的电荷密度 ρ 为

$$\rho = \frac{I}{M_0} \tag{8-79}$$

式中：I 为所测的电流。假定所有离子所带电量为单位电荷电量，相应的离子数量密度为 $N = \rho / q_0$，其中，q_0 为电子的电荷（$q_0 = 1.6 \times 10^{-19} \text{C}$）。

8.7.2.3 其他参数

除了上述电场、离子流密度和单极性电荷密度三个主要参数，偶尔也需要测量一些

其他参数来表征直流输电线路附近的电场环境。这些额外的参数包括空气电导率、离子迁移率和净空间电荷密度。

任一点的空间空气电导率 σ 可以通过测量该点的电场 E 和离子流密度 J 来确定，即

$$\sigma = \frac{J}{E} = \mu\rho \tag{8-80}$$

式中：μ 为离子迁移率；ρ 为测点处的空间电荷密度。空气电导率也可以使用一种叫戈登（Gerdien）管的圆柱型鼓风装置来测量。离子迁移率和迁移谱可由用于交流、交流脉冲和脉冲渡越时间测量的漂移管测量。这些仪器可用于实验室和户外直流线路附近的离子迁移率特性的测量。

上述离子计数器用于单极正极性或负极性空间电荷密度的测量。然而，有必要时可用它来测量任一点的净空间电荷密度，它是正负极性电荷的代数和。法拉第笼和空气筛法是测量净空间电荷最常用的方式。法拉第笼法的测量原理包括立方体金属网笼内部一点电位测量和通过求解泊松方程将其与电荷密度关联起来，这时假定电荷均匀分布。可用放射性探头和合适的电路来测量法拉第笼中心点的电位。空气筛法中，一定量的空气通过过滤器流入一个金属壳内，过滤器与金属壳和地绝缘，这样可测得被过滤器拦截的电荷引起的电流 I。由此可得到净空间电荷密度为

$$\rho_{\text{net}} = \frac{I}{M_0} \tag{8-81}$$

式中：ρ_{net} 为净空间电荷密度；M_0 为经过过滤器的空气体积。

8.7.3　测量方法

与诸如无线电干扰和可听噪声这样传统的电晕性能参数相比，对定义直流线路电场环境的这些参数的测量是有限的。IEEE 标准为直流线路附近电场和离子相关参数的测量提供一些有益的指导。最常测量的参数是地面电场、离子流密度和单极性电荷密度。对于这些量的精确测量，要求将直流电场计、威尔逊板板和离子计数器安装在地面以下，以使这些仪器的测量界面与地面平齐。它们稍微凸出地面就会引起相当大的误差。将仪器安装在地面以下有时可能会因为尘土积累和雨水等带来问题。这些问题通过在地下安装保护装置，或者在地面安装时，提供一个与测量界面平齐的人工地面来解决。

通常采用长期测量来获得主要参数的统计分布和横向分布。为获得这两个分布，在挡距中央、垂直于线路的测量路径上的若干点同时实施测量。测点通常位于正负极导线正下方和极导线两外侧 15、30m 和 60m 处。有时候也在极导线中间位置、线路走廊两侧边缘处和导线两侧外 150m 的远处。在选定点处除了测量三个电场参量外，还要记录测点处的天气变化。与无线电干扰和可听噪声测量相似，长期测量的持续时间应包含测点附近区域所有可能的天气类型，典型情况要覆盖以一年为限的一个周期。

与无线电干扰和可听噪声相比，用于测量表征直流线路附近电场环境参数的仪器的校准更加困难。采用能产生已知电场和单极性空间电荷密度的特殊平板装置，来校准电场、离子流密度和单极性空间电荷密度的测量用探头。所有用于户外测量的仪器都应周期性检查和校准。应确认所使用不同仪器的测量误差来源，并考虑适当的预防措施以确保长期测量数据的精度。

输电线路设计考虑因素

从电晕性能角度考虑高压交流和直流输电线路设计，需要用到前文所述的不同分析和预测方法。所考虑的每一种电晕效应都对线路设计有独特的影响。电晕损失主要是经济性影响，特别是对导线总截面面积选择的影响；而电晕产生的无线电干扰和可听噪声在线路附近产生环境影响因而应限制在可接受水平之下。因此，无线电干扰和可听噪声设计标准应基于它们对人居环境可能影响和可接受水平。本章介绍了对不同电晕效应设立设计标准的技术基础，介绍了线路设计中不同电晕效应的相对重要性和线路优化设计的方法。

9.1 概述

高压交流电力输送的发展，从早期起电晕性能作为一个设计考虑的重要因素出现。而电晕损失则是第一个考虑到对输电线路设计产生影响的因素。导线大小的选择不是基于电阻损耗和导线温升，而是电晕损失及其对电能输送效率的影响。随着为满足更大输送容量要求而线路电压的不断升高，电晕损失的经济方面重要性降低，电晕损失对导线截面选择的影响也降低。对于超过230kV的输送电压，电晕产生的无线电干扰在导线截面的确定中起到重要作用。实际上，在这样电压下的输电线路只有采用分裂导线时才经济可行，而不是采用大截面单导线，同时也获得可接受水平的无线电干扰。电压范围为230～500kV的输电线路最多采用4分裂导线，在考虑运行电压为700～800kV范围的输电线路时，电晕产生的可听噪声而不是无线电干扰对导线分裂数的选择起决定性作用。考虑采用超过4分裂的分裂导线，使得可听噪声在可接受水平之内。

高压直流线路的导线选择也基于电晕性能的考虑。电晕损失、无线电干扰和可听噪声对直流线路设计的影响与交流的相似。交流线路和直流线路之间电晕影响最大差异在于，交流线路的无线电干扰和可听噪声的最大水平出现在坏天气而直流线路的则出现在晴好天气。除电晕损失、无线电干扰和可听噪声之外，直流线路设计还应考虑电晕产生电场和空间电荷的可能环境影响。

交流和直流线路产生的无线电干扰和可听噪声，以及直流线路产生的电场和离子流，其设计标准是基于环境影响而不是经济考量。这些电晕效应会对线路附近居民的一些正常活动产生潜在的影响。评估人们对这些物理现象的响应通常采用生理—物理量曲线法，这是一门试验心理学，它为确定感觉和引起这些感觉的刺激之间的量值关系提供科学基础。不同电晕效应的可接受水平的评价，可采用多种心理—物理方法中的某一些来进行。除了可接受水平之外，确立设计标准还需要考虑其他的技术方面，如电晕效应的时间和空间变化以及人暴露于这些电晕效应的概率。以下讨论确定输电线路设计的电晕效应标准的技术基础。

9.2 电晕损失对线路设计的影响

输电线路成本基本上由两部分组成，即是初期资产投资成本和运行期能量损失成本。这两部分之和经常是针对某确定的寿命周期以年为基础表示的，即年运行费用。选用较细的导线导致较小的投资年费用和很高的能量损失年费用，而选用较粗的导线引起较大的投资年费用和较低的电能损失年费用。

9.2.1 导线尺寸的选择

输电线路初期资产投资成本主要包括基础、杆塔和导（地）线的成本。而导线的选择又直接决定着杆塔型式进而影响杆塔基础。可见导线的选择直接影响线路的投资成本；同时导线的大小也直接决定着运行期能量损失成本，细导线虽然意味着初期资产投资成本较低，但也意味着较高的多年运行期电能损失成本。因此，对一个给定的线路电压和输送容量，可以采用线路的最小全寿命周期总成本为目标，找到合适的导线截面大小。这可通过图 9-1 中的曲线 A 来说明，图中的最优导线直径 d_m 对应于全寿命周期最小总成本。应该指出的是曲线 A 是仅考虑负载电流在导线电阻上形成的焦耳能量损耗得到的。前述分析可知，导线直径较小时（对应较小的 d_m 值），导线上可能产生电晕，引起电晕损失、无线电干扰和可听噪声。因此，线路的运行期能量损失就应该包括细导线引起的年平均电晕损失。为了降低运行期的电晕、电阻引起的电能损失，必然要采用较大直径的导线。这时的线路成本作为导线

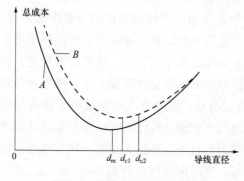

图 9-1　导线直径优化的选取

直径的函数曲线变为图 9-1 中的曲线 B。此时，全寿命周期最小成本对应的最优直径是比 d_m 大的 d_{c1}。对于更高的输送电压，只考虑电晕损失而选取的最优导线大小，从无线电干扰和可听噪声角度看可能是不够的。尤其是采用交流 1000kV 和直流 ±800kV 电压等级的特高压输电，可听噪声成为线路导线选择的主要控制因素。为得到可接受的无线电干扰和可听噪声，可能需要一个更大的导线直径 d_{c2}，如图 9-1 所示。这也说明对更高电压等级输电线路而言，分裂导线而不是更大直径的单导线更合适一些。对于具有给定子导线数目的分裂导线，确定最优导线大小的曲线与图 9-1 中所示曲线十分类似。通过对不同数目子导线的分裂导线的计算，可选择出最小成本的最优分裂导线。

对于正常天气下的输电线路，电晕损失对最优导线大小或最优分裂导线选择的影响

通常不是很显著。然而，在特殊情况下，线路运行在一年中比例很小的坏天气条件下，年平均电晕损失很高，图中曲线 A 和 B 之间的差距更为显著。这种情况下最佳导线结构的选择受到电晕损失的影响。这也适用于一年中较长时间导线上人为污染严重的输电线路。

电晕损失也可能对输电线路要求的最大输送容量需要产生影响。通常要求长线路在一年的某些特定时段提供最高的输送能量。这一峰值要求可能发生在夏季或者冬季，空调构成前者负荷的主要部分，而后者的电能主要用于取暖。在这两种情况下，如果诸如大雨或大雪等坏天气在峰值负荷期间占主要成分，则线路的输送能力将因很高的电晕损失而降低。因此有必要在确定线路要求的最大需求时考虑电晕损失。

9.2.2 输电线路工程经济分析

输电线路的损耗是影响输电工程经济性的重要因素。线路损耗主要由电晕损耗和电阻损耗构成。电阻损耗与线路的运行电流有关，随运行负荷曲线的变化而变化，通常需要按时间单元进行积分计算，过程比较复杂。这当中有两个概念对分析输电工程的技术经济性非常重要，即利用小时和损耗小时。输电工程在进行投资分析时，通常需要估算实际运行时的年均输送电量和对应的线路电阻损耗。

利用小时是指输电设施在实际运行中折合额定负荷的使用小时。是由一定时段内的总输送电量除以额定负荷得出的，可表示为 t_e，其计算公式为

$$t_e = \frac{1}{I_0} \int_{t=0}^{T_0} I_t \mathrm{d}t \tag{9-1}$$

式中：I_t 是运行中某一时刻的电流；I_0 是额定运行电流；T_0 是积分时段的终止时间，如果以小时为时间单位积分计算全年的损耗时间，T_0 取 8760h（闰年加 24h）。因此，利用小时在工作实际中很容易统计计算，当然利用率 $\frac{t_e}{T_0}$ 也由此得出。

损耗小时是在计算线路电阻损耗时引入的概念。通常，每一根导线在某一时段 Δt 内的电阻损耗 δ 为

$$\delta = \int_{t=0}^{T_0} I_t^2 R \, \mathrm{d}t \tag{9-2}$$

式中：R 为线路电阻（如假设线路电阻为常数）；I_t、T_0 如前定义。

损耗小时 τ 可表示为

$$\tau = \frac{\delta}{I_0^2 R} = \frac{1}{I_0} \int_{t=0}^{T_0} I_t^2 \mathrm{d}t \tag{9-3}$$

由于负荷曲线变化复杂，I_t 不是一个简单的数学函数可以表达的，因此若要准确计算损耗小时，就要按照一定时间间隔进行累计计算，时间间隔越短，I_t 的实际数据量越大，则计算结果就越准确。同样，也有一个损耗比率的概念 $\frac{\tau}{T_0}$。

交流输电系统与直流系统的运行特性存在较大差异，因为直流系统送电的负载主要根据送端电源情况来确定。一般说来，只要两端系统条件许可，都尽量安排较高的负荷

率，充分发挥直流系统远距离、大容量的输电能力；而交流系统总体上承担着用电负荷，各变电站、交流线路负荷的起伏与用电负荷的起伏总体一致。所以，对于直流系统，通过分析，大致可以归纳出：$\tau \approx t_e - 1000$；对于交流输电，在工程可行性研究阶段，可以据此进行估算：$\tau \approx t_e^2 / T_0$。

对于输电线路，导线的经济电流密度 J 与损耗小时 τ 密切相关。导线截面选择的大，则初期投资大，但运行损耗小；相反，导线截面选择的小，则初期投资小，但运行损耗大，线路的导线电晕及其效应显得突出。因此，应当用年费用最小法或净现值最小法来指导导线截面的选择。

输变电工程的总成本净现值由初始投资和各年度成本折现累计之和组成，即

$$Z = C_a + m(C_\delta + C_V L) \tag{9-4}$$

式中：Z 为全寿命期总成本费用的净现值，万元；C_a 为线路工程投资造价，万元；C_δ 为直流输电每年运行损耗费用，万元；C_V 为线路每年运行维护费率，主要与线路地形、交通条件、人工费用相关；L 为线路长度，km；m 为年金现值系数，工程使用寿命通常按 30 年计，考虑 8% 左右折现率，可近似取 $m = 11.25778$。

交流工程的利用率基本上与全网负荷率相当，目前在中国，交流 500kV 线路的平均利用率在 32% 左右，交流 750kV 线路的同类数据分别为 13%。特高压交流系统预计负荷率将达到 30% 左右，因此损耗比率大致为 9.5%～10%，损耗小时大致为 800～1000h，对应的利用小时大致为 2600～3000h。对于交流 1000kV 试验示范工程，可以计算结果表明导线经济电流密度大致为 1.2～1.8A/mm²。而直流输电系统负荷率比较高，损耗小时可达 5000～6000h，因此应选择较小的导线电流密度，大致为 0.5～0.6A/mm²。

如果进行导线截面调整，直流线路导线截面增大，则线损率有明显下降；而特高压交流线路减少导线截面后，线损率微增，且仍远小于直流线路的线损率。

9.3 无线电干扰设计标准

由导线和金具电晕放电引起的无线电干扰，不论在设计阶段还是运行以后都是无法完全消除的。所以正确选择导线和金具十分重要。一条输电线路由电晕引起的无线电干扰，其绝对水平取决于很多因素，其中之一就是所处的天气条件。因此，简单地判定一条输电线路的无线电干扰造成了或没有造成不可接受的影响是不合适的，因为在确定输电线路的无线电干扰是否造成通信系统性能下降时，接收信号的强度、接收机的灵敏度、接收天线的方向性以及环境的无线电干扰等都起着重要作用。所以 4.1 节专门做了定义和说明。

输电线路产生无线电干扰的设计标准主要基于调幅广播的中波波段（535～16051kHz）的无线电收听的质量。因此设计标准的确定应考虑无线电信号和输电线路无线电干扰的基本统计特性，还有特定地区的天气条件以及被保护的信号水平等。应该避免设立用于所有电压等级和全部气候区的、偏严的和绝对的限值，因为这将给线路设

计不可预知的经济障碍。

9.3.1 无线电信号

第5章和第8章分别介绍了交流和直流线路的无线电干扰特征。这里将简单描述无线电信号的特征。调幅广播波段的无线电信号，在欧洲由国际电信联盟（International Telecommunication Union，ITU）、在北美地区由北美洲无线电广播协议（North American Radio and Broadcasting Association，NARBA）实施有效管理；在中国，对无线电频谱资源和台站设备进行管理的机构是国家无线电办公室，国家无线电频谱管理中心则是国家无线电管理技术机构。

然而，无线电发射台站的最小信号水平和服务区的确定是由各个国家独自负责的。例如在美国，标准的广播台站由联邦通信委员会（Federal Communication Commission，FCC）发证授权。空间的无线电信号的传播通常由许多模式来实现，这些模式分别叫做地波、天波和空间波（对流层波）等。对于调幅广播和更低的频率，无线电信号的传播主要以地波模式完成，可以表示为

$$S = A\frac{E_0}{D} \tag{9-5}$$

式中：S 为接收机处的信号场强，$\mu V/m$；E_0 为距离发射天线 1km 距离处的场强，$\mu V/m$；D 为接收机与天线之间的距离，km；衰减系数 A 是频率、距离、土壤电阻率以及介电常数的复杂函数。与信号波长相比，在距离天线较近的区域，系数 A 接近于 1，式（9-5）变为 $S=\frac{E_0}{D}$，信号大小与距离成反比变化；在更远的距离上，系数 A 的变化与 $\frac{1}{D}$ 成正比，式（9-5）变为 $S=\frac{E_0}{D^2}$，信号大小与距离的平方成反比。上述传播特性适用于全向天线。实际上，考虑服务区域内的地理情况，通常将天线设计成在辐射模式上某种方向性。

9.3.2 信噪比

在有人为噪声情况下，无线电接收质量主要是接收机天线处信噪比（signal to noise ratio，SNR）的函数。信噪比亦即信号场强与噪声场强的比值，用分贝表示时，则为两者分贝数的差。需要采用心理—物理法确定一个由无线电节目收听者主观判定的无线电接收质量和信噪比之间的数值关系。用电晕产生无线电干扰与典型的无线电节目声音混合的片段获得的不同信噪比，对一组人进行收听测试。无线电节目收听质量的降低由收听者基于一个评价标准进行主观评价，统计分析由足够多人参与的评价结果来确定收听质量和信噪比之间的关系。

大量的收听测试用来确定交流输电线路产生的无线电干扰对无线电接收质量的影响。在所有这些研究中，使用 CISPR 或 ANSI 的无线电噪声计测量了无线电干扰的准峰值，某些研究中采用准峰值检波器测量无线电广播信号，而有一些用平均值检波器测量。主要国际组织则推荐用平均值或有效值来测量无线电信号。修正后的平均值检波器测量的信号和 CISPR 准峰值检波器仪器测量的噪声部分研究结果，列于表 9-1 中。CISPR 18-2 推荐了 26dB 为可接受的、用于评价的信噪比。

表 9-1   交流线路产生电晕的 SNR 统计

接收级别	接收质量	SNR（dB）			
		CIGRE	IEEE	加拿大推荐标准	所有研究的平均值
A	十分满意	30	31	31	32
B	很好，背景噪声可觉察	24	26	26	26
C	满意，背景噪声明显	18	21	21	20
D	可以听懂，背景噪声很明显	12	15	15	15
E	很难听懂	6	4	9	8

相对而言，直流线路产生的无线电干扰这方面的影响研究较少。最近的关于直流线路无线电干扰对无线电接收质量降低的心理—物理研究表明，直流线路 SNR 在好天气为 21dB、坏天气为 22.5dB 时可以获得 C 类的接收质量。该研究中，对于交流线路好天气和坏天气电晕，22.5dB 的 SNR 可得获得 C 类的接收质量。因为大多数地方以好天气为主，交直流输电线路的电晕可以采用相同的标准。

9.3.3　无线电干扰设计限值

就输电线路产生的无线电干扰的限值，许多国家制定了管理规定。然而，这些管理规定细节上存在很大不同，有的甚至连所依据的原理都不相同。

9.3.3.1　国外设计限值

美国对来自输电系统的干扰，是由 FCC 的法令和管理规定来管理的。依据这些法规，输电系统属于"非有意发射装置"类别，其定义为：在其工作期间向外发射无线电频率能量的装置，尽管这些装置不是为发射无线电频率能量而专门设计的。对于这类设备的运行要求是，非有意发射装置，应在所发射的无线电频率能量不会引起有害干扰的情况下运行。这些规定中，有害的干扰定义为：危及无线电导航设备、其他安全服务的运行，或导致符合相关规定的无线电通信的严重性能降低、阻塞或重复性间断的任何发射、辐射或感应。

在加拿大，对高压交输电系统的干扰提出了推荐性标准。标准适用于运行电压不超过 765kV 的输电线路和变电站产生的 0.15～30MHz 范围的干扰。标准确定，好天气下 0.5MHz 频率、采用 CISPR 准峰值检波器、在边相导线外侧横向距离 15m 或线路走廊边缘，干扰场强不应超过表 9-2 中给出的数值。

表 9-2   交流线路无线电干扰限值

标称相电压（kV）	干扰场强（dB，以 $1\mu V/m$ 为基准）
低于 70	43
70～200	49
200～300	53
300～400	56
400～600	60
600 以上	63

9.3.3.2　中国的设计限制

中国关于输电线路设计的标准分为超高压和特高压两个，即 GB 50545《110kV～

750kV架空送电线路设计规范》和GB 50665《1000kV架空输电线路设计规范》。前者条文规定：海拔不超过1000m时，距线路边相导线投影外20m处且离地2m高，频率为0.5MHz的无线电干扰限值应符合表9-3的要求。后者的条文规定：海拔500m及以下地区，距离线路边相导线地面水平投影外侧20m、对地2m高度处，且频率为0.5MHz时，无线电干扰设计控制值不应大于58dBμV/m。这样的规定实际上是依据国家标准GB 15707《高压交流架空输电线路无线电干扰限值》的。

表 9-3　　　　　　　　　　　　GB 50545 规定的无线电干扰限值

标称电压（kV）	110	220～330	500	750
限值［dB(μV/m)］	46	53	55	58

GB 15707是根据CISPR出版物的要求原则制定的标准。该标准适用于110～1000kV交流架空输电线产生的频率为0.15～30MHz的无线电干扰。无线电干扰限值的定义是，无线电干扰场强在80％时间、具有80％置信度不超过的规定值，其单位为μV/m，通常用dB(μV/m)表示（即以1μV/m为基准）。距离线路边相导线投影20m处，频率为0.5MHz时，1000m以下海拔高度架设的高压架空输电线无线电干扰限值如表9-4所列。

表 9-4　　　　交流架空输电线路无线电干扰限值（距边导线投影 20m 处，0.5MHz）

电压（kV）	110	220～330	500	750＊	1000＊
无线电干扰限值［dB(μV/m)］	46	53	55	58	58

＊　对于750kV和1000kV交流架空输电线路，好天气下的无线电干扰不应大于55dB(μV/m)。

值得指出的是，表9-4的注是按照中国的环境保护部门的要求给出的、在好天气时测量不超过的数值。

9.3.3.3　限值标准的意义

各国就无线电干扰限值采用的种类繁多的方法表明了对一个协调机构的需求，这一机构将考虑干扰限值的设立、相关技术标准的制定等。限值应考虑无线电信号和输电线路无线电干扰的基本统计特性。任何机构制定限值都应考虑以下的因素：

（1）被保护服务区接收质量的确定；

（2）需要保护的特殊服务质量所在的区域；

（3）一年之中需要特殊服务质量所占的时间比例。

就调幅广播而言，任意给定地区都有众多频率和信号场强不同的电台提供服务。通常在农村区域信号的数量最多、场强最强，向郊区和城区逐渐减少变弱。因此必须在每一个地区定义可接受的信号强度。一个方法是在某地区定义中值信号强度，也就是在该区域能接收到的调幅广播频段内不小于50％所有无线电信号的强度超过某一定值（如0.5mV/m）。

依据无线电干扰的横向分布和中值信号强度，从输电线路边相导线起存在一个临界距离，超出这一距离某一级别的接收质量就可得以保证。通常将超出临界距离的区域称为某一接收质量的保护区。在确定无线电干扰限值时，必须考虑的重要因素是天气的局部变化。任何无线电干扰限值都应是为好天气制定的，坏天气的影响是这样来考虑的，设定一年中的一个时间百分比，在其间输电线路保护区内线路产生的无线电干扰水平应保证不超过所确定的无线电干扰限值。

概言之，对输电线路无线电干扰的限制规定，应包含以下技术考虑：

（1）应确定一个无线电接收质量，它考虑不同地区可接受的信号和某种设定的服务等级的 SNR。

（2）线路附近应确定保护区，其内的特定无线电服务受到保护。保护区的设定应考虑不同区域的信号的特殊性，如农村、郊区和城区。

（3）应确保保护区内至少在一年中的特定比例时间段的特定质量的无线电服务。

9.4 可听噪声设计标准

高压输电线路电晕产生的可听噪声，与其他的如飞机和交通环境噪声源不同。此外，电晕产生的可听噪声，其频谱的幅值和形状都随天气的变化而变化。坏天气期间，频率超过 1kHz 的频谱变化不大。为提出某种限值或制定任何规定，都有必要知道何种线路噪声频谱引起多少比例的人的烦恼，以及是噪声的何种特性与之相关。

9.4.1 可听噪声影响的特性

在噪声影响的研究中，需要考虑的一个重要因素是人在噪声中的暴露，对输电线路而言，暴露特性尤其重要。只有运行电压超过 300kV 的输电线路才能产生足以引起人的注意的可听噪声水平，这样的线路路径跨越区域是有限制的。与其他噪声源相比，从线路长度和持续时间的角度，输电线路引起的噪声暴露非常有限。输电线路噪声仅在一年中很短时间的大雨或降雪期间才会达到一个可引起关注的高水平。输电线路可听噪声暴露也受到其附近噪声的影响。好天气下，诸如自然界噪声或人为噪声等附近的噪声源，可形成噪声掩饰效应。大雨期间，雨自身也在线路附近产生很高的噪声，同样起到对线路噪声的掩饰作用。除频谱特性和暴露外，噪声的恼人程度取决于其强度。与其他环境噪声源相比，较低水平的电晕噪声就会使人烦恼。

心理—声音法用于测定人对环境噪声的主观响应，如烦恼。人对交通系统产生的噪声响应有大量研究，与之相比，对输电线路噪声的研究数量却相当少。对交流和直流线路噪声的研究结果如图 9-2 所示，图中基本表明，每一噪声的平均等级烦恼程度是其声级强度的函数。穿过数据点的垂直线段表示均值的一个标准偏差（$\pm \sigma$）。不同的曲线表示对每一类型的噪声数据点的线性最小乘方回归得到的曲线。定义 11 点等级刻度的中间对应值为烦恼阈值水平，得到交流和直流电晕产生的噪声刺激的烦恼阈值水平为 51dB(A)。尽管交直流电晕特性之间存在一定的差异，二者平均烦恼水平趋同。与之相比，交通噪声的平均烦恼水平大约是 62dB(A)。这个差异主要是由于电晕噪声和交通噪声的频谱构成的不同造成的。

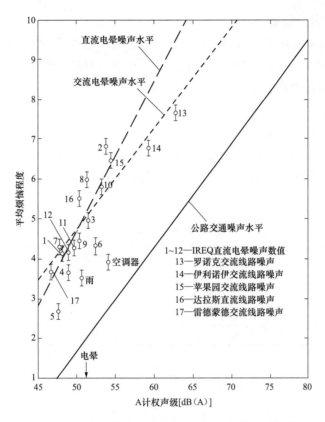

图 9-2　交直流线路电晕噪声的心理—声音关系评估

目前现有的规定几乎都是处理常见的环境噪声源的，尚无专门针对与输电线路噪声相关的控制。在美国，环保部门曾出版与可听噪声相关的普遍适用的导则，地方（即各州）则负责噪声规定的立法，这些规定可能在州与州之间存在较大差异。

评价像电晕噪声这样的波动噪声的一种方法是，采用在一段时间上的平均声压级。最常用的是能量等效声压级 L_{eq}，其定义为在某确定时间段上某变化声音的平均声能级（一般为 A 计权）。L_{eq} 数学表达式为

$$L_{eq} = 10\lg\left[\frac{1}{t_2-t_1}\int_{t_1}^{t_2}\frac{p^2(t)}{p_{ref}^2}dt\right] \tag{9-6}$$

式中：$p(t)$ 为时变的 A 计权声级，μPa；$p_{ref}=20\mu Pa$；t_2-t_1 为所考虑的时间段，h。

美国的导则推荐昼夜平均声压级 L_{dn} 值为限值，室外为 55dB（A），室内为 45dB（A）；昼夜声压级定义为，在 24h 时间内积分的单位为分贝的平均 A 计权声压级值。在晚上 10 点到早上 7 点之间，对任意噪声增加额外的 10dB（A）。L_{dn} 可以从昼间和夜间 L_{eq} 值得到

$$L_{dn} = 10\lg\left\{\frac{1}{24}\left[15\times10^{\frac{L_d}{10}} + 9.10^{\frac{L_n+10}{10}}\right]\right\} \tag{9-7}$$

式中：L_d 为昼间 15h 的 L_{eq}；L_n 为夜间 9h 的 L_{eq}。

9.4.2 可听噪声设计标准

基于导则推荐而提出地方噪声规定，这里以美国华盛顿州为例。华盛顿行政法规依据土地的典型用途，将土地分为三类综合区域，且每一类都受到防止噪声的保护。

（1）居住区：A 类环境设计；

（2）商业区：B 类环境设计；

（3）工业区：C 类环境设计。

各类环境设计是供确认其区域内最大噪声水平的地带。输电线路被归类于 C 类。根据法规，任何人不得引起或允许超过本节设定的最大允许噪声水平的噪声侵入他人的权属领地（见表 9-5）。

表 9-5　　　　　　　　　　最 大 噪 声 允 许 水 平　　　　　　　　dB（A）

噪声源的环境设计	受影响权属地域的环境设计		
	A 类	B 类	C 类
A 类	55	57	60
B 类	57	60	65
C 类	60	65	70

以下调整措施适用于表 9-5 的限值：①夜间 10 点到早上 7 点，对不同类别的受影响权属领地的环境设计的噪声限值应减去 10dB（A）；②无论昼间夜间的任何时刻，任意受影响权属领地的可接受噪声水平可以超过但不能高于：

（1）任意一个小时内有 15min，5dB（A）；

（2）任意一个小时内有 5min，10dB（A）；

（3）任意一个小时内有 1.5min，15dB（A）。

需要用所有气象条件下全日可听噪声概率分布来证明这些规定得以落实。

对可听噪声限制要求随国家而异。许多情况下，提出和执行地方或局部噪声规定的责任是下放到不同级别的政府机构。然而，在更多情况下，不同环境类型间的差异不大。

GB 3096《声环境质量标准》对声环境功能区域作了分类：

（1）0 类区：康复疗养等特别需要安静的区域。

（2）1 类区：以居民住宅、医疗卫生、文化教育、科研设计、行政办公为主要功能，需要保持安静的区域。乡村居住环境可参照执行该类标准。

（3）2 类区：以商业金融、集市贸易为主要功能，或者居住、商业、工业混杂，需要维护住宅安静的区域。

（4）3 类区：以工业生产、仓储物流为主要功能，需要防止工业噪声对周围环境产生严重影响的区域。

（5）4 类区：交通干线两侧一定距离内，需要防止交通噪声对周围环境产生严重影响的区域、内河航道两侧区域。包括 4a 类和 4b 类两种类型。4a 类为高速公路、一级公路、二级公路、城市快速线、城市主干路、城市次干路、城市轨道交通（地面段）、内河航道两侧区域。4b 类为铁路干线两侧区域。

GB 3096 规定的各类环境声功能区的环境噪声等效声级限值如表 9-6 所示。

表 9-6		噪 声 标 准		dB(A)
声环境功能区类别时段		昼间		夜间
0		50		40
1		55		45
2		60		50
3		65		55
4	4a	70		55
	4b	70		60

乡村区域一般不划分声环境功能区。根据环境管理的需要，政府环境保护行政主管部门按要求确定乡村区域适用的声环境质量要求：位于乡村的康复疗养区执行 0 类声环境功能区限值；村民居住的村庄原则上执行 1 类声环境功能区限值。

9.3 节提到的 GB 50545《110kV～750kV 架空送电线路设计规范》和 GB 50665《1000kV 架空输电线路设计规范》，对可听噪声的规定是，海拔不超过 1000m 时，距线路边相导线地面投影外 20m 处，"湿导线"的可听噪声限值为 55dB(A)，同时应符合环境保护主管部门批复的声环境指标。而对 1000kV 线路，标准的差异在于海拔在 500m 及以下。"湿导线"的可听噪声限值实际上代表了某种统计意义的水平，比如雨天的累积百分声级。这种限值与声环境质量要求的等效声级还是有一定差距的（见 5.1 节）。

9.5 直流电场和离子流的设计标准

除电晕损失、无线电干扰和可听噪声外，直流输电线路的导线电晕还产生正、负两种极性的离子，这些离子充满极导线和大地之间的空间，如图 7-1 所示。因此，对直流线路电晕效应的设计包括地面电场和离子流的考虑。

9.5.1 直流电场和离子流的影响

通过对科学文献的总结，已形成了直流线路产生的电场和离子流不会给公众健康带来风险的结论。然而，电场和离子流环境可能通过皮肤和毛发刺激而引起烦恼和令人厌烦的影响，形成刺痛感。国际非电离辐射防护委员会（International Committee on Non-ionizing Radiation Protection，ICNIRP）在 1998 年就出版了导则，对职业的和公众的电场、磁场和电磁场的曝露限值作了规定。表 9-7 为该导则中适用于公众的曝露限值的一部分（≤3kHz）。与职业曝露一样，表中未提供小于 1Hz 频率的电场值，表明直流电场无健康影响的阈值。而导则的表中注释指出，因为这些其实是静态电场，对于大多数人而言，能感觉到烦恼的体表电荷不会发生 25kV/m 的场强之下。应避免让人紧张或烦恼的火花放电。

表 9-7   适用于公众的时变电场和磁场曝露下导出限值

频率范围	电场强度 E（V/m）	磁场强度 H（A/m）	磁通密度 B（μT）
<1Hz	—	3.2×10^4	4×10^4
1~8Hz	10000	$3.2 \times 10^4 / f^2$	$4 \times 10^4 / f^2$
8~25Hz	10000	$4000/f$	$5000/f$
0.025~0.8kHz	$250/f$	$4/f$	$5/f$
0.8~3kHz	$250/f$	5	6.25

离子从导线向地面漂移过程中可能被位于直流线路下方的人或物体（如汽车）所截获，进而引发电场感应效应。表征这些效应的参数是开路感应电压和短路电流。知道这些参数就可以确定稳态和暂态电流，这些电流可能由人走近并接触物体的不同方式引起。对于稳态直流电流，可察觉电流阈值为 3.5mA，而摆脱电流为 40mA。而在直流试验线段和运行线路附近实施的试验研究表明，在直流线路下最坏情形时的人体感应电流仅为几个微安大小，这是低于人体感知阈值的几个数量级的水平。唯一值得注意的效应是暂态微电击，就像是地毯电击，当一个接地良好的人触碰到线路下方绝缘良好的汽车时会发生这种现象。然而，发生这种电击的概率非常小，因为汽车使用的轮胎通常含有碳，因此不会有足够的绝缘以产生哪怕是最小的此类效应。

在没有健康影响和只有较小的电场感应效应的情况下，直流线路设计标准可以仅基于人体对电场和离子流的感受阈值。对人体的电场和离子流感知的研究非常少，这种感知更多的是出于本能。在特殊设计的暴露室内实施的心理—物理研究提供的结果可用于确定觉察的感知阈值，这一阈值定义为人体观测者刚好能够觉察到的电场和离子流密度的数值。所使用的心理—物理法源自信号检测理论，这一方法特别适用于模糊不清的、复杂的和被噪声骚扰的信号的检测。这种方法提供感官灵敏度的评估，而没有由个体经验和判断标准等影响直觉判断的偏差导致的混淆。选取很多人体观察者，并在暴露室对每一个个体观察者实施试验。这些个体观察者被施以不同组合的电场和离子流，并要求他们对一系列关于有无刺激问题作出是和否的判断。对每一系列问题和每一个受试者进行统计分析，以确定信号探测理论中的敏感度系数 d'。d' 是表明对刺激有相当的敏感度。图 9-3 中给出了在没有离子、中等离子电流密度（60nA/m^2）和高离子电流密度（120nA/m^2）的条件下该研究结果的总结。由于单个受试主体的敏感度的变化范围大，对这一研究结果的解释是复杂的。但是无论如何，基于这些结果得到一个初步的设计标准还是可能的。从人体感知直流电场的角度看，直流线路可接受的设计可通过分别将地面电场最大值限制在 25kV/m 和地面离子流密度限制在 100nA/m^2 来得到。

9.5.2 相关标准

20 世纪 80 年代后期，中国建设第一条直流输电工程——± 500kV 葛洲坝—上海直流输电工程时，由国际知名的咨询公司提供的设计咨询中，提出了线下最大合成场强为 30kV/m 的控制值，最大离子电流密度不超过 100nA/m^2。随着该工程的建成和运行，出版了 DL 436—1991《高压直流架空送电线路技术导则》，该标准采纳了 30kV/m 作为线下合成电场的控制值。此后的直流输电工程及其电场实际测量的数据表明，线路下方及走廊附近的合成场强最大值低于 25kV/m。在对大部分直流输电工程的全线环境影响调查情况表明，无健康影响的反映，无引起恼人的电击投诉。DL/T 436—2005 仍然采用了 1991 年版的有关规定，即：直流线路下地面最大合成场强不应超过 30kV/m，最大离子电流密度不应超过 $100nA/m^2$。

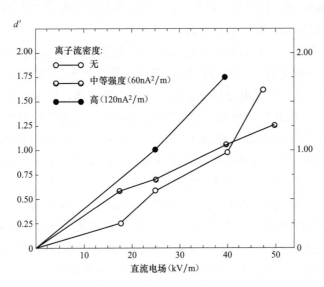

图 9-3 直流电场、离子流密度和平均敏感度指数的关系

由前述可知，直流电场的健康影响没有阈值规定，但 30kV/m 以下的电场中引起刺痛感电击是存在的，但是这与人体对地绝缘和空气干燥程度密切相关。所以从环境保护的概念出发，线下除最大值小于 30kV/m 外，应该考虑邻近民房处的合成场强的控制。由于空间带电粒子或电荷随外力（如风）时刻都在变化，所以直流输电线路附近的合成电场测量数据具有统计特性。在邻近民房时，有研究曾建议最大合成场强不超过 25kV/m、80%测量值不超过 15kV/m，以最大限度地减少电击引起的不适或不快感。充分考虑减少电击对人造成的不适或不快感，引用了一般产品合格评定的规则，即 80%的概率。这样也与无线电干扰限值的意义一致。关于 80%值，假设测量数据为 100 组，将测量结果按照由小到大的顺序排列，第 81 个数值，即 80%测量值，此值小于或等于 15kV/m 为满足要求。

2013 年出版了 GB 50790《±800kV 直流架空输电线路设计规范》，标准规定：当线路邻近民房时，在湿导线情况下房屋所在地面的未畸变合成电场不得超过 15kV/m。这样的规定是要求线路设计，按 6.2 节介绍的方法计算合成场强 15kV/m。但该标准的条文说明中又指出了邻近民房的合成场强 15kV/m，应符合环境保护要求，是 80%测量值。

9.5.3 交直流混合输电线路

由于中国输电线路走廊资源的紧缺，交直流输电线路平行架设或共用走廊的情况不可避免，而目前国际上尚无交直流线路平行架设或共用走廊时的混合电场控制值标准。

对于同时曝露于不同频率电磁场的情况，ICNIRP 导则采取曝露效应叠加的处理方式。例如，对于感应电流密度和电刺激效应来说，在低于 10MHz 的频率下，应符合下面的要求：

$$\sum_{i=1Hz}^{1MHz} \frac{E_i}{E_{L,i}} + \sum_{i>1MHz}^{10MHz} \frac{E_i}{a} \leqslant 1 \tag{9-8}$$

式中：E_i 为在频率 i 下的电场强度；$E_{L,i}$ 为职业和公众曝露的电场参考水平；对于职业曝露，a 为 610V/m，对于公众曝露，a 为 87V/m；

从式（9-8）可得，起始计算频率为 1Hz，可见该导则并未将静电场考虑在内。近年来，ICNIRP 对其制定的一系列导则进行修订工作，并于 2010 年最新发布了用于限制曝露于 1Hz～100kHz 时变电磁场的导则，而对于静磁场，ICNIRP 于 2009 年发布了相应的导则，但对于适用于 1Hz 以下运动感应电场或时变磁场的导则将另行发布。因此，从以上 ICNIRP 导则的制定思路来看，基于电磁场对人体健康影响的科学证据，ICNIRP 是将静电磁场以及时变电磁场分开考虑的，而且目前尚未制定静电场的相关导则，仅在 1998 年 300GHz 及以下时变电磁场导则中涉及相关内容，如前所述。

对于单独的高压交流架空输电线路，其附近地面 1.5m 高度处的未畸变工频电场控制值为：对于线路周围长期有人居住、学习、活动的住宅、学校、医院等环境敏感点处，电场强度控制值为 4kV/m；对于线路跨越公路处，电场强度控制值为 7kV/m；对于人烟稀少的偏远地区、线路跨越农田时，电场强度控制值为 10kV/m。对于单独的高压直流架空输电线路，其地面合成电场控制值如前所述，邻近民房时最大值不超过 25kV/m。

有观点认为，交直流输电线路平行架设或共用走廊时，根据不同情况，可采用不同的交直流电场控制值对交直流电场进行加权处理。加权的方法为

$$M = \frac{E_{AC}}{E_{ACL}} + \frac{E_{DC}}{E_{DCL}} \tag{9-9}$$

式中：E_{ACL} 和 E_{DCL} 分别为交流电场和直流合成电场的控制值；E_{AC} 和 E_{DC} 分别为交流电场和直流合成电场的实际值。交、直流混合电场满足控制要求时，应使 $M \leqslant 1$。在中国，输电线路下方：$E_{ACL}=10kV/m$，$E_{DCL}=30kV/m$；邻近民房时：$E_{ACL}=4kV/m$，$E_{DCL}=25kV/m$。

实际上，根据长期对交流或直流输电线路的实测结果，500kV 及以上交流输电线路产生的最大地面电场强度一般为 6～9kV/m，$\pm500kV$ 及以上直流输电线路产生的最大地面合成场强一般为 15～30kV/m。所以，如果交、直流输电线路并行，甚至同塔混合架设，将这些实际测量值采用以上加权的方法进行处理，得到的参数 $M>1$ 的可能性很大。同样对于邻近民房的情况，不管民房是在交流线路一侧，还是直流线路一侧，参数 $M>1$ 的可能性也提高了，所以，应使 $M \leqslant 1$ 的观点有待商榷。

直流合成场的测量与交流电场不同，不能用极板耦合，而需要采用特殊的传感器，使传感元件上接收到的电力线总数量进行周期性的变化，与之相应的感应电荷也随之周期性变化，利用周期性变化的电荷所形成的电流即可测出相应的场强。按照现行的标准，测量工频电场的探头应放置在地面上 1m 或 1.5m 处，而测量直流合成电场的探头应放置在地面，且与地面持平。

输电线路工程举例

高压交流和直流输电线路的设计涉及民事、机械和电气工程等方面，因此应以协调的方式实施。对于特定电压等级，线路设计的终极目标是以最小的成本确定电能输送容量和线路长度，并满足已确定的各种技术标准。

确定输电线路电晕性能的主要参数是分裂导线结构、导线对地高度和交流相间距离或双极性直流极间距离。相间距离的选择主要基于空气绝缘的要求。导线对地高度的确定则基于空气绝缘和安全的考虑，但工频电场和磁场也可能影响到它的选取。如此一来，电晕考量在交流线路的主要结构尺寸的选择方面并不起显著作用。然而，分裂导线结构参数的选取却完全基于电晕性能标准。

对于直流线路，极间距离主要由绝缘要求确定，但电晕的影响不可忽略。电晕损失的正负极性分量，还有无线电干扰和可听噪声在一定程度上随极间距离的减小而急剧增大。因此，可能有必要选取一个比仅以绝缘为目的更大的极间距离。在确定极导线对地高度时，地面电场和离子流密度的考虑比绝缘起到更大的作用。同样分裂导线的选取也是基于电晕性能标准。

对于要求使用分裂导线的交流输电线路，子导线数目和直径基本上以可听噪声和无线电干扰为基础来选取。电晕损失在分裂导线选取上仅起次要作用。基于可听噪声和无线电干扰而确定分裂导线之后，可按 10.2 节的方法进行经济性分析以达到优化导线的目的。

10.1 500kV 和 750kV 交流线路电晕性能设计

为满足确定的可听噪声和无线电干扰标准的要求，必须选取合适的线路。以假定的 500kV 和 750kV 线路情况举例，线路均采用水平导线布置，还有两根架空地线。两种情形的主要尺寸假设如表 10-1 所示。

表 10-1　　　　　　　　500kV 和 750kV 线路设计参数（部分）

500kV 线路	
相间距离	10m
平均导线高度	14m
地线直径	11.1mm

500kV 线路	
地线间距	14m
平均地线高度	21m

750kV 线路	
相间距离	13m
平均导线高度	21m
地线直径	11.1mm
地线间距	18m
平均地线高度	31.7m

采用第 2 章介绍的方法，计算这些线路使用不同分裂导线时的导体表面电位梯度。用式（4-121）和式（5-37）的经验公式，分别计算边相导线外侧横向距离 15m 处的好天气平均 RI 和线路走廊边缘的雨天平均的 AN，它们是子导线数目和直径的函数。把由式（4-121）计算得到的 ANSI 标准 1MHz 的 RI 水平，加上 3dB 变换成 CISPR 标准 0.5MHzRI 数值，再加上 6dB 便可得到好天气最大值。

对 500kV 线路的 2、3 和 4 分裂导线与 750kV 线路的 4、5 和 6 分裂导线作比较，两种电压等级的结果分别在图 10-1 和 10-2 中给出。两个图中 RI 和 AN 的允许水平数值也以水平线的形式给出（对于 RI，500kV 为 60dB，750kV 为 63dB；对于 AN，均为 55dB。）。图 10-1 中 500kV 的结果显示，对三种导线 RI 是限制因素，三种分裂导线的最小子导线直径为：2×3.4cm，3×2.1cm 和 4×1.5cm。相似的，图 10-2 中 750kV 线路结果表明，对三种导线，AN 是限制标准。三种分裂导线的最小子导线直径为：4×3.1cm，5×2.4cm 和 6×2.0cm。

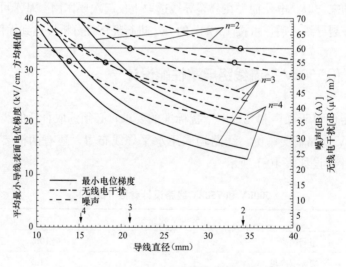

图 10-1　500kV 分裂导线的选取

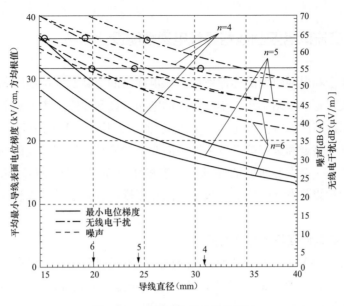

图 10-2　750kV 分裂导线的选取

　　以上得到的结果用于确定每种电压等级线路的导线相间距离和对地高度。这些值的任何变化都给最小导线选取带来明显影响。然而，这两个值的变化的影响比起对导线直径的影响要弱，紧凑型线路中需要采用更大截面的导线。对相同大小的导线，海拔高度的增加将增大 AN 和 RI 的水平。在应用到允许的 RI 和 AN 标准之前，对合适的海拔高度可得到与图 10-1 和图 10-2 相似的结果。一般而言，高海拔地区需要使用更大截面的导线。所有的空气间隙都要随海拔的升高而增大。

　　以上结果也清楚地显示，RI 是 500kV 及以下线路设计限制标准，而更高电压等级的线路则是 AN。然而，也应注意到如果 AN 的允许值为 50dB 而不是 55dB，就像某些地区一样，AN 将变成甚至是 500kV 及以下的线路设计限制标准。对于紧凑型线路，AN 即便在较低的电压上，也可能变为限制标准。最后，强调指出的是以上方法仅用于分裂导线的初步选择。分裂导线的最终的选取和优化应考虑输电线路所在区域实际主要天气情况的影响和当地关于 RI 和 AN 的规定。真型试验线段的长期测量对于分裂导线的优化和最终选型是必要的。

　　通常，线路设计的不同方面是单独并行实施的，对某些参数的不断调整以得到线路设计的全面优化。以线路的电气设计为例，空气间隙基于绝缘要求和分裂导线的电晕性能来确定，对这些参数进行微小的调整以优化线路设计。这一过程的可行主要是因为线路设计不同方面之间的弱耦合关系。这一过程也对透彻了解设计不同方面有益。无论如何，已经提出了同时考虑所有方面并获得设计全面优化的线路设计的方法论。这些方法是将线路的全部成本作为设计变量的函数表示出来。采用先进的数学技术，考虑物理、经济和环境约束来优化成本函数，以最小设计成本来确定所有参数。然而，这一方法论的可行性受到输入参数精度的限制。

10.2 500kV 交流同塔四回线路导线电晕性能设计示例

随着经济社会和电网建设的迅速发展，输电线路的走廊及其用地问题日益成为输电线路建设的重大问题。中国华东、华南地区的电网建设和线路走廊土地资源间的矛盾显得尤为突出。在特高压输电技术进入工程化之前，采用 500kV 同塔双回甚至四回架设方式是解决输电线路走廊紧张的有效手段。因此，500kV 同塔多回线路的电晕特性将如何影响线路设计是一个需要研究的问题。本节将介绍 500kV 同塔四回超高压架空输电线路的电晕特性对线路设计的影响，包括不同相序排列方式下子导线表面场强和无线电干扰。

10.2.1 500kV 同塔四回导线排列方式

这里举例的 500kV 同塔四回架设的塔型有 Ⅰ 型和 Ⅱ 型两种，如图 10-3 所示，导线型式为 4×LGJ-400/35 型钢芯铝绞线，拟采用导线排列方式如表 10-2 和表 10-3 所示，最低相导线对地最小高度按 14m 和 11m 两种情况考虑。

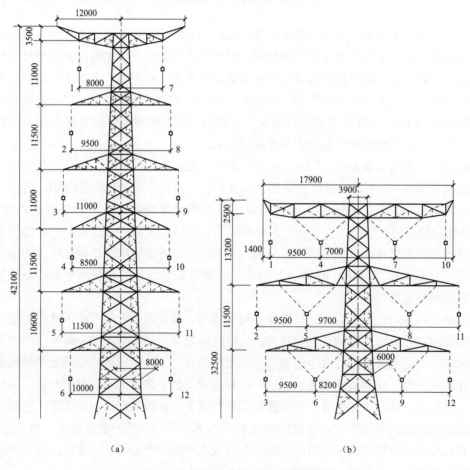

(a)   (b)

图 10-3 500kV 同塔四回线路塔型图

(a) Ⅰ 型塔；(b) Ⅱ 型塔

表 10-2　　　　　　　　　　　Ⅰ型塔导线排列方式

第1种方式		第2种方式		第3种方式		第4种方式		第5种方式		第6种方式	
A	A	A	A	A	C	A	C	C	A	A	A
B	B	B	B	B	B	B	B	B	B	B	B
C	C	C	C	C	A	C	A	A	C	C	C
A	A	C	C	A	C	C	A	A	A	C	A
B	B	B	B	B	B	B	B	B	B	B	B
C	C	A	A	C	A	A	C	C	C	A	C

表 10-3　　　　　　　　　　　Ⅱ型塔导线排列方式

第1种方式				第2种方式				第3种方式				第4种方式				第5种方式				第6种方式			
A	A	A	A	A	C	A	C	A	A	C	C	A	C	C	A	C	A	A	A	A	C	A	A
B	B	B	B	B	B	B	B	B	B	B	B	B	B	B	B	B	B	B	B	B	B	B	B
C	C	C	C	C	A	C	A	C	C	A	A	C	A	A	C	A	C	C	C	C	A	C	C

按照图 10-3 和前述参数，可计算两种塔型不同导线排列方式的导线表面电场强度，其结果如表 10-5 所示。

由前文论述可知，导线表面电场强度将决定线路的电晕特性，由表 10-5 可见，不同导线排列方式下的表面电场强度差异较大。下面分析无线电干扰对设计的影响情况。

10.2.2　电晕特性分析

为了反映输电线路无线电干扰横向衰减特性，根据式（4-121）分别计算了前述两种塔型不同导线方式下的无线电干扰横向衰减特性曲线，计算结果为好天气的平均值。

同塔四回 500kV 线路按Ⅰ型塔架设，最下相导线对地高度 14m 时，不同导线排列方式下，线路无线电干扰横向衰减特性如图 10-4。

从图 10-4 可见，在好天气情况下，500kV 同塔四回线路采用Ⅰ型塔不同导线排列方式、最下相导线对低高度 14m、边相外 20m（距线路中心线 31.5m）处 0.5MHz 的无线电干扰平均值如表 10-5 所示，导体表面最大电位梯度如表 10-4 所示。可依照前述方法计算 500kV 同塔四回线路Ⅱ型塔不同导线排列方式的无线电干扰和导线表面最大电位梯度。

无线电干扰限值应该是满足 80%/80% 原则的，即在 80% 的时间中，送电线产生的无线电干扰场强不超过限值且具有 80% 的置信度，通常简称 80% 值。GB 15707《高压交流架空送电线无线电干扰限值》也指出，计算得出的好天气的平均值增加 6～10dB，可代表符合双 80% 原则的值。表 10-6 中的无线电干扰是按照双 80% 原则得到的结果。

根据 GB 15707，频率为 0.5MHz 时，500kV 高压交流架空送电线无线电干扰限值为距边导线投影 20m 处 55dB。由表 10-5 计算结果可知，500kV 同塔四回线路的两种塔型、不同导线排列方式下的无线电干扰限值均能满足国家标准要求。

225

表10-4

导体表面最大电位梯度

(kV/cm)

塔型	排列方式	导线编号 1	2	3	4	5	6	7	8	9	10	11	12
I型 14m高	第1种	11.76	14.99	15.66	15.20	15.25	13.37	11.76	14.99	15.66	15.20	15.25	13.37
	第2种	12.34	14.93	11.63	11.37	15.22	13.80	12.34	14.93	11.63	11.37	15.22	13.80
	第3种	14.43	14.93	15.35	15.59	15.23	14.50	14.43	14.93	15.35	15.59	15.23	14.50
	第4种	14.58	14.94	12.80	12.96	15.22	14.68	14.58	14.94	12.80	12.96	15.22	14.68
	第5种	14.83	14.96	12.07	11.97	15.22	13.68	14.18	14.95	16.16	14.52	15.23	13.49
	第6种	12.12	14.93	12.34	12.33	15.22	14.81	11.98	14.95	14.85	16.28	15.24	14.37
I型 11m高	第1种	11.75	14.99	15.67	15.17	15.23	13.54	11.75	14.99	15.67	15.17	15.23	13.54
	第2种	12.35	14.93	11.62	11.35	15.21	13.95	12.35	14.93	11.62	11.35	15.21	13.95
	第3种	14.43	14.93	15.35	15.58	15.21	14.56	14.43	14.93	15.35	15.58	15.21	14.56
	第4种	14.58	14.94	12.80	12.96	15.20	14.74	14.58	14.94	12.80	12.96	15.20	14.74
	第5种	14.83	14.96	12.06	11.96	15.20	13.84	14.17	14.94	16.18	14.49	15.21	13.66
	第6种	12.12	14.93	12.34	12.33	15.21	14.87	11.98	14.95	14.86	16.28	15.23	14.44
II型 14m高	第1种	10.30	6.74	4.12	9.11	6.84	3.67	9.11	6.84	3.67	10.30	6.74	4.12
	第2种	15.00	6.61	7.61	9.41	7.01	16.09	15.86	6.57	8.62	7.78	6.70	15.58
	第3种	11.78	6.42	4.46	12.62	6.59	5.50	6.17	7.00	12.97	4.56	6.89	12.43
	第4种	15.43	6.57	7.88	7.80	7.03	14.90	7.80	7.03	14.90	15.43	6.57	7.88
	第5种	8.73	6.88	15.88	13.30	6.69	7.11	10.06	6.71	3.98	10.82	6.60	4.16
	第6种	14.47	6.75	7.57	10.36	7.15	16.41	11.67	6.72	5.18	11.26	6.56	4.42
II型 11m高	第1种	10.28	6.78	4.25	9.10	6.88	3.81	9.10	6.88	3.81	10.28	6.78	4.25
	第2种	14.99	6.61	7.61	9.41	7.01	16.12	15.87	6.56	8.57	7.77	6.68	15.64
	第3种	11.77	6.44	4.52	12.62	6.59	5.51	6.16	6.98	13.06	4.55	6.85	12.56
	第4种	14.58	14.94	12.80	12.96	15.20	14.74	14.58	14.94	12.80	12.96	15.20	14.74
	第5种	8.73	6.87	15.90	13.30	6.70	7.14	10.05	6.73	4.08	10.81	6.63	4.27
	第6种	14.47	6.76	7.59	10.36	7.16	16.39	11.67	6.74	5.24	11.25	6.59	4.50

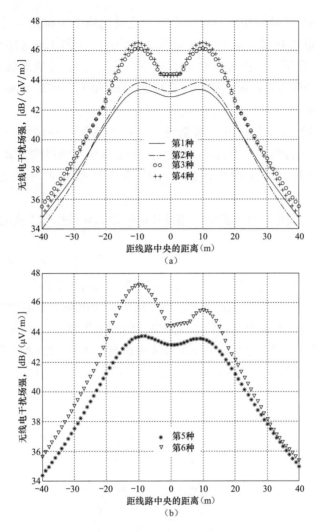

图 10-4　500kV 同塔四回线路 I 型塔线路无线电干扰横向衰减特性曲线（14m）

（a）第 1～4 种排列方式；（b）第 5 种和第 6 种排列方式

表 10-5　　I 型塔边相外 20m 处 0.5MHz 的无线电干扰［平均值，dB/(μV/m)］

导线排列方式	1	2	3	4	5	6
无线电干扰	37	36.5	38	38.2	37.2	37.5

表 10-6　　边相外 20m 处 0.5MHz 的无线电干扰［双 80% 值，dB/(μV/m)］

排列方式 ＼ 塔型和对地距离	I 型		II 型	
	14m	11m	14m	11m
第 1 种	47.0	48.0	—	—
第 2 种	46.5	47.6	50.1	51.0
第 3 种	48.0	49.0	45.9	46.2
第 4 种	48.2	49.2	40.8	41.0
第 5 种	47.2	48.4	40.9	41.0
第 6 种	48.5	49.5	48.0	48.2

同塔四回 500kV 线路采用Ⅰ型塔架设，导线采用第 2 种排列方式时，在边导线投影 20m 处的无线电干扰最小，最下相导线高度为 14m 和 11m 时分别为 46.5dB 和 47.6dB。在同一高度下，不同导线排列方式下，边相 20m 处的无线电干扰差值小于 2dB；对于同一种排列方式，最下相导线高度为 14m 和 11m 时的边相 20m 处无线电干扰的差值小于 1.5dB。

同塔四回 500kV 线路采用Ⅱ型塔架设，导线采用第 1 种排列方式时，导线表面几乎不起晕，产生的无线电干扰最小，并且小于Ⅰ型塔各种排列方式下产生的无线电干扰。对于同一种排列方式两个高度，在边相外 20m 处的无线电干扰差值小于 1dB。

由上述可知，无线电干扰不控制线路设计的塔型和导线排列方式的选择。可听噪声分析与 10.1 相同。

10.2.3 工频电场

工频电场是输电线路的典型电磁环境影响因素，是输电线路环境影响评价的主要环境影响因子，也是控制输电线路的因素之一。虽然工频电场不是电晕特性的考虑范畴，本节仍给出其计算方法并说明其对输电线路设计的影响作用。

500kV 同塔四回线路Ⅰ型塔，最下相导线对地高度 14m 时地面 1.5m 处电场强度的横向衰减特性曲线如图 10-5 所示。同样，Ⅱ型塔不同导线排列方式下的工频电场分布也可计算得出。

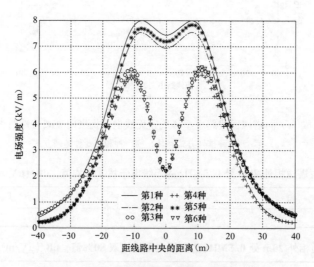

图 10-5　500kV 同塔四回Ⅰ型塔不同排列方式下
地面 1.5m 处电场强度 （14m）

根据 HJ/T 24《500kV 超高压送变电工程电磁辐射环境影响评价技术规范》，民房所处的地面电场强度按 4kV/m 控制。表 10-7 给出了不同塔型线路边相导线外 5m 处的工频电场计算值。

表 10-7　　　　　　　　　各种方式下边相外 5m 处电场强度（kV/m）

塔型和对地距离 排列方式	Ⅰ 型		Ⅱ 型	
	14m	11m	14m	11m
第 1 种	5.7	6.9	6.1	7.5
第 2 种	5.1	6.2	3.9	5.6
第 3 种	5.0	6.4	6.1	7.5
第 4 种	4.7	6.1	3.9	5.6
第 5 种	5.1	6.4	6.0	7.4
第 6 种	4.7	6.0	6.0	7.4

由表 10-7 可见，四回 500kV 同塔架设时，对地高度为 14m 和 11m，Ⅰ 型塔无论导线以何种方式排列，民房的位置控制应该在边相导线外比 5m 更远处。Ⅱ 型塔，对地高度 14m 时，第 2 种和第 4 种排列方式（即逆相序排列）的边相外 5m 处地面 1m 场强小于 4kV/m，对地高度 11m 时，民房的位置控制与 Ⅰ 型情况一样。

为满足环境评价对工频电场的要求，可通过提高杆塔高度的方法来降低工频电场强度。

10.2.4　小结

（1）500kV 同塔四回线路，线路的无线电干扰、可听噪声在设计中可以不作为控制因素。

（2）无线电干扰和工频电场对导线排列方式或塔型的影响不同，如 Ⅱ 型塔，第 1 种排列方式下无线电干扰最小，而工频电场却最大。设计时应综合考虑环境影响各因素以确定合理的塔型和导线排列方式。

10.3　1000kV 交流同塔双回线路导线电晕性能设计示例

导线的选择是特高压输电技术设计所以考虑的重要课题，它对线路的输送功率、传输性能、电晕效应（静电感应、电晕、无线电干扰、噪声等）及输电线路的技术经济指标都有很大的影响。因此，合理确定电晕效应，并据此选择合适导线，对降低特高压输电线路工程的工程造价及对环境的影响有着重大意义。

导线作为输电线路最主要的部件之一，它既要满足输送电能的基本要求，同时要安全可靠地运行，对特高压输电线路还要求满足环境保护的要求，而且在经济上还应是合理的，因此，对导线在电气和机械两方面都提出了严格的要求。在导线截面和分裂方式的选取中，要充分考虑导线的电气和机械特性，在电气特性方面，特高压线路由于电压的升高，导线电晕而引起的各种问题，特别是环境问题（无线电干扰、可听噪声等），将比超高压线路更加突出，从世界一些国家的实验研究和工程实践情况看，一般均采用多分裂导线来解决这方面的问题，通过合理选择导线的截面和分裂形式来解决由电晕效应引起的环境影响问题。

综合考虑地线起晕的最小直径，系统短路电流和地线防腐、防振等多方面因素，提出了推荐的地线型号。

10.3.1 设计条件

系统边界条件选取如下：

（1）系统额定电压为 1000kV，最高运行电压为 1100kV。

（2）系统每回输送功率：4000～6000MW。

（3）事故时每回极限输送功率：8000～12000MW。

（4）功率因数：0.95。

（5）最大负荷利用小时数：取 4500、5000、5500h，分别对应的年损耗小时数为 2700、3200、3750h。

（6）上网电价：0.3、0.4、0.5 元/kWh。

根据 GB 50665《1000kV 架空输电线路设计规范》及 Q/GDW 305《1000kV 架空交流输电线路电磁环境限制》的规定，1000kV 交流输电线路的电磁环境指标控制值为：

（1）工频电场：邻近民房时，房屋所在位置的未畸变电场限值为 4kV/m；对于居民区，场强限定在 7kV/m 内；对于非居民区，场强限定在 10kV/m 内。

（2）1000kV 架空输电线路在电磁环境敏感目标处，地面 1.5m 高处工频磁感应强度的限值为 0.1mT。

（3）海拔 500m 及以下地区，1000kV 架空输电线路的无线电干扰限值，在距离边相导线地面投影外 20m、对地 2m 高度处，频率为 0.5MHz 时无线电干扰值不大于 58dB(μV/m)，以满足在好天气下，无线电干扰值不大于 55dB(μV/m)。

无线电干扰的海拔修正，按以 500m 为起点，每 300m 增加 1dB。

（4）海拔 500m 及以下地区，距线路边相导线投影外 20m 处，湿导线的可听噪声限值为 55dB(A)。

可听噪声的海拔修正，按以 500m 为起点，每 300m 增加 1dB。

线路导线电晕效应所导致的无线电干扰和可听噪声的控制限值，是由相应的国家标准所规定。这些标准的限值在一定程度上都是按照前述电晕效应的分析来确定的。

10.3.2 线路导线选型

系统提供的线路输送功率为 4000～6000MW，由此算得的每相电流为 2431～3646A，经济电流密度的参考值取 0.9A/mm²，算得的导线总截面为 2701～4052mm²；若按系统最大输送功率 8000～12000MW 考虑，则每相电流为 4862～7292A，按照前述的电流密度的参考值 0.9A/mm²，算得的导线总截面为 5402～8104mm²；该值可以作为导线总截面选择的参考。

根据 GB/T 1179《圆线同心绞架空导线》和特高压输电线路目前采用的导线型号，可选取 JL/G3A-900/40、JL/G1A-800/55、JL/G1A-710/50、JL/G1A-630/45、JL/G1A-500/45、JL/G1A-400/35 钢芯铝绞线进行比较，其技术参数见表 10-8。

表 10-8 导 线 型 号 及 特 性

导线型号		JL/G3A-900/40	JL/G1A-800/55	JL/G1A-710/50	JL/G1A-630/45	JL/G1A-500/45	JL/G1A-400/35
根×直径 (mm)	钢	7×2.66	7×3.20	7×2.99	7×2.81	7×2.80	7×2.50
	铝	72×3.99	45×4.80	45×4.22	45×4.22	48×3.60	48×3.22
截面积 (mm²)	钢/铝	38.90/900.26	56.30/814.30	49.1/710	43.6/630	43.1/488.58	34.36/390.88
	总截面积	939.16	870.60	759	674	531.68	425.24
铝钢截面比		23.14	14.46	14.46	14.45	11.34	11.38
直径 (mm)		39.90	38.40	35.90	33.80	30.00	26.80
单位质量 (kg/km)		2818.1	2687.5	2343.2	2079.2	1685.5	1347.5
计算拉断力 (N)		203390	192220	169560	150450	127310	103670
20℃直流电阻 (Ω/km)		0.0321	0.0355	0.0407	0.0459	0.0591	0.0739
弹性模量 (N/mm²)		60800	63000	63000	63000	65000	65000
温度系数 (1/℃)		21.5×10⁻⁶	20.9×10⁻⁶	20.9×10⁻⁶	20.9×10⁻⁶	20.5×10⁻⁶	20.5×10⁻⁶

在超特高压线路设计中为解决电晕问题,一般都需要增加分裂导线根数和导线截面积,目前已经建成的特高压线路均采用 8 分裂方式。

按照极限输送功率对导线最小截面的要求,相导线以 8 分裂导线为基础,分别选择了 6、7、8、9 和 10 根子导线共五种分裂方式,组成了如下 7 种导线分裂型式,见表 10-9。

表 10-9 导 线 组 合 方 式

序号	导线型号分裂型式	总的铝导线截面积 (mm²)	电流密度 (A/mm²) (6000MW 功率)
1	6×JL/G3A-900/40	5401.56	0.67
2	7×JL/G1A-800/55	5700.1	0.64
3	8×JL/G1A-500/45	3908.60	0.94
4	8×JL/G1A-630/45	5040	0.73
5	8×JL/G1A-710/50	5680	0.72
6	9×JL/G1A-500/45	4397.2	0.83
7	10×JL/G1A-400/35	3908.8	0.94

从表 10-9 中可以看出,按系统输送功率 6000MW 考虑,以上导线组合的电流密度为 $0.6 \sim 1.0 A/mm^2$。

导线分裂间距的选取要考虑分裂导线的次档距振荡和电气两个方面的特性,次档距振荡是由迎风侧子导线的尾流所诱发的背风侧子导线的不稳定振动现象,一般认为分裂导线间保持足够的距离就可以避免出现次档距振荡现象。根据有关研究,当分裂间距与子导线直径之比 $S/d > 16 \sim 18$ 时,可以避免出现次档距振荡;从电气方面看,有一个最佳分裂间距，在此分裂间距时，导线的表面最大值电场强度最小。限制次档距振荡要求的分裂间距与最佳电气性能要求的分裂间距是矛盾的，中国的 500kV 交、直流线路采用的 S/d 比值为 15～18.7。但对于特高压线路，由于分裂数较多，电气要求又比较苛刻，布置上要比 500kV 线路困难得多，一般推荐特高压线路的 S/d 值不小于 10，例如已建成的晋东南—南阳—荆门 1000kV 单回线路的 S/d 值为 13.33。

以典型的双回路塔型为例，计算得到采用不同导线的电磁环境计算结果见表 10-10。

表 10-10　　不同导线结构电磁环境参数比较（双回路 I 串逆相序、海拔 500m）

导线结构	6×JL/G 1A-900/40	7×JL/G 1A-800/55	8×JL/G 1A-710/50	8×JL/G 1A-630/45	8×JL/G 1A-500/45	9×JL/G 1A-500/45	10×JL/G 1A-400/35
导线表面最大电场强度（kV/cm）	16.70	15.73	15.28	15.99	17.17	16.17	16.51
导线表面起晕场强（有效值，kV/cm）	19.89	19.96	20.07	20.19	20.42	20.42	20.66
E_m/E_{m0}	0.84	0.79	0.76	0.79	0.84	0.79	0.80
无线电干扰（dB）	59.38	55.84	52.77	53.45	55.35	52.22	50.95
可听噪声（dB）	58.45	55.71	53.32	54.31	56.62	53.73	53.25

由表 10-10 数据可知：①7 种导线结构中导线表面最大场强不超过起晕场强的 85%，因而导线表面场强对导线的选择不起控制作用；②6 分裂、7 分裂导线不能满足电磁环境限值的要求，故不宜采用；③考虑到 9 分裂、10 分裂导线分裂数太多，金具制造、安装、施工、运行等方面均不便，故优先推荐采用 8 分裂导线配置；④由于采用 8×JL/G1A-500/45 导线时，不能满足电磁环境限值要求，因此不宜采用，双回线路可采用 8×JL/G1A-630/45 或 8×JL/G1A-710/50 导线。

综合考虑导线的机械、电气性能及导线排列对称性等因素，双回路导线可选择 8×JL/G1A-630/45 与 8×JL/G1A-710/50 进行电能损耗比较。

10.3.3　电能损耗与最小年费用分析

电能损耗包括电阻损耗和电晕损耗两部分。电晕损耗的大小与导线表面电场强度、导线表面状况、气象条件、海拔等因素有关。电阻损耗计算公式为 I^2R，分别按不同输送功率进行计算。

比选的导线型号 8×JL/G1A-630/45 与 8×JL/G1A-710/50 的电晕损耗分别为 46.6kW/km 和 43.9kW/km。

结合电晕损耗和电阻损耗，各导线在不同输送功率下的功率损耗见表 10-11～表 10-13。

表 10-11　　　　　　导线功率损耗表（输送 2×4000MW）

导线型号	JL/G1A-630/45	JL/G1A-710/50
20℃直流电阻（Ω/km）	0.0459	0.0407
运行温度（℃）	33.0	33.0

交流电阻（Ω/km）	0.0502	0.0448
电阻损耗功率（kW/km）	222.7	198.5
电晕损耗（kW/km）	46.6	43.9
功率损耗（kW/km）	269.3	242.4
功率损耗差（kW/km）	0	−26.9

表 10-12 　　　　　　　导线功率损耗表（输送 2×5000MW）

导线型号	JL/G1A-630/45	JL/G1A-710/50
20℃直流电阻（Ω/km）	0.0459	0.0407
运行温度（℃）	34.4	34.2
交流电阻（Ω/km）	0.0506	0.0451
电阻损耗功率（kW/km）	350.7	312.3
电晕损耗（kW/km）	46.6	43.9
功率损耗（kW/km）	397.3	356.2
功率损耗差值（kW/km）	0	−41.1

表 10-13 　　　　　　　导线功率损耗表（输送 2×6000MW）

导线型号	JL/G1A-630/45	JL/G1A-710/50
20℃直流电阻（Ω/km）	0.0459	0.0407
运行温度（℃）	36.0	35.6
交流电阻（Ω/km）	0.0511	0.0454
电阻损耗功率（kW/km）	509.4	453.1
电晕损耗（kW/km）	46.6	43.9
功率损耗（kW/km）	556.0	497.0
功率损耗差值（kW/km）	0	−59.0

由以上分析可知，采用 8×JL/G1A-710/50 钢芯铝绞线较采用 8×JL/G1A-630/45 钢芯铝绞线可降低电阻损耗，且随着输送功率的增大，节能效果越明显。

从能量损耗角度出发，一般双回线路推荐采用 8×JL/G1A-710/50 导线。

最小年费用法能反映工程投资的合理性、经济性。年费用包含初次年费用、年运行维护费用、电能损耗费用及资金的利息，是将各方案按照资金的时间价值折算到某基准年的总费用平均分布到项目运行期的各年，年费用低的方案在经济上最优。

根据本工程的实际情况，进行最小年费用计算条件如下：

（1）经济使用年限为 30 年，施工期按 2 年计，前一年投资为 60%，后一年投资为 40%。

（2）年最大负荷损耗小时数分别按 2700、3200、3750h 计。

（3）设备运行维护费率为 1.4%。

（4）电力工程回收率按 8%计。

（5）电价按 0.3 元/度、0.4 元/度、0.5 元/度计。

采用以上原则及边界条件，计算得到不同输送功率下、不同电价水平、不同年损耗小时数等组合下，计算各导线的年费。

通过年费用分析可以可以得出以下结论：

（1）在上网电价低、年损耗小时数和输送功率小的情况下 8×JL/G1A—630/45 钢芯铝绞线导线年费用较低；在上网电价高、年损耗小时数和输送功率大的情况下 8×JL/G1A—710/50 钢芯铝绞线导线年费用较低。

（2）本工程导线经济性比较按每回 4000MW、5000MW、6000MW 三种输送功率，在每种输送功率下，按照电价水平 0.3 元/度、0.4 元/度、0.5 元/度，损耗小时数 2700、3200、3750 分别可组合成 27 种边界条件。

1）输送功率为 4000MW 时，推荐 8×JL/G1A—630/45 导线。

2）输送功率为 5000MW 时，推荐 8×JL/G1A—630/45 导线。

3）输送功率为 6000MW 时，4 种边界条件推荐 8×JL/G1A—710/50 导线，其余边界条件推荐 8×JL/G1A—630/45 导线。

综上所述，结合线路实际输送功率和当前电价水平，本工程一般双回线路推荐采用 8×JL/G1A—630/45 导线。

10.3.4 地线和 OPGW 选型

根据杆塔尺寸，地线和导线在档距中央的平均距离为 16～20m，地线处于导线的强电场环境中，地线表面场强过高将会引起地线的全面电晕，不但电晕损耗急剧增加，而且会带来其他很多问题。

根据规程要求，考虑国内生产厂家的生产能力，常见的符合标称截面要求的地线型号如表 10-14 所示。

表 10-14 地线型号及技术参数表

导线型号	LBGJ-170-20AC	LBGJ-185-20AC	LBGJ-210-20AC	LBGJ-240-20AC
地线结构（子导线数/直径，mm）	19/3.4	19/3.5	19/3.75	19/4.00
直径 D（mm）	17	17.5	18.75	20
总截面（mm²）	172.5	182.8	209.85	238.76
铝截面（mm²）	43.13	45.7	52.46	59.69
钢截面（mm²）	129.37	137.1	157.39	179.07
单位质量（kg/km）	1152	1221.5	1402.3	1595.5
计算拉断力（kN）	203.38	208.94	236.08	260.01
拉重比	18.0	17.4	17.2	16.6
20℃直流电阻（Ω/km）	0.498	0.4704	0.4098	0.3601

采用皮克公式计算地线的临界电场强度 E_0，采用逐次镜像法计算不同情况下的地线表面最大电场强度 E_m，计算结果见表 10-15。

表 10-15　　　　　　不同海拔高度下的地线表面最大电场计算（双回路）

导线型号		LBGJ-170-20AC	LBGJ-185-20AC	LBGJ-210-20AC	LBGJ-240-20AC
直径 D（mm）		17	17.5	18.75	20
地线表面最大电场强度 E_m（kV/m）		17.71	17.26	16.24	15.34
E_0（kV/m）	海拔 0m	23.29	23.21	23.02	22.84
	海拔 500m	22.52	22.44	22.25	22.08
E_m/E_0	海拔 0m	0.76	0.74	0.71	0.67
	海拔 500m	0.79	0.77	0.73	0.69

GB 50665《1000kV 架空输电线路设计规范》中，对地线的最小截面作了规定：地线（含 OPGW）除应满足短路电流热功率要求外，应按电晕起晕条件进行校验，一般情况下地线表面静电场强与起晕场强之比不宜大于 0.8。

由上述计算可以知道，对于单回路，四种铝包钢绞线地线表面电场强度与起晕场强之比均小于 0.8，能够满足规程的要求；对于双回路，LBGJ-170-20AC 铝包钢绞线表面电场强度太高，其表面电场强度与起晕场强之比已经逼近 0.8 的限值，故不推荐采用。双回路段地线推荐采用 LBGJ-185-20AC 铝包钢绞线。

线路导线推荐采用 $8 \times$ JL/G1A-630/45 钢芯铝绞线。本线路双回路普通地线采用 LBGJ-185-20AC 铝包钢绞线，双回路 OPGW 采用 OPGW-185。

10.4　±800kV 直流线路导线电晕性能设计示例

特高压直流输电线路导线选型及分裂形式对线路的输送容量、传输性能、环境问题包括电场效应（静电场、合成场强、离子流密度、人或物体的感应电压）、无线电干扰、电视干扰及可听噪声等输电线路的技术经济指标都有很大的影响。

导线作为输电线路最主要的部件之一，首先需满足输送电能的要求，同时能保证安全可靠地运行，对特高压输电线路还要求满足环境保护的要求，而且在经济上是合理的。因此，对导线在电气和机械两方面都提出了严格的要求。在导线截面和分裂方式的选取中，要充分考虑导线的电气和机械特性，在电气特性方面，特高压线路由于电压的升高，导线电晕而引起的各种问题，特别是环境问题（无线电干扰、可听噪声等），将比超高压线路更加突出，从世界上一些国家的实验研究和工程实践情况看，一般均采用多分裂导线来解决这方面的问题，通过合理选择导线的截面和分裂形式来解决由电晕引起的环境影响问题；对于导线的机械特性，要使特高压输电线路能安全可靠的运行，导线要有优良的机械性能和一定的安全度，特别是线路经过高山大岭、大档距、大高差及严重覆冰地区时，导线必须具备优良的机械性能和留有一定的安全裕度。

10.4.1　概述

以双极输送容量 5000MW 的工程为例。导线采用双极水平排列，悬垂绝缘子串为 V 串布置，最小极间距取为 22m，一般地区最小对地高度取 18m，对应导线平均高度取 23m。

根据特高压直流输电线路的特点，导线选择时，在电气特性、机械性能、经济性等方面需综合考虑，着重研究电气方面的特性，包括地面合成电场强度、地面离子流密度、无线电干扰水平（RI）、电晕可听噪声（AN）、电晕损失等。

根据 GB 50790《±800kV 直流架空输电线路设计规范》规定，±800kV 直流线路电磁环境主要控制指标为：

（1）一般非居民区线路下方最大地面合成场强的控制指标为 30kV/m。邻近民房的最大合成场强的控制指标为 25kV/m。

（2）线路下方离子流密度的控制指标为：一般地区，$100nA/m^2$；居民区，$80nA/m^2$。

（3）直流磁场的控制指标为 10mT。

（4）无线电干扰的控制指标：海拔 1000m 及以下地区，距直流架空输电线路正极性导线对地投影外 20m 处，80％时间，80％置信度，0.5MHz 频率的无线电干扰不超过 58dB（μV/m）。

（5）电晕可听噪声的控制指标：海拔 1000m 及以下地区，距直流架空输电线路正极性导线对地投影外 20m 处由电晕产生的可听噪声（L_{50}）不超过 45dB（A）；海拔高度大于 1000m 且线路经过人烟稀少地区时，控制在 50dB（A）以下。

系统标称电压：±800kV；

系统最高运行电压：±816kV；

极导线额定电流：3125A；

系统输送功率：5000MW；

最大负荷利用小时数：4000～5000h；

最大负荷损耗小时数：2000～3000h。

10.4.2 导线设计

架空线路导线截面一般按经济电流密度选择，根据电气特性、电磁环境及机械特性等约束条件进行校核，并考虑节能降耗的因素。对超高压、特高压线路，电磁环境往往成为选择导线截面的决定因素。

在正常运行方式下的最大输送容量应符合经济电流密度的要求，世界上各国的经济电流密度各不相同，中国现行标准规定的经济电流密度见 10-16。

表 10-16　　　　　中国现行标准规定的经济电流密度　　　　　（A/mm²）

导线材料	最大负荷利用小时数		
	3000h 以下	3000～5000h	5000h 以上
铝线	1.65	1.15	0.9
铜线	3.0	2.25	1.75

水电工程的年最大负荷利用小时数为 4000～5000h，可选取导线经济电流密度应取 1.15A/mm² 以下。

目前中国已建成的 ±800kV 特高压直流线路导线均为 6 分裂，而因更大输送容量要求的线路，导线则会采用 8 分裂导线。根据 GB/T 1179《圆线同心绞架空导线》及特高压直流输电线路目前采用的导线型号，选择 JL/G3A-1000/45、JL/G1A-800/55、JL/G2A-

720/50、JL/G1A-630/45 共 4 种钢芯铝绞线进行比较，4 种导线的技术参数见表 10-17。

表 10-17 导线型号及技术参数表

导线型号		JL/G3A-1000/45	JL/G1A-800/55	JL/G2A-720/50	JL/G1A-630/45
根×直径 （mm）	钢	7×2.80	7×3.20	7×3.20	7×2.80
	铝	72×4.21	45×4.80	45×4.53	45×4.20
截面积 （mm²）	钢/铝	43.20/1000	56.30/814.30	50.14/725.27	43.10/623.45
	总截面	1043.20	870.60	775.47	666.55
铝钢截面比		23.15	14.46	14.46	14.47
直径（mm）		42.10	38.40	36.24	33.60
单位质量（kg/km）		3100	2690	2397.7	2060
20℃直流电阻（Ω/km）		0.02890	0.03547	0.03984	0.04633

导线分裂间距的选取要考虑分裂导线的次档距振荡和电气两个方面的特性。一方面，一般认为分裂导线间保持足够的距离就可以避免出现次档距振荡现象，根据国内外研究：当分裂间距与子导线直径之比 $S/d>13.80\sim18.0$ 时，就可以避免出现次档距振荡；小于 10 时则不宜采用。在 10~13.8 时，必须安装阻尼间隔棒予以解决。

从电气方面看，有一个最佳分裂间距，在此分裂间距时，导线的表面电场强度最小，但经计算，此最佳分裂间距小于避免次档距振荡要求的最小分裂间距。即限制次档距振荡要求的分裂间距是控制条件。

由于特高压线路由于分裂根数的增加，在采用大截面导线时，很难保证 $S/d>13.8\sim18$。但根据国内外线路设计和运行的情况分析，S/d 的比值为 10~18 时也能满足线路的安全运行。因此，将按此 S/d 的比值范围进行子导线分裂间距的确定，次档距振荡可通过采用适当增加间隔棒安装数量的方法加以限制。

最大次档距相同情况下，随着分裂间距的增加，导线发生次档距振荡的程度越小。只考虑导线的鞭击情况时，导线的最大位移不超出 0.1m，安全系数大于 2.5。考虑到振动水平对导线疲劳的影响，根据《架空送电线路的电线力学计算》给出的结论，一般认为次档距振荡振幅在 50mm 以内为安全水平。

基于线路防次档距振荡的要求，建议导线采用 450mm 分裂间距，然后通过选择合适的间隔棒对其进行优化布置来控制次挡距振荡水平。导线分裂间距及 S/d 值如表 10-18 所示。

表 10-18 导线分裂间距及 S/d 值一览表

分裂数	分裂间距 S（mm）	分裂导线圆直径 d（mm）	S/d
6	450	900	10.7~13.3

10.4.3 电磁环境比较

直流输电线路的电磁环境问题主要考虑表面电场强度、无线电干扰、可听噪声及地面合成场强、地面离子流密度等，其中合成电场和离子流密度是直流输电的特有现象。

（1）导线表面电场强度计算。导线表面电场强度是导线选择计算中的最基本条件，导线表面电场强度过高将会引起导线全面电晕，不但电晕损耗急剧增加，而且环境影响问题也更严重，所以在特高压线路设计中必须选择合理的导线表面电场强度。

1）导线起始电晕电场强。电晕是高压线附近产生的微弱的辉光，当导线表面的电场强度超过了空气电气击穿强度时所产生局部放电就形成了电晕。

这种电气放电在空气中导致光、可听噪声、无线电干扰、导线舞动、臭氧的产生，还可以使空气电离，这些都会消耗系统的能量。因此高压直流输电线路必须将电晕限制在一定的范围内。光滑导线的表面很少产生电晕。但导线表面通常是不规则的，上面附着着污秽物、昆虫、水滴等，这些足以将导线表面场强增加到足够大而引起局部导线附近空气击穿（空气临界击穿场强 29.8kV/cm）。

往往由于导线表面的不规则和粗糙等因素，在比空气临界击穿强度低得多的情况下，导线表面即产生了电晕，这种现象通常用导线的表面粗糙系数 m 来表示对于直流线路而言，一般 m 的取值为 0.4～0.6。

试验证明，导线的起始电晕电场强度与极性的关系较小，一般认为直流线路导线起始电晕电场强度和交流线路起始电晕电场强度的峰值相同，可以将式（8-6）转换为直流形式，即

$$E_0 = 30m\delta\left(1 + \frac{0.301}{\sqrt{\delta r}}\right) \tag{10-1}$$

式中：m 为导线表面粗糙系数，目前晴天和雨天条件下的导线表面粗糙系数 m 值分别为 0.49 和 0.38；δ 为相对空气密度；r 为导线半径，cm。

各导线的起始电晕电场强度见表 10-19 和表 10-20。

表 10-19　　　　晴天时导线起始电晕电场强度 E_0 (kV/cm) 计算结果

导线结构		6×JL/G3A-1000/45	6×JL/G1A-800/55	6×JL/G2A-720/50	6×JL/G1A-630/45
导线直径（mm）		42.1	38.4	36.23	33.8
起始电晕 电场强度 E_0 （kV/cm）	海拔 500m	17.02	17.16	17.25	17.36
	海拔 1000m	16.26	16.40	16.49	16.60
	海拔 1500m	15.55	15.69	15.77	15.88
	海拔 2000m	14.88	15.01	15.10	15.20

表 10-20　　　　雨天时导线起始电晕电场强度 E_0 (kV/cm) 计算结果

导线结构		6×JL/G3A-1000/45	6×JL/G1A-800/55	6×JL/G2A-720/50	6×JL/G1A-630/45
导线直径（mm）		42.1	38.4	36.23	33.8
起始电晕 电场强度 E_0 （kV/cm）	海拔 500m	13.20	13.31	13.38	13.47
	海拔 1000m	12.61	12.72	12.79	12.87
	海拔 1500m	12.06	12.16	12.23	12.32
	海拔 2000m	11.54	11.64	11.71	11.79

2）导线表面最大电场强度。导线表面电场强度决定于运行电压、子导线直径、子导线分裂数、子导线分裂间距、极导线高度以及相间距离等因素。下式计算精度满足工程要求。

$$G = \frac{1 + (N-1) \cdot r/R}{Nr \cdot \ln\left[\dfrac{2H}{(NrR^{N-1})^{1/N} \cdot \sqrt{1 + (2H/S)^2}}\right]}$$ (10-2)

$$g_{max} = GU$$ (10-3)

式中：U 为极导线对地电压，kV；N 为极导线分裂数；S 为极间距离，cm；H 为极导线对地距离，cm；r 为子导线半径，cm；R 为子导线圆的半径，cm；g_{max} 为导线表面平均最大电场强，kV/cm。

各种导线组合方案的表面最大电场强度见表 10-21。

表 10-21 导线表面最大电场强度

导线结构		6×JL/G3A-1000/45	6×JL/G1A-800/55	6×JL/G2A-720/50	6×JL/G1A-630/45
分裂间距（cm）		45	45	45	45
导线直径（mm）		42.1	38.4	36.23	33.8
导线表面最大电场强度（kV/cm）	导线高度18m	19.82	21.29	22.28	23.55
	导线高度23m	19.55	20.99	21.98	23.22

注 极间距取 22m。

从表 10-21 可以看出，所有极导线方案的表面最大电场强度均大于起始电晕电场强度 E_0，即在大部分时间内，导线均处于电晕状态（这完全不同于交流大部分时间没有电晕的情况）。

子导线分裂根数和子导线直径对导线表面场强影响较大，极间距离、极导线高度和子导线分裂间距的影响很小。

（2）地面合成场强和离子流密度计算。在导线最小对地距离取 18m（一般非居民地区），极间距 22m 条件下，地面合成场强（kV/cm）和离子流密度的计算结果见表 10-22 和表 10-23。

表 10-22 晴天时地面合成场强和离子流密度计算结果（海拔 1000m）

导线结构		6×JL/G3A-1000/45	6×JL/G1A-800/55	6×JL/G2A-720/50	6×JL/G1A-630/45
地面最大合成场强（kV/m）	正极性	25.09	27.52	28.79	30.32
	负极性	−25.13	−27.52	−28.77	−30.28
地面最大离子流密度（nA/m²）	正极性	63.59	62.98	62.61	62.20
	负极性	−86.81	−85.98	−85.48	−84.92

表 10-23　　　　　雨天时地面合成场强和离子流密度计算结果（海拔 1000m）

导线结构		6×JL/G3A-1000/45	6×JL/G1A-800/55	6×JL/G2A-720/50	6×JL/G1A-630/45
地面最大合成场强（kV/m）	正极性	33.06	34.47	35.34	36.35
	负极性	−32.98	−34.37	−35.23	−36.23
地面最大离子流密度（nA/m²）	正极性	61.49	61.17	61.03	60.92
	负极性	−83.95	−83.51	−83.32	−83.17

由表 10-22 和表 10-23 可以看出，在海拔 1000m 以内，晴天条件下，参比导线均满足合成电场强度小于 30kV/m，离子流密度小于 100nA/m² 的限值；雨天条件下，除 6×JL/G1A-630/45 合成场强稍大于雨天限制 36kV/m，离子流密度小于 150nA/m²。

（3）无线电干扰。GB 50790《±800kV 直流架空输电线路设计规范》推荐的无线电干扰场强的经验公式和国际无线电干扰特别委员会 CISPR 的公式是一致的。试验结果表明，CISPR 计算方法具有较高的准确度。采用 CISPR 公式进行无线电干扰场强的预估计算为

$$E = 38 + 1.6(g_{max} - 24) + 46\lg r + 5\lg n + \Delta E_f + 33\lg\frac{20}{D} + \Delta E_w \qquad (10\text{-}4)$$

式中：E 为无线电干扰水平电平，dB；g_{max} 为导线表面最大电位梯度，kV/cm；r 为子导线的半径，cm；D 为距正极性导线的距离（适用于小于 100m），m；n 为分裂导线根数；ΔE_f 为气象修正项；ΔE_w 为干扰频率修正项。

式（10-4）以 500m 为基准，海拔每升高 300m，无线电干扰增加 1dB。式（10-4）中计算值为好天气，50% 概率无线电干扰电平，换算至无线电干扰双 80% 值还应增加 3dB。

通过 CISPR 计算方法计算所得距离边相导线 20m、双 80%、0.5MHz 的无线电干扰值见表 10-24。

表 10-24　　　　　　　　　无线电干扰计算结果　　　　　　　　　［dB(μV/m)］

导线结构		6×JL/G3A-1000/45	6×JL/G1A-800/55	6×JL/G2A-720/50	6×JL/G1A-630/45
导线表面最大场强（kV/cm）		19.55	20.99	21.98	23.22
无线电干扰（dB）	海拔 500m	45.38	45.85	46.27	46.87
	海拔 1000m	47.05	47.52	47.94	48.54
	海拔 1500m	48.72	49.18	49.60	50.20
	海拔 2000m	50.38	50.85	51.27	51.87

注　导线平均高度 23m，极间距 20m。

从表 10-24 可以看出，各种导线中在海拔 2000m 时均不超过无线电干扰限值 58dB。

（4）电晕可听噪声。采用 GB 50790《±800kV 直流架空输电线路设计规范》推荐的 EPRI 公式计算可听噪声为

$$P_{dB} = 56.9 + 124\lg \frac{g}{25} + 25\lg \frac{d}{4.45} + 18\lg \frac{n}{2} - 10\lg R_p - 0.02R_p + K_n \quad (10\text{-}5)$$

式中：P_{dB}为输电线路的可听噪声，dB（A）；g为导线表面最大场强，kV/cm；n为次导线分裂根数；d为子导线直径；R_p为距正极性导线的距离，m；$n \geqslant 3$时，$K_n = 0$，$n = 2$时，$K_n = 2.6$，$n = 1$时，$K_n = 7.5$。限制条件：$g = 15 \sim 30$kV/cm，$d = 2 \sim 5$cm，$n = 1 \sim 6$；

式（8-12）以500m为基准，海拔每升高300m，噪声增加1dB（A）。

计算所得各种极导线组合方案和不同海拔下的可听噪声值见表10-25。

表 10-25　　　　　　　　　　可听噪声计算结果

导线结构		$6\times$JL/G3A-1000/45	$6\times$JL/G1A-800/55	$6\times$JL/G2A-720/50	$6\times$JL/G1A-630/45
导线表面最大场强（kV/cm）		19.55	20.99	21.98	23.22
可听噪声（dB）	海拔500m	37.86	40.69	42.54	44.74
	海拔1000m	39.53	42.36	44.21	46.41
	海拔1500m	41.19	44.02	45.87	48.07
	海拔2000m	42.86	45.69	47.54	49.74

注　导线平均高度23m，极间距20m。

从表10-25可以看出，按 EPRI 海拔修正方法所选参比导线中，除 $6\times$JL/G1A-630/45 导线外，各种导线在海拔1000m 及以下地区的可听噪声均小于45dB（A），在海拔高度大于1000m 时，各种导线的可听噪声可控制在50dB（A）以下。

特高压直流输电线路导线选择的关键因素之一是使电磁环境参数满足设计规范要求的限值。通过对各种导线方案，进行合成场强、无线电干扰和可听噪声的估算，除 $6\times$JL/G1A-630/45 导线在雨天合成场强和高海拔地区的可听噪声较差，个别指标超限值外，参选其余导线方案在各方面均满足电磁环境限值要求。

（5）电晕功率损失计算。影响导线电晕损失的可变因素很多，无论在理论上或经验总结方面均缺乏共识。电晕损耗的估算方法很多，有对比法、苏联的半经验公式、安乃堡公式、巴布科夫公式、直流导则中的修正皮克公式等计算方法。这些计算方法的计算结果差异较大，参照±800kV 直流向上线、锦苏线、哈郑线、宁绍线等工程设计的实际经验，采用 GB 50790《±800kV 直流架空输电线路设计规范》的推荐算法。各种导线组合方案的电晕损失计算结果见表10-26。

表 10-26　　　　　　　　　　导线电晕损失计算结果

导线结构		$6\times$JL/G3A-1000/45	$6\times$JL/G1A-800/55	$6\times$JL/G2A-720/50	$6\times$JL/G1A-630/45
导线直径（mm）		42.1	38.4	36.23	33.8
电晕损失（kW/km）	海拔500m	6.64	7.15	7.54	8.09
	海拔1000m	7.00	7.60	8.06	8.71
	海拔1500m	7.42	8.12	8.66	9.43
	海拔2000m	7.90	8.72	9.36	10.26

从表 10-26 可以看出，相同的分裂形式下，随着子导线直径的增加，电晕损耗随之减小；海拔越高，电晕损失也越大。由于其存在时间长（如果按全年正常运行考虑为8760h），故也不能忽视其对经济性能的影响。

通过上述分析可得以下结论：

1）各种导线在过负荷情况下，导线表面温度均未超过 70℃。

2）电阻功率损耗 6×JL1/G3A-1000/45 最小，6×JL1/G1A-630/45 最大。

3）电晕功率损耗均非常小，约占电阻功率损耗的 5%～10%，但考虑到电晕损耗小时长，电晕电能损失约占总能耗的 8% 左右，若加以考虑，经济性方面对大截面导线更有利。

10.4.4 地线选型

地线选择主要从地线的机械性能、电气性能、防腐性能等方面考虑，当架设OPGW 复合光缆时，除 OPGW 复合光缆需满足地线有关性能要求外，另一根地线还需满足分流的要求。对于特高压直流线路，由于地线上的感应电荷较大，有可能在地线上产生很大的表面电场强度，当超过起始电晕电场强度时，地线亦会产生电晕损失、无线电干扰和可听噪声干扰等，因此地线还需满足电晕要求。

地线选择的主要原则为：

（1）热稳定要求：极导线和地线间短路时，通过短路电流引起的温升应小于300℃。

（2）机械强度要求：设计荷载时，地线安全系数应大于导线安全系数。验算荷载时，其过载应力小于 60% 拉断应力。

（3）配合导线取得合理的地线支架高度及防雷保护角。

（4）地线最小直径还应满足地线不发生电晕。一般情况下地线表面最大场强与起晕场强之比不应大于 0.8，但根据现场测试及溪浙线、哈郑线等设计原则，地线场强可以适当放宽限制，按不超过 18kV/cm 控制。

（5）满足导地线不均匀覆冰时，静态接近的要求及导线脱冰跳跃和覆冰舞动时，动态接近的要求。

根据 GB 50790《±800kV 直流架空输电线路设计规范》规定，地线（包括 OPGW）除满足短路电流热容量要求外，应按起晕条件进行校验，一般情况下地线表面场强与起始电晕电场强度之比不宜大于 0.8。

特高压直流线路，地线上的感应电荷较大，有可能在地线上产生很大的表面电场强度，当超过起始电晕电场强度时，会产生电晕损失、无线电干扰和可听噪声干扰等，必须予以限制。

目前只能计算导线无电晕时的地线表面电场强度值。由于导线常处于电晕状态，使地线上的表面电场强度有所增大（类似于导线的场强），但增大多少，目前尚在研究，故一般直流线路地线的表面电场强度按导线无晕时计算，但保留一定裕度。

在中国早期特高压直流输电线路，如向上直流、云广直流等工程设计时，地线表面场强限值按 12kV/cm 控制；在哈郑、溪浙等第二代特高压直流输电线路设计时，根据现场测试结果，建议地线的表面电场强度可以适当放宽，按不超过 18kV/cm。

为了分析地线是否会产生电晕，还必须计算地线的起晕场强，这里认为直流线路导线的起晕场强和交流线路导线的起晕场强的峰值相同，依照式（8-8）来计算地线的起晕场强。

导线的粗糙系数 m，直流输电中的绞线一般可以取 $0.47 \sim 0.5$。这里为了保留足够裕度，取 0.47。

对于 $6 \times \text{JL/LB1A-720/50}$ 型导线，分别选择截面积为 80、120、150、185、210mm² 的地线计算对地距离为 18、23m 时起晕场强和表面最大场强，如表 10-27 所示。

表 10-27   地线的起晕场强和最大表面场强

地线截面积 （mm²）	地线直径 （mm）	起晕场强 E_0 （kV/cm）	地线最大表面场强 E_m （kV/cm）			
			$H=18$m	E_m/E_0	$H=23$m	E_m/E_0
80	11.40	19.72	21.72	1.10	22.543	1.14
120	14.25	19.13	17.89	0.94	18.564	0.97
150	15.75	18.88	16.404	0.87	17.022	0.90
180	17.50	18.64	14.977	0.80	15.540	0.83
210	18.75	18.48	14.113	0.76	14.643	0.79

由表 10-27 可知：

（1）增大地线直径可以明显减小地线的起晕场强和表面最大场强。

（2）极导线对地高度增大，地线表面场强有所增大，但增加的幅度不大。

（3）对地高度为 18m 时，满足 $E_m/E_0 \leqslant 0.8$ 及 $E_m < 18$kV/cm 的地线只有截面积为 180mm² 和 210mm²；在对地高度为 23m 时，180mm² 地线 E_m/E_0 稍大于 0.8，考虑到档距中央导地线距离增加，地线表面场强及 E_m/E_0 呈降低趋势，180mm² 截面地线也可考虑。故地线截面宜大于等于 180mm²（即直径为 17.50mm）。

由上述分析可知，导线采用 $6 \times \text{JL/LB1A-720/50}$ 铝包钢芯铝绞线，推荐地线采用 JLB20A-180 铝包钢绞线和 OPGW-180 复合光缆。

附录
书中人名及其简介

（1）德奇（Walther Deutsch），德国人。1933 年提出了关于空间电荷只影响电场强度而不影响电场方向的假设。发表论文：*Über die Dichteverteilung unipolarer Ionenströme*。

（2）汤逊（John Sealy Edward Townsend），爱尔兰数学家和物理学家，牛津大学教授，进行了多种关于气体导电的实验，气体放电现象（即汤逊放电）是以他的名字命名的，以纪念他在 1897～1901 年做出的研究贡献。

（3）波普科夫（V. I. Popkov），俄国人，1949 年写的论文 *On the Theory of Unipolar DC Corona*，继汤逊在同轴圆柱上进行离子场研究后，波普科夫得到了近似的离子场解析解。

（4）费利奇（Noël Joseph Felici，1916.5.18～2010.8.25），法国物理学家，发明了静电机。

（5）邹坎普（N. A. Kapzow），德国人。1955 年出版 *Elektrische Vorgänge in Gasen und im Vakuum* 介绍了导体表面电场和电晕放电现象。

（6）雅尼舒斯基（W. Janischewskyj），俄国人。研究直流输电线路电晕损失和离子电场，发表了以下论文：*Analysis of corona losses on dc transmission lines*：Ⅰ-*Bipolar lines*；*Analysis of corona losses on dc transmission lines*：Ⅱ-*Unipolar lines*；*Corona losses and ionized field of HVDC transmission lines*。

（7）兹尔林（Tsyrlin, L. E），苏联人，1957 年出版了俄文版的 *Condition for the preservation of the geometrical pattern of the electrostatic field on the appearance of space-charge*。

（8）杰拉（George Gela），加拿大人，多伦多大学电气工程/高压专业的硕士和博士，任西部新英格兰大学教授。

（9）特里切尔（G. W. Trichel），美国加州伯克利的物理学院，是最早研究电晕放电的人之一，特里切尔脉冲现象是以他的名字命名的。发表了 *The Mechanism of the Negative Point to Plane Corona Near Onset*；*The Mechanism of the Positive Point to Plane Corona in Air at Atmospheric Pressure* 等论文。

（10）马克特（Gustav Markt），奥地利人，曾在维也纳科技大学学习，1929 年和门格尔（Benno Mengele）一起研究高压和超高压输电、分裂导线表面电位梯度计算方法。

（11）门格尔（Benno Mengele），奥地利人，曾在维也纳科技大学学习，之后在奥地利的西门子工作。对保护接地和故障电流做研究，1929 年和马格特（Gustav Markt）一起研究高压和超高压输电、分裂导线表面电位梯度计算方法。

（12）怀特海德（John Boswell Whitehead），美国人，约翰霍普金斯大学教授及工程学院院长。1933～1934 年担任美国电机工程学会主席，1941 年获得 IEEE 爱迪生奖章。

（13）肖克利（William Bradford Shockley），美国物理学家和发明家。因为和其他两名科学家发明了点接触晶体管而获得 1956 年若贝尔物理学奖。曾就职于斯坦福大学电气工程学院，他和西蒙·拉莫（Simon Ramo）分别于 1938 年和 1939 年在各自的论文里提出计算瞬时电流的理论，即肖克利-拉莫理论。

（14）拉莫（Simon Ramo），美国电气工程师、物理学家、商人和作家。他引领了微波和导弹技术的研究，被称为洲际导弹之父。他还研发了通用电气的电子显微镜。他和肖克利（William Bradford Shockley）分别于 1938 年和 1939 年在各自的论文里提出计算瞬时电流的理论，即肖克利-拉莫理论。

（15）齐伯诺夫斯基（Károly Zipernowsky），匈牙利电气工程师，他和奥托·布拉什（Ottó Titusz Bláthy）、米克萨·德里（Miksa Dériy）一同发明了变压器以及其他交流输电技术。

（16）布拉什（Ottó Titusz Bláthy），匈牙利电气工程师。他是现代变压器、稳压器、交流电度表、单向电动机电容器、涡轮发电机的共同发明者。"变压器"这一词是由他提出的，1885 年，他和米克萨·德里（Miksa Dériy）、卡洛里·齐伯诺夫斯基（Károly Zipernowsky）共同发明了 ZBD 交流变压器，ZBD 是他们三人的姓氏首字母。

（17）德里（Miksa Dériy），匈牙利电气工程师。他和奥托·布拉什（Ottó Titusz Bláthy）、卡洛里·齐伯诺夫斯基（Károly Zipernowsky）共同发明了闭合铁芯变压器和 ZBD 模型。他的另一项重要发明是常压（constant voltage）交流发电机，这种交流发电机对于交流电能的工业广泛使用有重大贡献。

（18）哈里森（Melvin A. Harrison），美国科学家，华盛顿大学物理博士，在美国劳伦斯利弗莫尔国家实验室工作过，1953 年 3 月和格巴尔（Ronald Geballe）共同发表文章：*Simultaneous Measurement of Ionization and Attacchment Coefficients*。

（19）格巴尔（Ronald Geballe），美国科学家，加州伯克利大学获得本科、硕士和博士三个学位，后在华盛顿大学工作，1953 年 3 月与哈里森（Melvin A. Harrison）共同发表文章：*Simultaneous Measurement of Ionization and Attacchment Coefficients*。

（20）马修（Karl Masch），德国人。1932 年发表了论文：*Elektronenionisierung von Stickstoff, Sauerstoff und Luft bei geringen und hohen Drucken*（*Electron ionization of nitrogen, oxygen, and air at low and high pressures*）。

（21）桑德斯（Frederick Henry Sanders），1928 年加拿大温哥华英属哥伦比亚大学本科毕业，1930 年研究生毕业。在美国加州大学物理系的攻读博士学位，发表论文：*The value of the Townsend coefficient for ionozation by collision for large plate distance and near atmospheric pressure*。

（22）皮克（Frank William Peek），美国电气工程师，1881 年 8 月 20 日出生于美国加州，1905 年斯坦福大学本科毕业，1911 年纽约联合大学电气工程研究生。之后再通用电气担任过研究工程师、变压器部门主工程师、通用的首席工程工作，1915 年发表论文：*Dielectric Phenomena in High Voltage Engineering*，提出了皮克公式。

(23) 皮特森（T. F. Peterson），美国电气工程师，斯坦福大学研究生。1923～1924年期间和 J. S. Carroll、G. R. Stray 对电晕形成的物理特性进行研究，研究论文被美国电气工程学会收录，并在 1924 年 10 月加利福利亚的帕萨迪纳的全国会议上发表，提出了皮特森公式。

(24) 托马斯（P. H. Thomas），美国电气工程师，1872 年 3 月 31 日出生于波士顿。1893 年麻省理工大学本科毕业，获理学学士学位。1893～1902 年在美国西屋电器制造公司工程部门工作，之后在美国 Cooper-Hewitt 电气公司任总工程师 4 年。拥有众多专利，是美国电气工程学会、美国机械工程师协会成员。

(25) 莫罗（Richard Morrow），澳大利亚学者，1966 年澳大利亚阿德莱德大学本科毕业，主修物理，1971 年澳大利亚弗林德斯大学博士毕业，现就职于澳大利亚悉尼大学应用物理学系。从事应用物理学的工作 45 年，是国际上电晕、火花放电和雷电方面的知名专家。主要论文有：*Theory of Negative Corona in Oxygen*，*Theory of Positive Onset Corona Pulses in SF₆* 等。

(26) 摩根（V. T. Morgan），澳大利亚学者。

(27) 拉姆（August Uno Lamm），瑞典电气工程师和发明家，被称为直流高压电之父。他一生获得 150 项专利，并发表了大约 80 篇技术论文。1980 年 IEEE 设立 Uno Lamm 奖，颁发给在高压电气工程领域有杰出贡献的人。1929 年他在瑞典 ASEA 公司领衔研发了高压汞弧阀，经 20 年的工作，ASEA 公司获得哥特兰岛的高压直流输电项目合同，1955 年完成，成为世界上首个现代商业运行的高压直流系统。

(28) 戈拉尔（Lucien Gaulard），法国人，发明了交流电传输的设备。他和英格兰人吉布斯（John Dixon Gibbs）研发的变压器于 1881 年在英国伦敦展出，受到美国公司的关注，然后他们把这个产品卖给了美国西屋公司，他们也在意大利都灵展出了变压器，并使用在一个电灯系统里。

(29) 吉布斯（John Dixon Gibbs），英国工程师和金融家，与戈拉尔（Lucien Gaulard）一并被称为交流变压器的共同发明者，但他更多的是一个提供资金支持的商人。尽管法拉第的电磁感应定律在 1830 年代就已提出，但直到戈拉尔和吉布斯的变压器问世才使得这项技术变为可能。

(30) 斯坦利（William Stanley Jr.），美国物理学家。他一生拥有 129 项电子设备专利，1885 年他基于戈拉尔（Lucien Gaulard）和吉布斯（John Dixon Gibbs）的点子建造了实用的交流设备，1886 年 3 月 20 日，他展示了第一套完整的高压交流传输系统，包括发电机、变压器和高压输电线路。他的变压器设计成为了以后各种变压器的原型，他的交流传输系统成为了现代电力传输的奠基石。

(31) 帕斯瓦尔（Marc-Antoine Parseval），法国数学家。他的最著名的贡献是提出了帕塞瓦尔定律（Parseval's theorem），即"傅里叶变换是幺正算符"这一结论。

(32) 马鲁瓦达（P. Sarma Maruvada），印裔加拿大科学家，在导线表面电场计算、直流输电线路电晕、空间电荷场和电晕损失的分析，无线电干扰和可听噪声的分析和测量，以及交直流输电线路设计标准发展等，做出了重大贡献。

（33）亚当斯（G. E. Adams），美国通用电气公司电气工程师，1956 年 2 月在 IEEE Transactions on Power Apparatus and Systems 上发表文章 *The Calculation of the Radio Interference Level of Transmission Lines Caused Corona Discharges*，亚当斯根据电磁理论提出一种研究电晕激发电流的分析方法。这篇文章提出了"generating function（产生函数）"的概念，之后被普遍采用为"excitation function（激发函数）"，用于表示电晕电流在输电线路导线上的分布。

参 考 文 献

［1］ 刘振亚. 特高压电网 ［M］. 北京：中国经济出版社，2005.

［2］ 杨津基. 气体放电 ［M］. 北京：科学出版社，1983.

［3］ 邵天晓. 架空送电线路的电线力学计算 ［M］. 北京：中国电力出版社，2003.

［4］ 冯慈璋. 电磁场 ［M］. 北京：高等教育出版社，1983.

［5］ 中国电力百科全书（第三版）［M］. 北京：中国电力出版社，2014.

［6］ P. Sarma Maruvada，Corona Performance of High-Voltage Transmission Lies，Research Studies Press，England. 2000.

［7］ Macky W A. Some investigations on the electric deformation and breaking of water drops in strong fields. Proc. Roy. Soc. Lond. A. 1931，133（822）：565-587.

［8］ G. E. Adams，The Calculation of the Radio Interference Level of Transmission Lines Caused by Corona Discharge，IEEE Trans. Power App. Syst. 1956，79（2）：411-419.

［9］ Morris R M，Rakoshdas B. An investigation of corona loss and radio interference from transmission line conductors at high direct voltages. IEEE Trans. Power App. Syst. 1964，83（1）：5-16.

［10］ Akazaki M. Corona phenomena from water drops on smooth conductors under high direct voltage. IEEE Trans. Power App. Syst. 1965，84（1）：1-8.

［11］ Trinh N. Giao，J. B. Jordan，Modes of Corona Discharge in Air. IEEE Trans. Power App. Syst. 1968，87（5）：1207-1214.

［12］ Trinh N. Giao，J. B. Jordan，Trichel Streamers and their Transition into the Pulseless Glow Discharge，Journal of Applied Physics，Vol 41，Num10，3991-3999，Sep. 1970.

［13］ Georgis J-F，Coquillat S，Chauzy S. Modelling of interaction processes between two raindrops in an electrical environment. Q. J. R. Meteorol. Soc. 1995，121（524）：745-761.

［14］ Pancheshnyi S V，Starikovskaia S M，Starikovskii A Yu. Role of photoionization processes in propagation of cathode-directed streamer ［J］. J. Phys. D：Appl. Phys. 2001：34（1）：1-11.

［15］ Higashiyama Y，Yanase S，Sugimoto T. DC corona discharge from water droplets on a hydrophobic surface. J. Electrostat. 2002，55（34）：351-360.

［16］ van Veldhuizen E M，Rutgers W R. Pulsed positive corona streamer propagation and branching ［J］. Journal of Physics D：Applied Physics，2002，35（17）：2169-2179.

［17］ Radio Interference Characteristics of Overhead Lines and High Voltage Equipment Part 1：Description of Phenomena，International Special Committee of Radio Interference，2010. 6.

［18］ Radio Interference Characteristics of Overhead Lines and High Voltage Equipment Part 2：Methods of Measurement and Procedure for Determining Limits，International Special Committee of Radio Interference，2010. 6.

［19］ Radio Interference Characteristics of Overhead Lines and High Voltage Equipment Part 3：Code of Practice for minimizing the generation of Radio Noise，International Special Committee of Radio Interference，2010. 6.

［20］ 王晓燕，邹雄，赵建国，等. 交流电晕笼无线电干扰试验校准方法的讨论 ［J］. 高电压技术，

2011，（01）：112-117.

[21] 孟晓波，卞星明，赵雪松，等. 环境因素对正直流架空导线起晕电压的影响 [J]. 高电压技术，
2010，（08）：1916-1922.

[22] 尤少华，刘云鹏，万启发，等. 特高压电晕笼的多分裂导线电晕损失测量系统 [J]. 高电压技
术，2010，（01）：244-249.

[23] 唐剑，杨迎建，李永双，等. 特高压交流输电线路电晕效应的预测方法，Ⅱ：无线电干扰 [J].
高电压技术，2010，（12）：2942-2947.

[24] 唐剑，杨迎建，李永双，等. 特高压交流输电线路电晕效应的预测方法，Ⅰ：可听噪声 [J].
高电压技术，2010，（11）：2679-2686.

[25] 邬雄，白谊春. 西北高海拔地区 330kV 线路无线电干扰的研究 [J]. 高电压技术，1997，
（03）：28-30.

[26] 唐剑，刘云鹏，邬雄，等. 基于电晕笼的海拔高度对无线电干扰的影响 [J]. 高电压技术，
2009，（03）：601-606.

[27] 谢辉春，崔翔，邬雄，等. 1000kV 特高压交流单回输电线路好天气下无线电干扰的统计分析
[J]. 中国电机工程学报，2016，（03）：861-870.

[28] 周文俊，阮江军，邬雄. 特高压输电线路对电视信号接收的影响研究 [J]. 中国电机工程学
报，2001，（04）：84-88.

[29] 路遥，齐晓曼，张广洲，等. ±500kV 葛南线和宜华线可听噪声频谱特性及影响因素 [J]. 高
电压技术，2010，（11）：2754-2759.

[30] 邬雄，李妮，张广洲. 1000kV 交流输电线路无线电干扰限值与设计控制 [J]. 高电压技术，
2009，（08）：1791-1795.

[31] 梁涵卿，邬雄，梁旭明. 特高压交流和高压直流输电系统运行损耗及经济性分析 [J]. 高电压
技术，2013，（03）：630-635.

索　引

B

泊松方程 ……………………………………………………… 12

C

场致辐射 ……………………………………………………… 19
超电晕 ………………………………………………………… 124
冲击阻抗功率 ………………………………………………… 4
粗糙系数 ……………………………………………………… 47

D

大雨 …………………………………………………………… 14
单导线（或子导线）平均电位梯度 ………………………… 32
单极性电荷密度 ……………………………………………… 205
单极性连接 …………………………………………………… 7
单极直流线路电场分布 ……………………………………… 136
弹性碰撞 ……………………………………………………… 17
导线标称电位梯度 …………………………………………… 32
导线电晕电流 ………………………………………………… 64
导线直径优化的选取 ………………………………………… 208
德奇第一假设 ………………………………………………… 141
等效半径 ……………………………………………………… 38
等效声级 ……………………………………………………… 113
地面上方均匀场中圆柱形探头 ……………………………… 204
地面上方用场磨 ……………………………………………… 203
地面用场磨 …………………………………………………… 202
电磁发射 ……………………………………………………… 76
电磁干扰 ……………………………………………… 13，54，77
电磁环境 ……………………………………………………… 76
电磁兼容（性） ……………………………………………… 77
电磁骚扰 ……………………………………………………… 77
电离 …………………………………………………………… 17
电离系数 ……………………………………………………… 20
电晕效应 ……………………………………………………… 53

电力系统 ·· 2

电能输送容量 ··· 4

电网 ·· 2

电位梯度 ·· 31

电压—电荷图形法 ··· 179

电源 ·· 2

电晕 ··· 16

电晕电流脉冲 ·· 97

电晕放电 ··· 16，46

电晕风 ·· 57

电晕光谱 ·· 56

电晕和间隙放电脉冲的频谱 ·································· 79

电晕笼 ·· 57，173

电晕笼结构 ··· 173

电晕起始电位梯度 ··· 46

电晕起晕电场 ·· 168

电晕损失 ·· 53

电晕损失产生函数 ··· 69

电晕效应 ·· 53

电晕性能 ·· 13

电晕振动 ·· 57

电子辐射 ·· 19

F

法拉第电磁感应定律 ··· 10

非弹性碰撞 ·· 17

非自持放电 ·· 23

分裂导线 ·· 31

分裂导线平均电位梯度 ······································· 32

分裂导线平均最大电位梯度 ··································· 32

分裂导线最大电位梯度 ······································· 32

负荷中心 ·· 2

负极性流注放电 ··· 25

负极性稳定辉光放电 ··· 24

复合 ··· 19

G

高斯分布 ·· 14

高斯公式 ……………………………………………………………… 10

功率谱密度 …………………………………………………………… 80

光发射 ………………………………………………………………… 56

光纤数字化电晕损失测量系统 ……………………………………… 182

H

好天气 ………………………………………………………………… 13

横向分布 ……………………………………………………………… 98

户内电晕笼 …………………………………………………………… 57

户外电晕笼 ……………………………………………………… 58，173

坏天气 ………………………………………………………………… 13

J

击穿流注放电 ………………………………………………………… 28

激发 …………………………………………………………………… 17

降水强度 ……………………………………………………………… 13

降雪 …………………………………………………………………… 124

降雨 …………………………………………………………………… 123

交流电晕笼 …………………………………………………………… 59

交流电晕损失 ………………………………………………………… 179

交流和直流电晕产生的脉冲群 ……………………………………… 80

交流架空输电线路无线电干扰限值 ………………………………… 213

交直流线路电晕噪声的心理—声音关系评估 ……………………… 215

局部电晕 ……………………………………………………………… 49

矩量法 ………………………………………………………………… 43

均匀场中的绝缘圆柱形探头 ………………………………………… 203

K

抗扰度 ………………………………………………………………… 77

可见太阳光谱 ………………………………………………………… 56

可听噪声 ………………………………………………………… 55，109

可听噪声的传播特性 ………………………………………………… 160

可听噪声的频谱特性 ………………………………………………… 161

可听噪声设计标准 …………………………………………………… 216

空气电离 ……………………………………………………………… 16

空气相对密度 ………………………………………………………… 71

L

拉普拉斯方程 ……………………………………………… 12

离子电流密度 ……………………………………………… 205

理想化双极导线结构 ……………………………………… 145

邻塔结构的混合线路 ……………………………………… 166

M

霾 ………………………………………………………… 14

麦克斯韦电位系数 ………………………………………… 34

敏感度 …………………………………………………… 77

明显电晕 ………………………………………………… 49

模拟电荷法 ……………………………………………… 46

模衰减常数 ……………………………………………… 91

N

年平均电晕损失 …………………………………………… 72

P

皮克公式 ………………………………………………… 48

频谱特性 ………………………………………………… 97

Q

起始流注放电 …………………………………………… 26

球形校准器与导线的连接 ………………………………… 171

全面电晕 ………………………………………………… 49

热致辐射 ………………………………………………… 19

声功率 …………………………………………………… 110

声功率级 ………………………………………………… 111

声环境功能区域 …………………………………………… 216

声强 ……………………………………………………… 110

声强级 …………………………………………………… 111

声压 ……………………………………………………… 110

声压级 …………………………………………………… 110

S

输电线路电气设计 ………………………………………… 13

双极性连接 ·· 8

双极性直流线路电场分布 ····································· 144

双极直流输电线路周围的空间电荷分布 ··············· 155

霜 ·· 124

T

特里切赫流注放电 ·· 24

同极性连接 ··· 9

同塔结构的混合线路 ··· 166

同塔双回输电线路结构 ·· 6

同一走廊的交直流线路 ····································· 165

突发式电晕 ·· 26

W

无线电干扰激发函数 ··· 188

无线电干扰设计限值 ··· 212

无线电信号 ·· 211

雾 ·· 14，123

X

西林电桥电路 ··· 180

吸气式离子计数器 ·· 205

线路结构 ·· 5

小雨 ·· 14

肖克利—拉姆理论 ··· 50

校准器法 ·· 171

信噪比 ·· 211

Y

沿线衰减 ··· 97

以雨量为参数的导体表面粗糙系数 ····················· 74

逸出能 ·· 19

阴极电子崩 ··· 23

用于粒子流密度测量的威尔逊板 ······················· 205

有限差分法 ·· 148

有限元法 ·· 148

雨 ·· 14

圆柱体探头感应的电流 ···································· 204

Z

噪声 ·· 109

振片式电场测试仪 ·· 201

正极性辉光放电 ·· 28

正态分布 ·· 14

直流电晕笼 ·· 59

直流电晕损失 ·· 181

中雨 ·· 14

逐步镜像法 ·· 40

自持放电 ·· 23

最大单导线（或子导线）电位梯度 ······················ 31

最小单导线（或子导线）电位梯度 ······················ 32

1000kV 单回路输电线路 ·································· 6

500kV 分裂导线的选取 ··································· 222

500kV 同塔四回线路塔型图 ······························ 224

750kV 分裂导线的选取 ··································· 223

AN ··· 13

BPA 公式 ·· 127

CL ··· 13

EPRI 公式 ··· 129

FDM ·· 148

FEM ·· 148

GB 50545 规定的无线电干扰限值 ························ 213

GPS 宽频带无线电晕损失测量系统 ······················· 182

RI ··· 13，54

SNR ·· 211

TE ··· 11

TEM ·· 11

TM ··· 11

TVI ·· 54